AF748994

Métodos matemáticos. Ecuaciones diferenciales.
Teoría y ejercicios resueltos

Métodos matemáticos. Ecuaciones diferenciales. Teoría y ejercicios resueltos

Pablo Alberca Bjerregaard
Dolores Martín Barquero

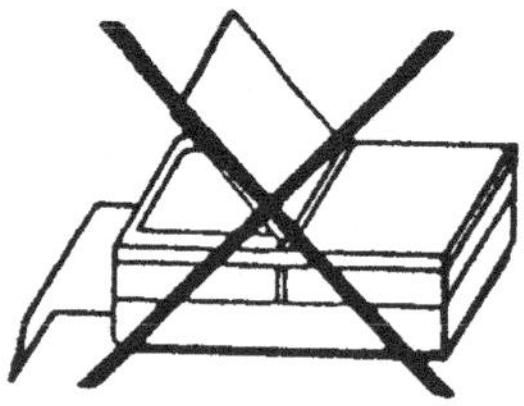

La ley prohíbe
fotocopiar este libro

Editado por:
RA-MA Editorial
Calle Jarama, 3A, Polígono Industrial Igarsa
28860 PARACUELLOS DE JARAMA, Madrid
Teléfono: 91 658 42 80
Fax: 91 662 81 39
Correo electrónico: editorial@ra-ma.com
Internet: www.ra-ma.es y www.ra-ma.com
ISBN: 978-84-7897-825-0

Depósito Legal: SE-5223-2007
Autoedición: Autores
Impresión: Publidisa

ÍNDICE

Presentación 7

Capítulo 1. Ecuaciones diferenciales ordinarias 9

1.1. Resultados teóricos 9

1.1.1. *Puntos, curvas y soluciones singulares* 9

1.1.2. *Ecuaciones diferenciales ordinarias de orden n* 11

EDO lineal 13

1.1.3. *Series funcionales aplicadas a la resolución de EDO* 21

1.1.4. *Aplicaciones físicas* 23

1.2. Ejercicios resueltos 24

1.3. Ejercicios propuestos 140

Capítulo 2. Sistemas de ecuaciones diferenciales ordinarias 151

2.1. Resultados teóricos 151

2.1.1. *Definiciones y principales resultados* 151

2.1.2. *SED lineales de coeficientes constantes* 154

Forma canónica de Jordan real 157

El polinomio de Lagrange-Sylvester para el cálculo de la matriz exponencial 159

2.1.3. *Aplicaciones físicas* 159

2.2. Ejercicios resueltos 160

2.3. Ejercicios propuestos 220

Capítulo 3. Transformada de Laplace 229

3.1. Resultados teóricos 229

3.1.1. *Definiciones y principales resultados* 229

3.1.2. *Delta de Dirac* 233

3.1.3. *Aplicaciones* 236

3.2. Ejercicios resueltos 237

3.3. Ejercicios propuestos 282

Bibliografía 291

Índice de materias 293

PRESENTACIÓN

Este libro es continuación natural de *Métodos matemáticos: Cálculo. Volumen 1* ([5]). Está centrado en el estudio y resolución de ecuaciones diferenciales. Lo hemos dividido en tres capítulos:

1. ECUACIONES DIFERENCIALES DE ORDEN n.
2. SISTEMAS DE ECUACIONES DIFERENCIALES.
3. TRANSFORMADA DE LAPLACE.

Recomendamos tener presente el último capítulo de nuestro texto [5], ya que supondremos conocido lo allí presentado: una introducción a las ecuaciones diferenciales de primer orden. Si bien, conocimientos básicos de cálculo en una y varias variables son suficientes para seguir los contenidos de este texto, supondremos que el lector domina el cálculo de la *matriz exponencial* ([4]) cuando la usemos en el segundo capítulo.

Seguimos la misma filosofía que en textos anteriores: primar la resolución completa de ejercicios. No obstante, cada capítulo presenta un breve pero completo resumen de las principales definiciones y resultados teóricos necesarios para la correcta resolución de los ejercicios, así como una lista de ejercicios propuestos.

Como en otras ocasiones, algunos de los enunciados de los ejercicios de este libro son de los problemas a los que tienen acceso los alumnos, y que circulan por las escuelas de ingeniería de la Universidad de Málaga –relaciones de problemas, exámenes, pruebas extraordinarias, etc.– así como algunos de textos clásicos que aparecen referenciados al final del libro. También hemos incluido algunos problemas/cuestiones tipo test, con la intención didáctica de que el alumno no separe la teoría/conceptos de su aprendizaje práctico.

Salvo que se indique lo contrario, en este libro trabajaremos por columnas, siendo válidas las fórmulas que se presentan en ese caso.

Desde esta introducción queremos invitar al lector a usar algún software informático para la resolución y representación gráfica de las soluciones de los ejercicios. Recomendamos el software MATHEMATICA, que siguen numerosos centros de ciencia e ingeniería como componente práctica de las asignaturas de matemáticas (véanse los textos de prácticas listados en la bibliografía).

Paralelamente a este texto se recomienda seguir algún texto de prácticas con ordenador. Para ello tenemos el texto [2]. La correspondencia entre prácticas de este cuaderno y los capítulos de este libro es la siguiente:

- Práctica 2Amp. Ecuaciones diferenciales. ⟶ Capítulo 1.
- Práctica 3Amp. Sistemas de ecuaciones diferenciales. ⟶ Capítulo 2.
- Práctica 4Amp. Transformada de Laplace. ⟶ Capítulo 3.

Hemos preparado y maquetado el libro con el software *LaTeX2e*, los gráficos y verificación de resultados con *Mathematica*.

Los autores,

Málaga, abril de 2007

Capítulo 1

ECUACIONES DIFERENCIALES ORDINARIAS

Este capítulo y los siguientes son continuación del capítulo 4, y último, de nuestro texto *Métodos matemáticos. Cálculo. Volumen 1* ([5]). Es por ello que supondremos conocidas las técnicas de resolución de las ecuaciones diferenciales ordinarias de primer orden que allí se estudian.

1.1 Resultados teóricos

1.1.1 Puntos, curvas y soluciones singulares

Consideremos el problema de Cauchy

$$y' = f(x, y), \ y(x_0) = y_0. \tag{1.1}$$

Supongamos que no existe solución a este problema en (x_0, y_0), o bien existe pero no es única, es decir, supongamos que se viola la propiedad de existencia y unicidad del problema de Cauchy, o incluso que f no es continua en (x_0, y_0) o no existe. Diremos entonces que (x_0, y_0) es un *punto singular*. Si $y = \varphi(x)$ es una *curva singular* (todos sus puntos son singulares) solución de la ecuación diferencial $y' = f(x, y)$, entonces diremos que es una *solución singular*.

Es importante resaltar que el hecho de que no se verifiquen las condiciones del teorema de existencia y unicidad para el problema de Cauchy no implica necesariamente que no exista solución o no sea única. Las citadas condiciones son suficientes, aunque no necesarias. Existen varios tipos de puntos singulares, denominados en función del comportamiento de las soluciones en su entorno: *nudo*, *montura*, *centro* y *foco* (Figura 1.1).

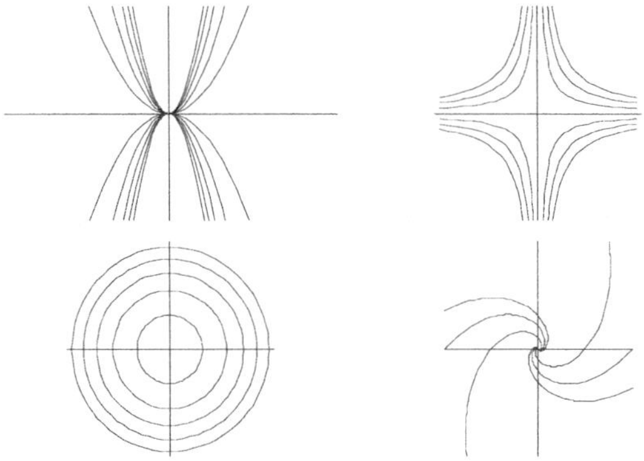

Figura 1.1: Tipos de puntos singulares.

En ocasiones, puede ser útil considerar la ecuación diferencial en coordenadas polares $\rho(\theta)$. Si la ecuación diferencial original es $y' = f(x, y)$, la ecuación diferencial en coordenadas polares es (Ejercicio 1.1)

$$\frac{d\rho}{d\theta} \operatorname{sen} \theta + \rho \cos \theta = f(\rho \cos \theta, \rho \operatorname{sen} \theta) \left(\frac{d\rho}{d\theta} \cos \theta - \rho \operatorname{sen} \theta \right). \tag{1.2}$$

Reproducimos aquí el Teorema 4.3 de la página 341 de [5]:

Teorema 1.1 *Existe una solución única $\phi(x)$ definida en $x_0 - h \leq x \leq x_0 + h$, con h suficientemente pequeño, de la ecuación diferencial en forma implícita*

$$F(x, y, y') = 0 \tag{1.3}$$

que satisface la condición inicial $y(x_0) = y_0$, para la que $y'(x_0) = y'_0$, donde y'_0 es una de las raíces reales de la ecuación

$$F(x_0, y_0, y') = 0, \tag{1.4}$$

si en un entorno cerrado del punto (x_0, y_0, y'_0) el campo escalar F satisface las condiciones:

1. *F es continuo en todos sus argumentos.*

2. *La derivada parcial $\dfrac{\partial F}{\partial p}$, si $p := y'$, existe y es diferente de cero.*

3. Existe la derivada parcial $\dfrac{\partial F}{\partial y}$ *y está acotada en valor absoluto.*

Veamos las anteriores definiciones con más generalidad. El conjunto de puntos en los que se viola la unicidad o la existencia de la solución de la ecuación diferencial implícita $F(x,y,y')=0$ se llama *conjunto singular*, denotado por $\mathcal{S}_F$. Las soluciones de dicha ecuación diferencial contenidas en el conjunto singular se denominan *soluciones singulares.* Es habitual que se verifiquen las condiciones 1 y 3 del citado teorema de existencia y unicidad, no así la relativa al carácter no nulo de la derivada parcial con respecto a y'. Si se cumplen 1 y 3, a partir de las igualdades

$$F(x,y,y')=0,\ \frac{\partial F}{\partial y'}=0, \tag{1.5}$$

eliminamos y' para tener $\Psi(x,y)=0$, denominada *curva p-discriminante* y denotada por $\mathcal{C}_F$, teniéndose que $\mathcal{S}_F \subset \mathcal{C}_F$.

El procedimiento para determinar las soluciones singulares es entonces el siguiente:

i) Se determina la curva p-discriminante.

ii) Se estudia la existencia de curvas de dicho conjunto que sean solución de la ecuación diferencial.

iii) Se verifica que a lo largo de dichas soluciones no se tiene la propiedad de unicidad.

1.1.2 Ecuaciones diferenciales ordinarias de orden n

Una *ecuación diferencial ordinaria (EDO) de orden* n es una ecuación de la forma

$$F(x,y,y',y'',y''',\ldots,y^{n)})=0, \tag{1.6}$$

donde $y=y(x)$, o bien, cuando sea posible, con la derivada de orden superior despejada

$$y^{n)}=f(x,y,y',\ldots,y^{n-1)}). \tag{1.7}$$

Se dice que $y=\varphi(x)$ es una *solución* de la ecuación anterior si

$$\varphi^{n)}(x)=f(x,\varphi(x),\varphi'(x),\ldots,\varphi^{n-1)}(x)), \tag{1.8}$$

o bien

$$F(x,\varphi(x),\varphi'(x),\ldots,\varphi^{n)}(x))=0, \tag{1.9}$$

dependiendo de si tenemos la derivada n-ésima despejada o no.

En la resolución de una EDO aparecen *constantes de integración*, que pueden determinarse si se imponen ciertas *condiciones iniciales.* La solución en función de dichas constantes se denomina *solución general*, mientras que una de ellas, con constantes determinadas, *solución particular*. El teorema correspondiente de existencia y unicidad es:

Teorema 1.2 *Supongamos que en un entorno de las condiciones iniciales*

$$(x_0, y_0, y_0', \ldots, y_0^{n-1)}) \tag{1.10}$$

el campo escalar f es continuo en todos sus argumentos y satisface la condición de Lipschitz ([5, Cap. 4, pág. 341]) respecto a todos los argumentos a partir del segundo. Entonces existe una única solución de la ecuación diferencial de n-ésimo orden

$$y^{n)} = f(x, y, y', \ldots, y^{n-1)}), \tag{1.11}$$

que satisface las condiciones iniciales

$$y(x_0) = y_0,\ y'(x_0) = y_0',\ y''(x_0) = y_0'', \ldots, y^{n-1)}(x_0) = y_0^{n-1)}. \tag{1.12}$$

La última condición puede ser sustituida por la condición más fuerte de la existencia y acotación de las derivadas parciales de f con respecto a todas las variables menos la primera, la x.

Presentamos, siguiendo una estructura clásica, una serie de casos simples en los que se puede reducir el orden de la ecuación diferencial, que cobra en este momento especial sentido en el caso de EDO de segundo orden.

Caso 1: $F(x, y^{k)}, y^{k+1)}, \ldots, y^{n)}) = 0$

En este caso se puede reducir el orden de la EDO a $n - k$ mediante la definición $p(x) := y^{k)}(x)$.

Caso 2: $F(y, y', y'', \ldots, y^{n)}) = 0$

En esta ocasión definimos $y' = p(y)$, con lo que $y'' = p'p$, $y''' = p''p^2 + (p')^2 p$, etc.

Caso 3: $0 = F(x, y, y', y'', \ldots, y^{n)}) = \dfrac{d}{dx}\Psi(x, y, y', \ldots, y^{n-1)})$

Igualando $\Psi(x, y, y', \ldots, y^{n-1)})$ a una constante reducimos el orden.

Caso 4: $F(x, y, y', y'', \ldots, y^{n)}) = 0$**, con** F **homogénea en** y, y', …, $y^{n)}$

En este caso[1] se realiza el cambio a la nueva variable z mediante $y' = yz$, o bien, $y = e^{\int z dx}$.

[1] F es *homogénea* de grado k, natural, si $F(x, \lambda y, \lambda y', \ldots, \lambda y^{n)}) = \lambda^k F(x, y, y', \ldots, y^{n)})$.

Caso 5: Conocida una solución particular $y_p(x)$

En ecuaciones diferenciales lineales, con $y_p(x)$ una solución particular no trivial de la ecuación diferencial lineal homogénea asociada, como veremos posteriormente, existe la posibilidad de reducir el orden mediante el cambio de variable $y(x) = y_p(x) \int u(x)dx$.

EDO lineal

El estudio de las *ecuaciones diferenciales lineales* en general, y las de *coeficientes constantes* en particular, será el núcleo central de este tema. Una *ecuación diferencial lineal* de orden n es una ecuación diferencial de la forma

$$a_n(x)y^{n)}(x) + a_{n-1}(x)y^{n-1)}(x) + \ldots + a_1(x)y'(x) + a_0(x)y(x) = f(x). \quad (1.13)$$

Según sea f cero o no, se llamará *homogénea* o *no homogénea*, respectivamente, y si $a_i(x) = a_i$ para todo i, se llamarán además de *coeficientes constantes.* Si el coeficiente $a_n(x)$ es distinto de cero en todo un intervalo $[a, b]$ entonces, dividiendo por dicho coeficiente, la ecuación diferencial se puede reescribir como

$$y^{n)}(x) = g(x) - p_1(x)y^{n-1)}(x) - \ldots - p_{n-1}(x)y'(x) - p_n(x)y(x). \quad (1.14)$$

Si los coeficientes son continuos en $[a, b]$, entonces en un entorno de cualesquiera condiciones iniciales

$$y(x_0) = y_0,\ y'(x_0) = y_0',\ldots, y^{n-1)}(x_0) = y_0^{(n-1)}, \quad (1.15)$$

con $x_0 \in (a, b)$, se satisfacen las condiciones del Teorema 1.2 (de existencia y unicidad).

Proposición 1.3 *Si y_1 e y_2 son dos soluciones de una ecuación diferencial lineal homogénea, entonces*

$$\alpha_1 y_1 + \alpha_2 y_2,\ \alpha_1, \alpha_2 \in \mathbb{R} \quad (1.16)$$

es también solución de la ecuación diferencial, es decir, el conjunto de soluciones posee estructura de subespacio vectorial. En el caso no homogéneo, nos encontramos ante una estructura de subespacio afín (Teorema 1.11).

Escribiremos en ocasiones una ecuación diferencial lineal en la forma

$$L(D)[y(x)] = f(x) \quad (1.17)$$

o bien, si es homogénea,

$$L(D)[y(x)] = 0, \quad (1.18)$$

donde denotamos

$$L(D)[y(x)] = a_n(x)y^{n)}(x) + a_{n-1}(x)y^{n-1)}(x) + \ldots + a_0(x)y(x), \tag{1.19}$$

y que llamaremos *operador diferencial lineal* asociado a la ecuación diferencial lineal. Formalmente este operador es

$$\begin{aligned} L(D) &= a_n(x)D^n + a_{n-1}(x)D^{n-1} + a_{n-2}(x)D^{n-2} + \ldots + a_0(x)I = \\ &= a_n(x)\frac{d^n}{dx^n} + a_{n-1}(x)\frac{d^{n-1}}{dx^{n-1}} + a_{n-2}(x)\frac{d^{n-2}}{dx^{n-2}} + \ldots + a_0(x)I. \end{aligned} \tag{1.20}$$

Destacable es la propiedad de linealidad de este operador.

Proposición 1.4 *Si $L(D)[y] = 0$ es una ecuación diferencial lineal homogénea con coeficientes continuos y con solución compleja $y(x) = u(x) + iv(x)$, entonces*

$$L(D)[u] = 0 = L(D)[v], \tag{1.21}$$

es decir, las partes real e imaginaria de una solución son también soluciones.

Así mismo, es el momento de presentar la dependencia e independencia lineal de funciones. Las funciones $\varphi_1(x), \varphi_2(x), \ldots, \varphi_n(x)$ son *linealmente independientes* en un intervalo I si

$$\lambda_1\varphi_1(x) + \lambda_2\varphi_2(x) + \ldots + \lambda_n\varphi_n(x) = 0, \ \forall x \in I \Rightarrow \lambda_i = 0, \ \forall i. \tag{1.22}$$

En caso contrario, si la combinación lineal puede ser nula sin que todos los coeficientes lo sean, diremos que las funciones son *linealmente dependientes.*

Proposición 1.5 *Los siguientes conjuntos de funciones son linealmente independientes en cualquier intervalo $[a, b]$ con $a < b$:*

1. $\{1, x, x^2, x^3, \ldots, x^n\}$, $n \in \mathbb{N}$.
2. $\{e^{k_1x}, e^{k_2x}, e^{k_3x}, e^{k_4x}, \ldots, e^{k_nx}\}$, $n \in \mathbb{N}$, $n \geq 1$, $k_i \in \mathbb{R}$ *para todo* i *y* $k_i \neq k_j$, *para* $i \neq j$.
3. $\{e^{k_1x}, xe^{k_1x}, x^2e^{k_1x}, x^3e^{k_1x}, \ldots, x^{n_1}e^{k_1x},$
   $e^{k_2x}, xe^{k_2x}, x^2e^{k_2x}, x^3e^{k_2x}, \ldots, x^{n_2}e^{k_2x},$
   $e^{k_3x}, xe^{k_3x}, x^2e^{k_3x}, x^3e^{k_3x}, \ldots, x^{n_3}e^{k_3x},$
   $\ldots$
   $e^{k_rx}, xe^{k_rx}, x^2e^{k_rx}, x^3e^{k_rx}, \ldots, x^{n_r}e^{k_rx}\}$, $n_i \in \mathbb{N}$, $n_i \geq 1$, $k_i \in \mathbb{R}$ *para todo* i *y* $k_i \neq k_j$ *para* $i \neq j$.
4. $\{e^{\alpha x}\cos(\beta x), xe^{\alpha x}\cos(\beta x), x^2e^{\alpha x}\cos(\beta x), \ldots, x^ke^{\alpha x}\cos(\beta x)\}$, *con* $\alpha, \beta \in \mathbb{R}$ *y* $k \in \mathbb{N}$.

5. $\{e^{\alpha x}\operatorname{sen}(\beta x), xe^{\alpha x}\operatorname{sen}(\beta x), x^2e^{\alpha x}\operatorname{sen}(\beta x), \ldots, x^ke^{\alpha x}\operatorname{sen}(\beta x)\}$, *con* $\alpha, \beta \in \mathbb{R}$ *y* $k \in \mathbb{N}$.

Es útil introducir el determinante funcional de n funciones y_i, conocido como *wronskiano*[2], cuya definición es

$$W(y_1(x), \ldots, y_n(x)) = W(x) := \begin{vmatrix} y_1(x) & y_2(x) & \cdots & y_n(x) \\ y_1'(x) & y_2'(x) & \cdots & y_n'(x) \\ y_1''(x) & y_2''(x) & \cdots & y_n''(x) \\ \cdots & \cdots & \cdots & \cdots \\ y_1^{n-1)}(x) & y_2^{n-1)}(x) & \cdots & y_n^{n-1)}(x) \end{vmatrix}. \quad (1.23)$$

La matriz correspondiente es conocida como *matriz de Wronski* o *matriz wronskiana* denotada por $MW(x)$ o $MW(y_1(x), \ldots, y_n(x))$, es decir,

$$MW(y_1(x), \ldots, y_n(x)) = MW(x) := \begin{pmatrix} y_1(x) & y_2(x) & \cdots & y_n(x) \\ y_1'(x) & y_2'(x) & \cdots & y_n'(x) \\ y_1''(x) & y_2''(x) & \cdots & y_n''(x) \\ \vdots & \vdots & \vdots & \vdots \\ y_1^{n-1)}(x) & y_2^{n-1)}(x) & \cdots & y_n^{n-1)}(x) \end{pmatrix}, \quad (1.24)$$

y por tanto

$$W(x) = |MW(x)|. \quad (1.25)$$

Teorema 1.6 *Si las funciones* $y_1, y_2, \ldots, y_n$ *son linealmente dependientes en* $[a, b]$, *entonces el wronskiano es idénticamente nulo en dicho intervalo.*

Teorema 1.7 *Si las funciones linealmente independientes* $y_1, y_2, \ldots, y_n$ *son solución de la ecuación diferencial homogénea*

$$y^{n)}(x) + p_1(x)y^{n-1)}(x) + \ldots + p_n(x)y(x) = 0, \quad (1.26)$$

con $p_i(x)$ *función continua en* $[a, b]$, *entonces el wronskiano es diferente de cero en cada uno de los* $x \in [a, b]$.

Proposición 1.8 *El número máximo de soluciones linealmente independientes de una ecuación lineal homogénea es igual a su orden.*

Llamaremos *sistema fundamental de soluciones* de una ecuación diferencial lineal homogénea de orden n a cualquier conjunto de n soluciones linealmente independientes de dicha ecuación diferencial. La definición de wronskiano permitirá establecer cuándo un conjunto de soluciones es un sistema fundamental, y además,

[2] J.M.H. Wronski (1778-1853), matemático polaco.

imponiendo dependencia lineal, se puede reconstruir la ecuación diferencial lineal homogénea que tenga por sistema fundamental uno dado previamente.

Dada la ecuación diferencial lineal

$$y^{n)}(x) = -p_1(x)y^{n-1)}(x) - \ldots - p_{n-1}(x)y'(x) - p_n(x)y(x), \tag{1.27}$$

la igualdad

$$W(x) = W(x_0)e^{-\int_{x_0}^{x} p_1(t)dt} \tag{1.28}$$

es conocida como *fórmula de Ostrogradski-Liouville*, donde x_0 es un punto cualquiera en el intervalo $[a, b]$ donde los coeficientes son continuos.

Nos centraremos a continuación en las EDO lineales *con coeficientes constantes*, que responden al modelo

$$L(D)[y(x)] = a_n y^{n)}(x) + a_{n-1}y^{n-1)}(x) + \ldots + a_1 y'(x) + a_0 y(x) = f(x), \ a_i \in \mathbb{R}. \tag{1.29}$$

Para resolver la ecuación diferencial en el caso homogéneo sustituimos e^{rx} para tener

$$\begin{aligned} L(D)[e^{rx}] &= a_n r^n e^{rx} + a_{n-1}r^{n-1}e^{rx} + \ldots + a_1 r e^{rx} + a_0 e^{rx} = \\ &= e^{rx}(a_n r^n + a_{n-1}r^{n-1} + \ldots + a_1 r + a_0) = 0, \end{aligned} \tag{1.30}$$

y así, $y(x) = e^{rx}$ es solución si r es raíz de

$$\chi(r) = a_n r^n + a_{n-1}r^{n-1} + \ldots + a_1 r + a_0 = 0, \tag{1.31}$$

conocida como *ecuación característica*, y $\chi(r)$ como *polinomio característico*. Las raíces de este polinomio vincularán las soluciones de la ecuación diferencial.

Proposición 1.9 *Sea $L(D)[y] = 0$ una ecuación diferencial lineal homogénea con coeficientes constantes y $\chi(r)$ el polinomio característico asociado. Entonces*

i. Si r_i es raíz real de $\chi(r)$ entonces $L(D)[e^{r_i x}] = 0$, es decir, $e^{r_i x}$ es solución de la ecuación diferencial.

ii. Si r_i es raíz real de $\chi(r)$, con multiplicidad $k_i > 1$, entonces el conjunto

$$\{e^{r_i x}, xe^{r_i x}, x^2 e^{r_i x}, \ldots, x^{k_i - 1}e^{r_i}\} \tag{1.32}$$

es un conjunto linealmente independiente de soluciones de la ecuación diferencial. Dicho de otro modo, cada raíz real r_i con multiplicidad k_i aporta k_i soluciones linealmente independientes a un sistema fundamental de soluciones de la ecuación diferencial, que no son otras que las dadas en (1.32).

iii. Si $\alpha \pm \beta i$ es una pareja de raíces complejas conjugadas de $\chi(r)$, entonces

$$e^{\alpha x}\cos(\beta x) \text{ y } e^{\alpha x}\operatorname{sen}(\beta x) \tag{1.33}$$

son soluciones linealmente independientes de la ecuación diferencial.

iv. Si $\alpha + \beta i$ es solución de $\chi(r)$ con multiplicidad k, entonces el conjunto

$$\begin{aligned}\{&e^{\alpha x}\cos(\beta x), xe^{\alpha x}\cos(\beta x), x^2e^{\alpha x}\cos(\beta x), \ldots, x^{k-1}e^{\alpha x}\cos(\beta x),\\ &e^{\alpha x}\operatorname{sen}(\beta x), xe^{\alpha x}\operatorname{sen}(\beta x), x^2e^{\alpha x}\operatorname{sen}(\beta x), \ldots, x^{k-1}e^{\alpha x}\operatorname{sen}(\beta x)\}\end{aligned} \tag{1.34}$$

es un conjunto linealmente independiente de soluciones de la ecuación diferencial. La raíz compleja conjugada no aporta soluciones linealmente independientes de las presentadas. Dicho de otro modo, cada raíz compleja $\alpha + \beta i$ con multiplicidad k aporta $2k$ soluciones linealmente independientes a un sistema fundamental de soluciones de la ecuación diferencial, que no son otras que las dadas en (1.34).

Corolario 1.10 *Si la ecuación característica asociada a una EDL homogénea con coeficientes constantes de orden n tiene n raíces reales distintas $\{r_i\}_{i=1}^n$, entonces la solución general es*

$$y(x) = c_1e^{r_1x} + c_2e^{r_2x} + c_3e^{r_3x} + \ldots + c_ne^{r_nx}. \tag{1.35}$$

Teorema 1.11 *La solución general de la ecuación diferencial lineal*

$$y^{n)}(x) + p_1(x)y^{n-1)}(x) + \ldots + p_{n-1}(x)y'(x) + p_n(x)y(x) = f(x), \tag{1.36}$$

cuyos coeficientes y el término no homogéneo son continuos en el intervalo $I \subset \mathbb{R}$, es igual a la suma de la solución general de la ecuación diferencial homogénea asociada, $y_h(x)$, más una solución particular cualquiera, $y_p(x)$, de (1.36), es decir, la solución general es

$$y(x) = y_h(x) + y_p(x). \tag{1.37}$$

De este modo, para determinar la solución general de una ecuación diferencial lineal resolvemos, en primer lugar, la ecuación diferencial homogénea asociada, que si es de coeficientes constantes acudimos a la Proposición 1.9, para después añadir una solución particular de la ecuación diferencial completa.

Para obtener una solución particular, cuando la ecuación diferencial es de coeficientes constantes[3], destacamos los siguientes métodos:

Método de Lagrange o variación de las constantes. Resolvemos la ecuación diferencial homogénea asociada, y después suponemos que las constantes que aparecen son nuevas funciones. Imponemos que la expresión resultante sea solución de la ecuación diferencial completa para determinar estas funciones auxiliares. Como restan condiciones libres por imponer, añadimos la condición de que en

[3] En ocasiones funcionan con coeficientes variables.

las derivadas sucesivas las funciones $C_i(x)$ se comporten en parte como si fuesen constantes, de forma que se simplifiquen los cálculos, y así resulta el conjunto de ecuaciones

$$\sum_{i=1}^{n} C_i'(x) y_i(x) = 0, \tag{1.38}$$

$$\sum_{i=1}^{n} C_i'(x) y_i'(x) = 0, \tag{1.39}$$

$$\sum_{i=1}^{n} C_i'(x) y_i''(x) = 0, \tag{1.40}$$

$$\cdots$$

$$\sum_{i=1}^{n} C_i'(x) y_i^{n-2)}(x) = 0, \tag{1.41}$$

$$\sum_{i=1}^{n} C_i'(x) y_i^{n-1)}(x) = f(x), \tag{1.42}$$

si $\{y_i(x)\}$ es el conjunto fundamental de soluciones de la ecuación diferencial homogénea asociada, previamente obtenido.

Podemos reescribir este conjunto de ecuaciones en forma matricial para tener

$$\begin{pmatrix} y_1(x) & y_2(x) & \cdots & y_n(x) \\ y_1'(x) & y_2'(x) & \cdots & y_n'(x) \\ y_1''(x) & y_2''(x) & \cdots & y_n''(x) \\ \vdots & \vdots & \vdots & \vdots \\ y_1^{n-1)}(x) & y_2^{n-1)}(x) & \cdots & y_n^{n-1)}(x) \end{pmatrix} \begin{pmatrix} C_1'(x) \\ C_2'(x) \\ \vdots \\ C_n'(x) \end{pmatrix} = \begin{pmatrix} 0 \\ 0 \\ \vdots \\ f(x) \end{pmatrix}, \tag{1.43}$$

es decir,

$$MW(x) \begin{pmatrix} C_1'(x) \\ C_2'(x) \\ \vdots \\ C_n'(x) \end{pmatrix} = \begin{pmatrix} 0 \\ 0 \\ \vdots \\ f(x) \end{pmatrix}, \tag{1.44}$$

que llamaremos *ecuación matricial de Lagrange*. De este modo, se aprecia que el sistema siempre tiene solución única pues el determinante de la matriz de coeficientes del sistema no es sino el wronskiano de las soluciones de la ecuación diferencial homogénea asociada, siendo distinto de cero por ser soluciones linealmente independientes (Teorema 1.7).

Método de los coeficientes indeterminados. Realizamos una búsqueda de soluciones particulares que respondan al tipo particular del término independiente.

Este término debe ser, en principio, combinación lineal finita de funciones seno, coseno, exponenciales y polinomios, con la intención de que las sucesivas derivadas comiencen a repetirse. Si denotamos por $f(x)$ el término independiente de la ecuación diferencial, las soluciones particulares $y_p(x)$ que pueden considerarse en cada caso son:

i. Supongamos que $f(x) = P_m(x)e^{kx}$, con $P_m(x)$ un polinomio de grado m. Si k no es raíz del polinomio característico $\chi(r)$, es decir, si $\chi(k) \neq 0$, entonces $y_p(x) = Q_m(x)e^{kx}$, con $Q_m(x)$ un polinomio de grado m. En cambio, si k es raíz de $\chi(r)$ con multiplicidad s, entonces $y_p = x^s Q_m(x)e^{kx}$.

ii. Supongamos que $f(x) = e^{ax}(P_{m_1}(x)\cos(bx)+Q_{m_2}(x)\operatorname{sen}(bx))$, con P_{m_1} y Q_{m_2} dos polinomios de grados m_1 y m_2 respectivamente. Si $\chi(a+bi) \neq 0$, la solución particular es de la forma $y_p = e^{ax}(R_m(x)\cos(bx) + S_m(x)\operatorname{sen}(bx))$, con $R_m(x)$ y $S_m(x)$ polinomios de grado $m = \max\{m_1, m_2\}$. En cambio, si $a + bi$ es raíz de $\chi(r)$ con multiplicidad s, la solución particular es de la forma $y_p = x^s e^{ax}(R_m(x)\cos(bx) + S_m(x)\operatorname{sen}(bx))$.

Métodos operacionales[4]. Para calcular una solución particular de una ecuación diferencial

$$L(D)[y(x)] = f(x) \tag{1.45}$$

despejamos formalmente $y(x)$ para obtener

$$y(x) = \frac{1}{L(D)}[f(x)]. \tag{1.46}$$

Veamos cómo actúa el operador $\dfrac{1}{L(D)}$ en algunos casos sencillos. Hay que decir que $L(D)$ no es un operador inyectivo, así que aclararemos con los sucesivos casos lo que entendemos por $\dfrac{1}{L(D)}[f(x)]$.

Si la ecuación diferencial es de la forma $D[y(x)] = f(x)$, entonces se tiene que $y(x) = \displaystyle\int f(x)dx$, luego

$$y(x) = \frac{1}{D}[f(x)] = \int f(x)dx, \tag{1.47}$$

definida salvo una constante. De forma análoga, si $L(D) = D^n$, podemos calcular una solución particular integrando n veces $f(x)$ sucesivamente, es decir,

$$y(x) = \frac{1}{D^n}[f(x)] = \int\int \cdots^{n)} \int f(x)dx \cdots^{n)} dx. \tag{1.48}$$

[4]Originalmente ideados por el matemático británico Oliver Heaviside (1850-1925).

La ecuación diferencial $y'(x) - ry(x) = f(x)$ tiene por solución

$$y(x) = e^{rx} \int e^{-rx} f(x)dx, \tag{1.49}$$

donde si no tomamos constantes en la integración obtenemos una solución particular. Escribimos entonces

$$y(x) = \frac{1}{D - rI}[f(x)] = e^{rx} \int e^{-rx} f(x)dx, \tag{1.50}$$

sin constantes de integración, y con más generalidad, si $L(D) = \prod_{i=1}^{n}(D - r_i I)$, entonces

$$y(x) = \frac{1}{D - r_1 I}\frac{1}{D - r_2 I}\cdots\frac{1}{D - r_n I}[f(x)]. \tag{1.51}$$

Cuando sea complicado realizar las n integraciones sucesivas, descompondremos el operador inverso en fracciones simples

$$\frac{1}{\prod_{i=1}^{n}(D - r_i I)} = \frac{A_1}{D - r_1 I} + \frac{A_2}{D - r_2 I} + \ldots + \frac{A_n}{D - r_n I}, \tag{1.52}$$

conocido como *desarrollo de Heaviside* del operador inverso $1/L(D)$. Cuando sea $L(D) = \sum_{i=1}^{n}(D - r_i)^{k_i}$ tenemos la descomposición

$$\begin{aligned}\frac{1}{L(D)} = \frac{A_{11}}{D - r_1 I} + \frac{A_{12}}{(D - r_1 I)^2} + \ldots + \frac{A_{1k_1}}{(D - r_1 I)^{k_1}} + \ldots +\\ + \frac{A_{n1}}{D - r_n I} + \frac{A_{n2}}{(D - r_n I)^2} + \ldots + \frac{A_{nk_n}}{(D - r_n I)^{k_n}}.\end{aligned} \tag{1.53}$$

Si $f(x)$ es un polinomio entonces desarrollamos el operador inverso $1/L(D)$ en serie de potencias de D. Así

$$y(x) = \frac{1}{L(D)}[f(x)] = (I + \alpha_1 D + \alpha_2 D^2 + \alpha_3 D^3 + \ldots + \alpha_l D^l)[f(x)],\ l > 1, \tag{1.54}$$

siendo finita esta suma ya que $\alpha_k D^k = 0$ si $k > \mathrm{grad}(f(x))$.

Si $f(x) = e^{rx}g(x)$ entonces se verifica (Ejercicio 1.50)

$$L(D)[e^{rx}g(x)] = e^{rx}L(D + rI)[g(x)], \tag{1.55}$$

es decir,

$$\frac{1}{L(D)}[e^{rx}g(x)] = e^{rx}\frac{1}{L(D + rI)}[g(x)], \tag{1.56}$$

a la que llamaremos *regla de desplazamiento exponencial.*

1.1.3 Series funcionales aplicadas a la resolución de ecuaciones diferenciales

Analizaremos la aplicación de las *series de Frobenius* en la resolución de algunas ecuaciones diferenciales clásicas de segundo orden[5], como las de *Hermite*, *Bessel* o de *Airy*, que aparecen en numerosos campos científicos (Tabla 1.1).

ED de Hermite	$y''(x) - 2xy'(x) + 2\alpha y(x) = 0$
ED de Legendre	$(1-x^2)y''(x) - 2xy'(x) + \alpha(\alpha+1)y(x) = 0$
ED de Chebyshev	$(1-x^2)y''(x) - xy'(x) + \alpha^2 y(x) = 0$
ED de Bessel	$x^2y''(x) + xy'(x) + (x^2-\alpha^2)y(x) = 0$
ED de Bessel modificada	$x^2y''(x) + xy'(x) - (x^2+\alpha^2)y(x) = 0$
ED de Laguerre	$x^2y''(x) + (1-x)y'(x) + \alpha y(x) = 0$
ED Hipergeométrica	$x(1-x)y''(x)+(c-(a+b+1)x)y'(x)-aby(x) = 0$
ED de Airy	$y''(x) - xy(x) = 0$
ED de Lane-Emden	$y''(x) + \frac{2}{x}y'(x) + y(x)^\alpha = 0$
ED de Euler	$\sum_{i=0}^{n} a_i(ax+b)^i y^{i)}(x) = f(x)$
ED de Duffing	$\frac{d^2y}{dx^2} + ay + by^3 = f(x)$

Tabla 1.1: Algunas ED clásicas de segundo orden.

Nos centraremos en las ecuaciones diferenciales lineales de segundo orden homogéneas de la forma

$$y''(x) + P(x)y'(x) + Q(x)y(x) = 0, \tag{1.57}$$

aunque los resultados pueden generalizarse de igual modo a órdenes superiores y a las no homogéneas.

Diremos que $x_0 \in \mathbb{R}$ es un *punto ordinario* de la ecuación diferencial (1.57) si tanto $P(x)$ como $Q(x)$ son *funciones analíticas* (reales) en x_0, es decir, si las dos son desarrollables en sendas series de potencias en cierto entorno de x_0. Por el contrario, si alguna de las funciones $P(x)$ o $Q(x)$ no es analítica en x_0, diremos que x_0 es un *punto singular*. En este caso, si $x = x_0$ es un punto singular, diremos que es un *punto singular regular* si

$$(x-x_0)P(x) \;\; \text{y} \;\; (x-x_0)^2Q(x) \tag{1.58}$$

[5]Dos ejemplos de la utilidad de las series de potencias en la resolución de ecuaciones diferenciales de primer orden pueden verse en el Ejercicio 4.30 del texto [5].

son funciones analíticas en x_0. En caso contrario, hablaremos de *punto singular irregular*. Para estudiar el comportamiento en el infinito, haremos el cambio $z = \frac{1}{x}$ y estudiaremos el comportamiento de la ecuación diferencial resultante en $x_0 = 0$.

Para los puntos ordinarios supondremos que la solución es una serie de potencias de la forma

$$y(x) = \sum_{n=0}^{\infty} a_n (x - x_0)^n. \tag{1.59}$$

Después de sustituir en la ecuación diferencial, se debe resolver la ecuación en recurrencia que se obtiene para el término general de la serie. Nos basaremos en este caso en el siguiente teorema:

Teorema 1.12 (1er teorema de Fuchs) *Consideremos la ecuación diferencial*

$$y''(x) + P(x)y'(x) + Q(x)y(x) = 0, \ y(x_0) = y_0, \ y'(x_0) = y_0', \tag{1.60}$$

con condiciones iniciales, y x_0 un punto ordinario asociado. La solución es entonces analítica en el intervalo común donde lo son $P(x)$ y $Q(x)$.

Sin embargo, para los puntos singulares regulares será necesario introducir las conocidas como *series de Frobenius*, series de la forma

$$y(x) = (x - x_0)^{\lambda} \sum_{n=0}^{\infty} a_n (x - x_0)^n, \ \lambda \in \mathbb{R}, \tag{1.61}$$

y usaremos el siguiente teorema:

Teorema 1.13 (de Frobenius) *Sea x_0 un punto singular regular de la ecuación diferencial (1.57). Definimos la* ecuación indicial *asociada como*

$$r^2 + (p_0 - 1)r + q_0 = 0 \ \text{ ó } \ r(r-1) + p_0 r + q_0 = 0, \tag{1.62}$$

donde

$$p_0 = \lim_{x \to x_0} (x - x_0)P(x) \ \text{ y } \ q_0 = \lim_{x \to x_0} (x - x_0)^2 Q(x), \tag{1.63}$$

términos constantes de los desarrollos de Taylor

$$(x - x_0)P(x) = \sum_{n=0}^{\infty} p_n (x - x_0)^n \tag{1.64}$$

y

$$(x - x_0)^2 Q(x) = \sum_{n=0}^{\infty} q_n (x - x_0)^n, \tag{1.65}$$

con $|x - x_0| \leq \delta$, y cuyas raíces r_1 y r_2, con $Re(r_1) \geq Re(r_2)$, se denominan índices *de x_0. Entonces la ecuación diferencial (1.57) tiene dos soluciones linealmente independientes $y_1(x)$ e $y_2(x)$ como series convergentes en $0 < |x - x_0| < \delta$ dadas por:*

1. *Si* $r_1 - r_2 \notin \mathbb{Z}$*, entonces*

$$y_1(x) = |x - x_0|^{r_1} \sum_{n=0}^{\infty} a_n (x - x_0)^n, \tag{1.66}$$

$$y_2(x) = |x - x_0|^{r_2} \sum_{n=0}^{\infty} b_n (x - x_0)^n. \tag{1.67}$$

2. *Si* $r_1 = r_2$*, entonces*

$$y_1(x) = |x - x_0|^{r_1} \sum_{n=0}^{\infty} a_n (x - x_0)^n, \tag{1.68}$$

$$y_2(x) = y_1(x) \log |x - x_0| + |x - x_0|^{r_1+1} \sum_{n=0}^{\infty} b_n (x - x_0)^n. \tag{1.69}$$

3. *Si* $r_1 - r_2 \in \mathbb{Z}$*, entonces*

$$y_1(x) = |x - x_0|^{r_1} \sum_{n=0}^{\infty} a_n (x - x_0)^n, \tag{1.70}$$

$$y_2(x) = C y_1(x) \log |x - x_0| + |x - x_0|^{r_2} \sum_{n=0}^{\infty} b_n (x - x_0)^n, \ C \in \mathbb{R}. \tag{1.71}$$

4. *Si* $r_1, r_2 \in \mathbb{C}$*, entonces se consideran las series parte real e imaginaria asociadas a las series complejas.*

Conviene indicar que para los puntos singulares irregulares se podría obtener, con el método presentado, como máximo una solución de la ecuación diferencial.

1.1.4 Aplicaciones físicas

Gran cantidad de problemas físicos tienen su correcta formulación y resolución en el marco de las ecuaciones diferenciales. A lo largo de los ejercicios se mostrarán gran cantidad de ejemplos. Tenemos así *caída libre* (Ejercicio 1.12), *sistemas resorte-masa* y *resonancia* (Ejercicio 1.37), *circuitos* (Ejercicio 1.41), *péndulo simple* (Ejercicio 1.27) o *mecánica cuántica* con la *ecuación de Schrödinger* (Ejercicio 1.29).

1.2 Ejercicios resueltos

Ejercicio 1.1 *Demuestre que la ecuación diferencial* $y' = f(x, y)$ *se convierte en*

$$\frac{d\rho}{d\theta}\operatorname{sen}\theta + \rho\cos\theta = f(\rho\cos\theta, \rho\operatorname{sen}\theta)\left(\frac{d\rho}{d\theta}\cos\theta - \rho\operatorname{sen}\theta\right) \tag{1.72}$$

introduciendo coordenadas polares.

Solución.
Definimos $x = \rho\cos\theta$ e $y = \rho\operatorname{sen}\theta$. En primer lugar, como

$$\frac{dy}{dx} = \frac{dy}{d\theta}\frac{d\theta}{dx} = \frac{\dfrac{dy}{d\theta}}{\dfrac{dx}{d\theta}}, \tag{1.73}$$

y además

$$\frac{dy}{d\theta} = \frac{d\rho}{d\theta}\operatorname{sen}\theta + \rho\cos\theta, \tag{1.74}$$

$$\frac{dx}{d\theta} = \frac{d\rho}{d\theta}\cos\theta - \rho\operatorname{sen}\theta, \tag{1.75}$$

sólo tenemos que sustituir para llegar a la fórmula mostrada. ∎

Ejercicio 1.2 *Analice las soluciones en torno a* $(0, 0)$, *punto singular de la ecuación diferencial*

$$y' = k\frac{y}{x}, \quad k > 0. \tag{1.76}$$

Solución.
Escribimos la ecuación diferencial en la forma

$$\frac{dy}{dx} = k\frac{y}{x}, \tag{1.77}$$

para hacer

$$\frac{dy}{y} = k\frac{dx}{x} \Rightarrow \log|y| = \log|x^k| + \log|C| \Rightarrow y = Cx^k. \tag{1.78}$$

Así, las soluciones de esta ecuación diferencial separable son

$$y = Cx^k, \tag{1.79}$$

que por ejemplo para $k = 2$ vienen representadas en la Figura 1.2. Observamos que por el $(0, 0)$ pasan infinitas soluciones, no teniéndose la propiedad de unicidad. Estamos, por tanto, ante un punto singular denominado *nudo*. ∎

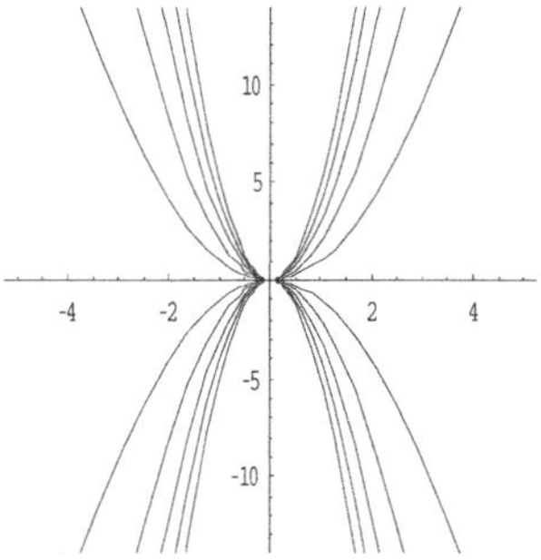

Figura 1.2: Nudo.

Ejercicio 1.3 *Analice las soluciones en torno al punto singular* $(0,0)$ *de la ecuación diferencial*

$$y' = -\frac{y}{x}. \tag{1.80}$$

Solución.

Al hilo del ejercicio anterior, resolvemos la ecuación diferencial y tenemos las curvas (hipérbolas)

$$y = \frac{C}{x},\ x \neq 0. \tag{1.81}$$

No existe solución que pase por el punto $(0,0)$. La situación puede verse en la Figura 1.3, tratándose de un punto singular denominado *montura*. ∎

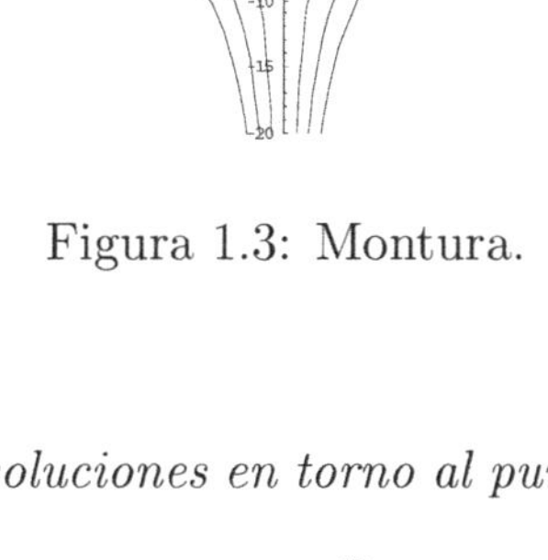

Figura 1.3: Montura.

Ejercicio 1.4 *Analice las soluciones en torno al punto singular* $(0,0)$ *de la ecuación diferencial*

$$y' = -\frac{x}{y}. \tag{1.82}$$

Solución.
En este caso tenemos

$$\frac{dy}{dx} = -\frac{x}{y} \Rightarrow ydy = -xdx \Rightarrow x^2 + y^2 = C. \tag{1.83}$$

Las soluciones son las circunferencias

$$x^2 + y^2 = C, \ C > 0, \tag{1.84}$$

centradas en el $(0,0)$. La situación puede verse en la Figura 1.4. El punto singular

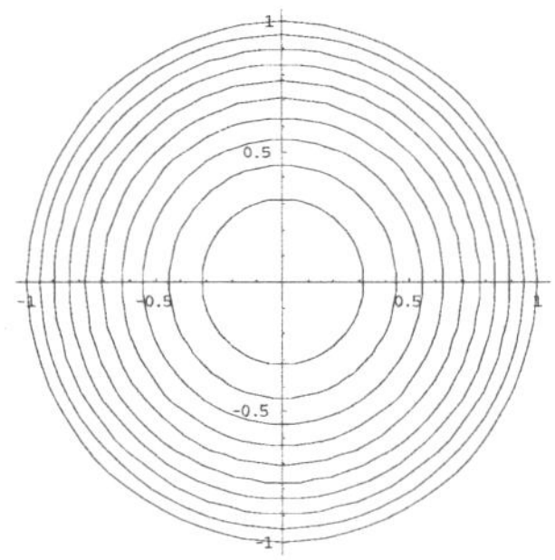

Figura 1.4: Centro.

está rodeado de soluciones cerradas y se denomina *centro*. ∎

Ejercicio 1.5 *Analice las soluciones en torno al punto singular* $(0,0)$ *de la ecuación diferencial*

$$y' = \frac{x+y}{x-y}. \tag{1.85}$$

Solución.
La ecuación diferencial es homogénea y la escribimos de la forma

$$y' = \frac{x+y}{x-y} = \frac{1+\dfrac{y}{x}}{1-\dfrac{y}{x}} \tag{1.86}$$

para efectuar el cambio de variable

$$\frac{y}{x} = v \Rightarrow y = xv, \ y' = v + xv'. \tag{1.87}$$

De este modo la ecuación queda

$$v + xv' = \frac{1+v}{1-v} \Rightarrow xv' = \frac{1+v}{1-v} - v = \frac{1+v^2}{1-v}, \tag{1.88}$$

es decir,

$$\frac{1-v}{1+v^2}dv = \frac{1}{x}dx. \tag{1.89}$$

Integrando tenemos

$$\arctan v - \frac{1}{2}\log(1+v^2) + \log|k| = \log|x| \Rightarrow \tag{1.90}$$

$$\log|k| + \arctan v = \log|x| + \log\sqrt{1+v^2}. \tag{1.91}$$

Deshaciendo el cambio de variable tenemos las soluciones

$$\sqrt{x^2+y^2} = ke^{\arctan(y/x)}, \tag{1.92}$$

o bien en coordenadas polares $\rho(\theta)$:

$$\rho = ke^{\theta}. \tag{1.93}$$

En la Figura 1.5 puede verse esta familia de *espirales exponenciales*, y el punto singular se denomina *foco*. Podemos resolver la ecuación diferencial usando coordenadas polares desde un principio. Para ello acudimos a la igualdad (Ejercicio 1.1)

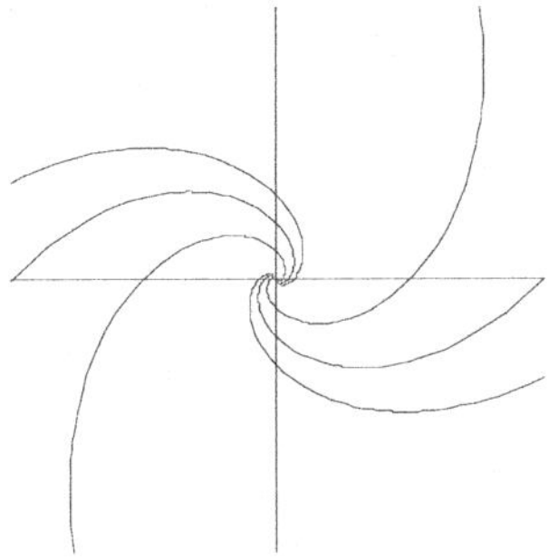

Figura 1.5: Foco.

$$\frac{d\rho}{d\theta}\operatorname{sen}\theta + \rho\cos\theta = f(\rho\cos\theta, \rho\operatorname{sen}\theta)\left(\frac{d\rho}{d\theta}\cos\theta - \rho\operatorname{sen}\theta\right). \tag{1.94}$$

En nuestro caso $f(x,y) = \dfrac{x+y}{x-y}$, con lo que, después de simplificar, resulta simplemente

$$\rho' = \rho, \tag{1.95}$$

cuya solución es de nuevo

$$\rho = ke^{\theta}. \tag{1.96}$$

■

Ejercicio 1.6 *Determine, si existen, las soluciones singulares de la ecuación diferencial*

$$y = 2xy' + \log(y'). \tag{1.97}$$

Solución.
La ecuación diferencial en forma implícita es

$$F(x, y, y') = 2xy' + \log(y') - y. \tag{1.98}$$

Calculamos primero la curva p-discriminante. Para ello eliminamos $p := y'$ de las ecuaciones

$$2xp + \log p - y = 0, \tag{1.99}$$

$$\frac{\partial F}{\partial p} = 2x + \frac{1}{p} = 0, \tag{1.100}$$

para tener $(x < 0)$

$$\Psi(x, y) = y - \log\left(-\frac{1}{2x}\right) + 1 = 0. \tag{1.101}$$

Sustituimos la curva p-discriminante

$$y = \log\left(-\frac{1}{2x}\right) - 1 \tag{1.102}$$

en la ecuación diferencial y llegamos, después de simplificar, a

$$\log(2) = 1. \tag{1.103}$$

No verifica la ecuación diferencial, no es solución y por tanto la ecuación diferencial carece de soluciones singulares. ■

Ejercicio 1.7 *Determine, si existen, las soluciones singulares de la ecuación diferencial*

$$y = xy' + e^{y'}. \tag{1.104}$$

Solución.
El lector puede encontrar la solución de esta ecuación diferencial (de Clairaut) en nuestro libro ([5]). Aparece una envolvente, siendo una curva singular como vamos a calcular en este ejercicio. La ecuación diferencial en forma implícita es

$$F(x, y, y') = xy' + e^{y'} - y. \tag{1.105}$$

Veamos la curva p-discriminante. Para ello eliminamos $p(x) := y'(x)$ de las ecuaciones

$$xp + e^p - y = 0, \tag{1.106}$$
$$\frac{\partial F}{\partial p} = x + e^p = 0, \tag{1.107}$$

para tener $(x < 0)$

$$p = \frac{x+y}{x}, \tag{1.108}$$

y así

$$x + e^{\frac{x+y}{x}} = 0 \Rightarrow e^{\frac{x+y}{x}} = -x, \; x < 0 \Rightarrow \frac{x+y}{x} = \log(-x) \tag{1.109}$$

con lo que tenemos

$$\Psi(x,y) = y - x\log(-x) + x = 0. \tag{1.110}$$

El lector puede confirmar que la curva

$$y = x\log(-x) - x \tag{1.111}$$

es solución de la ecuación diferencial, y que además es la envolvente de toda una familia de soluciones. De este modo, confirmamos que en cada uno de los puntos de su gráfica no se verifica la propiedad de unicidad, y tenemos por tanto que se trata de una solución singular. ∎

Ejercicio 1.8 *Resuelva las ecuaciones integrales*

a) $y(x) = \int_0^x y(t)dt.$

b) $y(x) = -\int_0^x y(t)^2 dt.$

c) $y(x) = 1 - \int_0^x y(t)^2 dt.$

Solución.

a) Usando el Teorema Fundamental del Cálculo ([5]), suponiendo las hipótesis de regularidad necesarias, tenemos, después de derivar, que

$$y'(x) = y(x), \tag{1.112}$$

con lo que resolvemos para tener $y(x) = ke^x$. A partir de la ecuación integral tenemos que $y(0) = 0$, y entonces $k = 0$, con lo que la solución es $y = 0$. En realidad, implícitamente estamos usando la equivalencia

$$y'(x) = f(x, y(x)),\ y(x_0) = y_0 \Longleftrightarrow y(x) = y_0 + \int_{x_0}^{x} f(t, y(t))dt, \tag{1.113}$$

entre el problema de Cauchy y la ecuación integral.

b) Usando la equivalencia mencionada, resolvemos el problema de Cauchy

$$y'(x) = -y(x)^2,\ y(0) = 0. \tag{1.114}$$

Separamos variables para tener, después de integrar, que

$$y(x) = \frac{1}{x + k}. \tag{1.115}$$

No existe ningún valor de k para el que $y(x)$ verifique $y(0) = 0$. De este modo, la ecuación integral no tiene solución.

c) En esta ocasión, la ecuación diferencial tiene también por solución

$$y(x) = \frac{1}{x + k}. \tag{1.116}$$

Como $y(0) = 1$, tenemos que $k = 1$, y entonces la solución final es

$$y(x) = \frac{1}{1 + x}. \tag{1.117}$$

■

Ejercicio 1.9 *Resuelva la ecuación diferencial*

$$y'' = 1 + (y')^2. \tag{1.118}$$

Solución.

Definimos $p(x) = y'(x)$, y la ecuación diferencial queda en la forma

$$p' = 1 + p^2. \tag{1.119}$$

Separando variables tenemos

$$\frac{dp}{1 + p^2} = dx, \tag{1.120}$$

e integrando

$$\arctan p = x + k_1. \tag{1.121}$$

De este modo

$$p = \tan(x + k_1), \tag{1.122}$$

o bien

$$dy = \tan(x + k_1)dx, \tag{1.123}$$

y así

$$y = \int \tan(x + k_1)dx = \int \frac{\operatorname{sen}(x + k_1)}{\cos(x + k_1)}dx = k_2 - \log|\cos(x + k_1)|. \tag{1.124}$$

■

Ejercicio 1.10 *Resuelva el problema de valor inicial*

$$xy''(x) - y'(x) = 0, \ y(1) = y'(1) = 1. \tag{1.125}$$

Solución.
Definimos $p(x) := y'(x)$ y la ecuación diferencial queda

$$x\frac{dp}{dx} = p, \tag{1.126}$$

en variables separables. Para resolverla hacemos

$$\frac{dp}{p} = \frac{dx}{x} \Rightarrow \log|p| = \log|x| + \log|C_1| \Rightarrow p = C_1 x. \tag{1.127}$$

Deshacemos el cambio y entonces

$$y'(x) = p(x) = C_1 x \Rightarrow y(x) = C_1\frac{x^2}{2} + C_2. \tag{1.128}$$

Si imponemos las condiciones iniciales tenemos

$$y(1) = \frac{C_1}{2} + C_2 = 1, \ y'(1) = C_1 = 1 \Rightarrow C_1 = 1, \ C_2 = \frac{1}{2}, \tag{1.129}$$

y la solución del problema es

$$y(x) = \frac{x^2}{2} + \frac{1}{2}. \tag{1.130}$$

■

Ejercicio 1.11 *Resuelva la ecuación diferencial*

$$xy^{iv)} - y''' = 0. \tag{1.131}$$

Solución.

Definimos $p(x) = y'''(x)$ y la ecuación diferencial queda

$$xp' - p = 0. \tag{1.132}$$

Separando variables tenemos

$$p = k_1 x. \tag{1.133}$$

Deshacemos el cambio

$$y''' = k_1 x \Rightarrow y = k_1 \frac{x^4}{24} + k_2 \frac{x^2}{2} + k_3 x + k_4. \tag{1.134}$$

■

Ejercicio 1.12 *Resuelva la ecuación diferencial*

$$m\frac{d^2x}{dt^2} = mg - k\left(\frac{dx}{dt}\right)^2, \tag{1.135}$$

que gobierna la caída libre de un cuerpo sometido a una fuerza de rozamiento proporcional al cuadrado de la velocidad, sin velocidad inicial.

Solución.

Para $t = 0$ suponemos $x = 0$ y $\dfrac{dx}{dt} = 0$. La ecuación no contiene explícitamente a la función incógnita x, por lo tanto, se puede reducir el orden considerando $\dfrac{dx}{dt} = v$. Entonces la ecuación queda

$$m\frac{dv}{dt} = mg - kv^2. \tag{1.136}$$

Separamos variables para tener

$$\frac{m}{mg - kv^2} dv = dt. \tag{1.137}$$

Factorizamos (aunque podríamos usar la tangente hiperbólica)

$$\frac{m}{mg - kv^2} = \frac{1}{2}\sqrt{\frac{m}{g}}\left(\frac{1}{\sqrt{mg} - \sqrt{k}v} + \frac{1}{\sqrt{mg} + \sqrt{k}v}\right), \tag{1.138}$$

y así

$$\frac{1}{2}\sqrt{\frac{m}{kg}} \log\left(\frac{\sqrt{mg} + \sqrt{k}v}{\sqrt{mg} - \sqrt{k}v}\right) = t + C_1. \tag{1.139}$$

Manipulamos un poco esta expresión para tener

$$C_2 e^{2t\sqrt{kg/m}} = \frac{\sqrt{mg} + \sqrt{k}v}{\sqrt{mg} - \sqrt{k}v}. \tag{1.140}$$

Como para $t = 0$ se tiene $v = 0$, resulta que $C_2 = 1$. Entonces

$$e^{2t\sqrt{kg/m}}\sqrt{mg} - e^{2t\sqrt{kg/m}}\sqrt{k}v = \sqrt{mg} + \sqrt{k}v, \tag{1.141}$$

$$\sqrt{k}\left(1 + e^{2t\sqrt{kg/m}}\right)v = \sqrt{mg}\left(e^{2t\sqrt{kg/m}} - 1\right), \tag{1.142}$$

$$v = \sqrt{\frac{mg}{k}}\frac{e^{2t\sqrt{kg/m}} - 1}{e^{2t\sqrt{kg/m}} + 1} = \sqrt{\frac{mg}{k}}\frac{e^{t\sqrt{kg/m}} - e^{-t\sqrt{kg/m}}}{e^{t\sqrt{kg/m}} + e^{-t\sqrt{kg/m}}}, \tag{1.143}$$

y de este modo

$$v = \sqrt{\frac{mg}{k}}\tanh\left(\sqrt{\frac{kg}{m}}t\right). \tag{1.144}$$

Integramos de nuevo para tener

$$x = \sqrt{\frac{mg}{k}}\int \tanh\left(\sqrt{\frac{kg}{m}}t\right)dt, \tag{1.145}$$

con lo que

$$x = \frac{m}{k}\log\left(\cosh\left(\sqrt{\frac{kg}{m}}t\right)\right), \tag{1.146}$$

ya que $x(0) = 0$ y se tiene la igualdad

$$\int \tanh(ax)dx = \frac{1}{a}\log(\cosh(ax)) + K. \tag{1.147}$$

Resulta muy interesante analizar la gráfica asociada a la velocidad en función del tiempo. Se recomienda al lector representar un caso particular para observar el comportamiento cuando t tiende a infinito. La velocidad no aumenta sin fin, sino que se estabiliza, se alcanza la conocida como *velocidad límite.* ∎

Ejercicio 1.13 *Resuelva la ecuación diferencial*

$$y'' - (y')^2 = 0. \tag{1.148}$$

Solución.
Hacemos $y' = p(y)$ para tener además $y'' = p'(y)y' = p'p$. La ecuación diferencial queda

$$p'p - p^2 = 0, \tag{1.149}$$

para tener que $p = 0$ o bien $p' = p$. Si $p = 0$ tenemos la solución $y = cte$. Si $p' = p$ tenemos que $p = ke^y$. Como $p = y'$, separamos variables y resolvemos para tener

$$-\frac{1}{k}e^{-y} = x + c. \tag{1.150}$$

Tomamos logaritmos y así

$$y = \log\left|\frac{1}{-kx - kc}\right| = c_1 - \log|x + k_1|, \tag{1.151}$$

renombrando las constantes. El lector puede confirmar este resultado resolviendo de nuevo la ecuación diferencial haciendo el cambio $y' = p(x)$ (Ejercicio 1.18). ■

Ejercicio 1.14 *Resuelva la ecuación diferencial*

$$y' + (y')^2 + yy'' = 0. \tag{1.152}$$

Indicación: derive $y + yy'$.

Solución.
La derivada pedida es

$$(y + yy')' = y' + (y')^2 + yy'' = 0. \tag{1.153}$$

Por tanto, la ecuación diferencial no es sino

$$(y + yy')' = 0 \Rightarrow y + yy' = k. \tag{1.154}$$

Separando variables y descomponiendo tenemos

$$\begin{aligned} ydx + ydy = kdx \Rightarrow \\ \frac{y}{k-y}dy = dx \Rightarrow \\ \left(-1 + \frac{k}{k-y}\right)dy = dx \end{aligned} \tag{1.155}$$

y la solución en forma implícita es

$$-y - k\log|k - y| = x + c. \tag{1.156}$$

■

Ejercicio 1.15 *Resuelva el problema de valor inicial*

$$y''y + (y')^2 = 0, \; y(0) = y'(0) = 1. \tag{1.157}$$

Solución.
La ecuación diferencial se puede escribir como

$$(y'y)' = 0, \tag{1.158}$$

y por tanto tenemos que

$$y'y = K, \tag{1.159}$$

apareciendo una primera constante de integración y resultando una ecuación diferencial de primer orden separable, que resolvemos. Para ello

$$ydy = Kdx \Rightarrow \frac{y^2}{2} = Kx + C, \tag{1.160}$$

ecuación implícita de la solución (parábolas). Imponemos las condiciones iniciales para tener

$$\frac{y(0)^2}{2} = K0 + C, \; y(0)y'(0) = K \Rightarrow C = \frac{1}{2}, \; K = 1, \tag{1.161}$$

y la solución del problema es la parábola (Figura 1.6)

$$y^2 - 2x - 1 = 0. \tag{1.162}$$

■

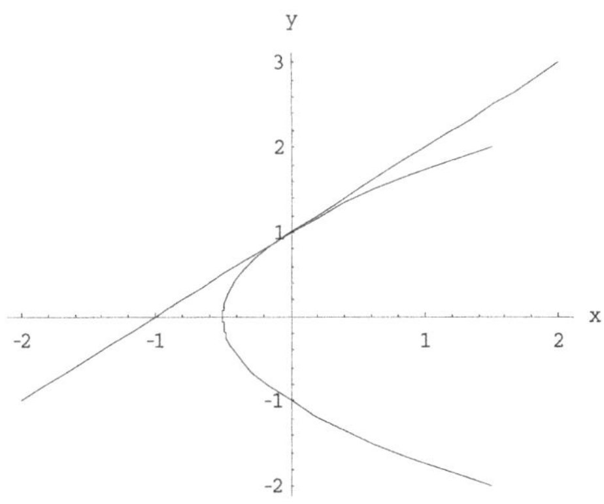

Figura 1.6: Parábola solución del problema de valor incial (1.157) junto con la tangente en $(0, 1)$.

Ejercicio 1.16 *Resuelva la ecuación diferencial*

$$yy' + x(y')^2 = xyy''. \tag{1.163}$$

Solución.
La ecuación diferencial es homogénea en y e y'. Sustituimos el cambio

$$y = e^{\int z dx},\ y' = ze^{\int z dx},\ y'' = z'e^{\int z dx} + z^2 e^{\int z dx}, \tag{1.164}$$

y tenemos entonces

$$z\left(e^{\int z dx}\right)^2 + xz^2\left(e^{\int z dx}\right)^2 = xe^{\int z dx}\left(z'e^{\int z dx} + z^2 e^{\int z dx}\right). \tag{1.165}$$

Simplificando llegamos a la ecuación diferencial de primer orden en z

$$xz' - z = 0 \tag{1.166}$$

y de variables separables. Su solución es entonces simplemente

$$z = kx. \tag{1.167}$$

La solución de la ecuación diferencial original es de este modo

$$y = e^{\int z dx} = e^{\int kx dx} = ce^{kx^2/2}. \tag{1.168}$$

■

Ejercicio 1.17 *Resuelva la siguiente ecuación diferencial con la condición inicial que se indica:*

$$y^2 - \sqrt{x}yy' + (y')^2 = 0,\ y = y(x),\ y(9) = e^9,\ x > 0. \tag{1.169}$$

Solución.
Se trata de una ecuación diferencial homogénea en y e y'. Con el cambio de variable

$$y = e^{\int z dx},\ y' = ze^{\int z dx}, \tag{1.170}$$

resulta

$$\left(e^{\int z dx}\right)^2 - \sqrt{x}e^{\int z dx}ze^{\int z dx} + z^2\left(e^{\int z dx}\right)^2 \Rightarrow$$

$$1 - \sqrt{x}\,z + z^2 = 0 \Rightarrow z = \frac{\sqrt{x} \pm \sqrt{x-4}}{2},\ x \geq 4. \tag{1.171}$$

De este modo, tenemos existencia de la solución general para $x \geq 4$, pero no unicidad ya que aparecen dos familias de soluciones según el signo que tomemos.

Deshacemos el cambio de variable (1.170) y, después de integrar, las mencionadas familias son

$$y_1 = C_1 e^{\frac{1}{3}\left(\sqrt{x^3}+\sqrt{(x-4)^3}\right)}, \quad y_2 = C_2 e^{\frac{1}{3}\left(\sqrt{x^3}-\sqrt{(x-4)^3}\right)}, \quad x \geq 4. \tag{1.172}$$

Si imponemos la condición inicial a cada una de estas familias tenemos fácilmente las dos soluciones

$$y_1 = e^{\frac{1}{3}\left(\sqrt{x^3}+\sqrt{(x-4)^3}-5\sqrt{5}\right)}, \quad y_2 = e^{\frac{1}{3}\left(\sqrt{x^3}-\sqrt{(x-4)^3}+5\sqrt{5}\right)}. \tag{1.173}$$

En la Figura 1.7 pueden apreciarse estas dos soluciones, confirmando que verifican la condición inicial. ∎

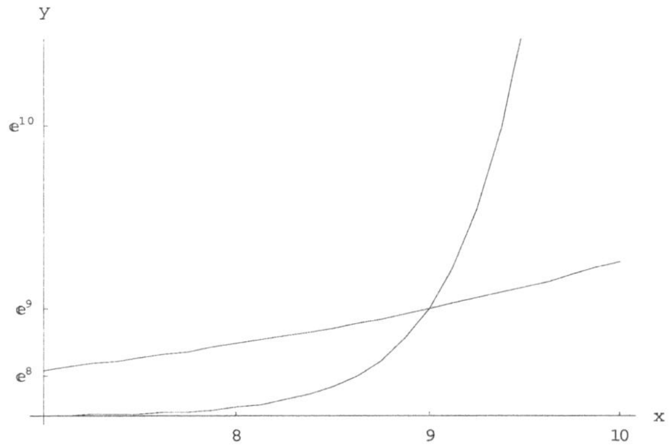

Figura 1.7: Dos soluciones de la ecuación diferencial (1.169).

Ejercicio 1.18 *Resuelva las siguientes ecuaciones diferenciales con condiciones iniciales:*

a) $y^{iv)} = x - e^x$, $y(0) = 0$, $y'(0) = y''(0) = y'''(0) = -1$.

b) $y'' = (y')^2$, $y(0) = 2$, $y'(0) = -1$.

c) $3x^2((y')^2 - yy'') = y^2$, $y(1) = 1$, $y'(1) = 1$.

Solución.
a) En este caso, integrando cuatro veces sucesivamente, tenemos

$$y(x) = \frac{x^5}{120} - e^x + \frac{a}{6}x^3 + \frac{b}{2}x^2 + cx + d. \tag{1.174}$$

Imponiendo las cuatro condiciones iniciales dadas concluimos que $a = b = c = 0$ y $d = 1$, con lo que la solución pedida es

$$y(x) = \frac{x^5}{120} - e^x + 1. \tag{1.175}$$

b) Definimos $y'(x) = p(x)$ en la ecuación diferencial $y''(x) = y'(x)^2$ para tener

$$p' = p^2 \Rightarrow \frac{dp}{dx} = p^2 \Rightarrow \frac{dp}{p^2} = dx \Rightarrow -\frac{1}{p} = x + k_1 \Rightarrow \tag{1.176}$$

$$y'(x) = -\frac{1}{x + k_1} \Rightarrow y(x) = -\log|x + k_1| + k_2. \tag{1.177}$$

A partir de las condiciones iniciales tenemos

$$-\log|k_1| + k_2 = 2, \ -\frac{1}{k_1} = -1 \Rightarrow k_1 = 1, \ k_2 = 2, \tag{1.178}$$

y así la solución es

$$y(x) = 2 - \log|x + 1|. \tag{1.179}$$

c) Se trata de una ecuación diferencial homogénea en y, y' e y''. Definimos $y' = yz$ con lo que $y'' = yz^2 + yz'$, y entonces la ecuación diferencial $3x^2((y')^2 - yy'') = y^2$ se convierte en

$$-3x^2y^2z' = y^2. \tag{1.180}$$

Como la solución nula no verifica las condiciones iniciales, simplificamos y así

$$z' = -\frac{1}{3x^2} \Rightarrow z = \frac{1}{3x} + k_1. \tag{1.181}$$

Deshaciendo el cambio, tenemos

$$\frac{y'}{y} = \frac{1}{3x} + k_1 \Rightarrow \frac{dy}{y} = \left(\frac{1}{3x} + k_1\right) dx \Rightarrow \tag{1.182}$$

$$\log|y| = \frac{1}{3}\log|x| + k_1 x + k_2 \Rightarrow y(x) = C\sqrt[3]{x}e^{k_1 x}. \tag{1.183}$$

Con las condiciones iniciales llegamos a $k_1 = \dfrac{2}{3}$ y $C = e^{-2/3}$, para tener

$$y(x) = \sqrt[3]{x}e^{2/3\,x - 2/3}. \tag{1.184}$$

■

Ejercicio 1.19 *Resuelva la ecuación diferencial*

$$(x-1)y'' - xy' + y = 0, \tag{1.185}$$

sabiendo que una solución particular es $y_p(x) = x$.

Solución.

Conocida una solución particular de la ecuación diferencial lineal hacemos el cambio

$$y(x) = x\int u(x)dx,\ y'(x) = \int u(x)dx + xu(x),\ y''(x) = 2u(x) + xu'(x), \tag{1.186}$$

donde hemos incluido las derivadas primera y segunda con la intención de sustituirlas en la ecuación diferencial original. Dicha ecuación diferencial se reduce a

$$\begin{aligned}(x-1)(2u+xu') - x\int udx - x^2u + x\int udx = 0 \Rightarrow\\ (x^2-x)u' - (x^2-2x+2)u = 0 \Rightarrow\\ \frac{du}{u} = \frac{x^2-2x+2}{x^2-x}dx = \left(1 + \frac{1}{x-1} - \frac{2}{x}\right)dx \Rightarrow\\ \log|u| = (x + \log|x-1| - 2\log|x| + k) = x + \log\left|\frac{x-1}{x^2}\right| + k \Rightarrow\\ u = C_1\frac{x-1}{x^2}e^x.\end{aligned} \tag{1.187}$$

De este modo, la solución es

$$y(x) = x\int u(x)dx = C_1x\int \frac{x-1}{x^2}e^x dx = C_1x\left(\frac{e^x}{x} + C_2\right) = C_1e^x + C_3x. \tag{1.188}$$

■

Ejercicio 1.20 *Resuelva las siguientes ecuaciones diferenciales conocida la solución particular de la ecuación diferencial homogénea asociada que se indica en cada caso:*

a) $xy'' - y' + 4x^3y = 0,\ y_p(x) = \cos x^2$.

b) $xy'' + (7x-1)y' - 7y = x^2e^{-7x},\ y_p(x) = e^{ax}$.

Solución.

a) Esta ecuación diferencial es homogénea. Conocida la solución particular que proporciona el enunciado, $y_p(x) = \cos x^2$, definimos

$$y(x) = y_p(x) \int u(x)dx = \cos x^2 \int u(x)dx, \tag{1.189}$$

para tener

$$y'(x) = -2x \operatorname{sen} x^2 \int u(x)dx + (\cos x^2)u(x), \tag{1.190}$$

$$\begin{aligned} y''(x) = {} & (-2\operatorname{sen} x^2 - 4x^2 \cos x^2) \int u(x)dx - \\ & -4x(\operatorname{sen} x^2)u(x) + (\cos x^2)u'(x), \end{aligned} \tag{1.191}$$

y la ecuación diferencial se transforma en

$$(4x^2 \operatorname{sen} x^2 + \cos x^2)u(x) = x(\cos x^2)u'(x). \tag{1.192}$$

Separamos variables para tener

$$\left(4x \tan x^2 + \frac{1}{x}\right) dx = \frac{du(x)}{u(x)}, \tag{1.193}$$

e integrando

$$\log \left| \frac{c_1 x}{\cos^2 x^2} \right| = \log |u(x)|, \tag{1.194}$$

con lo que

$$u(x) = c\frac{x}{\cos^2 x^2}. \tag{1.195}$$

La solución general es entonces

$$y(x) = \cos x^2 \int u(x)dx = \cos x^2 \left(\frac{1}{2} c \tan x^2 + k_2\right) = k_1 \operatorname{sen} x^2 + k_2 \cos x^2. \tag{1.196}$$

b) La solución particular es de la forma $y_p(x) = e^{ax}$. Sustituyendo en la ecuación diferencial homogénea asociada tenemos que $a = -7$, y por tanto definimos

$$y(x) = e^{-7x} \int u(x)dx. \tag{1.197}$$

Sustituyendo esta expresión y sus derivadas en la ecuación diferencial, y simplificando, llegamos a

$$(-7x - 1)u(x) + xu'(x) = x^2. \tag{1.198}$$

Sirva esta ecuación diferencial como ejemplo de que en ocasiones, cuando los coeficientes no son constantes, el método de los coeficientes indeterminados puede funcionar[6]. Resolvemos en primer lugar la ecuación diferencial homogénea asociada

$$(-7x-1)u(x)+xu'(x)=0 \tag{1.199}$$

para tener

$$\frac{u'(x)}{u(x)}=\frac{7x+1}{x}=7+\frac{1}{x}\Rightarrow u_h(x)=kxe^{7x}. \tag{1.200}$$

Buscamos una solución particular u_p que complete esta solución general u_h como un polinomio de segundo grado

$$u_p(x)=A+Bx+Cx^2, \tag{1.201}$$

ya que así es el término independiente de la ecuación diferencial (1.198). Derivamos y sustituimos en dicha ecuación diferencial para tener que

$$A=0,\ B=-\frac{1}{7},\ C=0\Rightarrow u_p(x)=-\frac{x}{7}. \tag{1.202}$$

La solución de la ecuación diferencial (1.198) es así

$$u(x)=kxe^{7x}-\frac{x}{7}, \tag{1.203}$$

y la solución buscada es entonces

$$y(x)=e^{-7x}\int u(x)dx=c_1(7x-1)+c_2e^{-7x}-\frac{1}{14}x^2e^{-7x}. \tag{1.204}$$

■

Ejercicio 1.21 *Establezca una correspondencia entre las siguientes raíces de distintas ecuaciones características asociadas a ciertas EDL homogéneas con coeficientes constantes:*

i. 0 *doble y* 1 *simple,*

ii. $\pm i$ *y* ± 3*, simples,*

iii. $1\pm 3i$ *y* 3*, simples,*

iv. 0 *triple,*

v. $2+3i$ *doble,*

[6] El lector puede comprobar que el método de Lagrange no es efectivo en este caso.

y las soluciones generales que se listan a continuación:

a. $y(x) = Ae^{2x}\cos(3x) + Bxe^{2x}\cos(3x) + Ce^{2x}\operatorname{sen}(3x) + Dxe^{2x}\operatorname{sen}(3x)$,

b. $y(x) = A\operatorname{sen}x + B\cos x + Ce^{3x} + De^{-3x}$,

c. $y(x) = Ax + B + Ce^{x}$,

d. $y(x) = e^{x}(A\operatorname{sen}(3x) + B\cos(3x)) + Ce^{3x}$,

e. $y(x) = A + Bx + Cx^2$,

justificando todas y cada una de las parejas establecidas.

Solución.
i. La solución general es

$$y(x) = Ax + B + Ce^{x}, \tag{1.205}$$

donde el término $Ax + B$ se debe a la raíz 0 doble, y Ce^{x} por la raíz 1 simple. Tenemos entonces la pareja (i, c).

ii. La solución general es

$$y(x) = e^{0x}(A\cos x + B\operatorname{sen}x) + Ce^{3x} + De^{-3x} = A\cos x + B\operatorname{sen}x + Ce^{3x} + De^{-3x}, \tag{1.206}$$

donde los términos trigonométricos son debidos a las raíces complejas y las exponenciales a las raíces reales. Tenemos entonces la pareja (ii, b).

iii. La solución general en este caso es

$$y(x) = e^{x}(A\operatorname{sen}(3x) + B\cos(3x)) + Ce^{3x}, \tag{1.207}$$

donde la raíz compleja es la responsable de la parte trigonométrica, y la raíz real del término Ce^{3x}. Justificamos así la pareja (iii, d).

iv. La existencia de la raíz triple 0 implica que la solución general es un polinomio de grado uno menos que la multiplicidad por la exponencial de esta raíz. De este modo, tenemos como solución general

$$y(x) = A + Bx + Cx^2. \tag{1.208}$$

Tenemos entonces la pareja (iv, e).

v. La raíz $2 + 3i$ doble implica que un conjunto fundamental de soluciones asociado es

$$\{e^{2x}\cos(3x), xe^{2x}\cos(3x), e^{2x}\operatorname{sen}(3x), xe^{2x}\operatorname{sen}(3x)\} \tag{1.209}$$

y así la solución general es

$$y(x) = Ae^{2x}\cos(3x) + Bxe^{2x}\cos(3x) + Ce^{2x}\operatorname{sen}(3x) + Dxe^{2x}\operatorname{sen}(3x), \tag{1.210}$$

y tenemos la pareja (v, a).

En la Tabla 1.2 tenemos la correspondencia completa.

■

i c
ii b
iii d
iv e
v a

Tabla 1.2: Correspondencia entre raíces y soluciones generales del Ejercicio 1.21.

Ejercicio 1.22 *Construya, para cada uno de los apartados anteriores, la EDL homogénea de coeficientes constantes de orden mínimo que tenga por solución general la dada, en cada caso.*

Solución.

i. 0 doble y 1 simple. La ecuación característica es simplemente

$$\chi(r) = r^2(r-1) = r^3 - r^2 = 0, \tag{1.211}$$

y por tanto, la ecuación diferencial asociada pedida es

$$y''' - y'' = 0. \tag{1.212}$$

ii. $\pm i$ y ± 3, simples. La ecuación característica es en este caso

$$\chi(r) = (r^2+1)(r^2-9) = r^4 - 8r^2 - 9 = 0, \tag{1.213}$$

y la ecuación diferencial

$$y^{iv)} - 8y'' - 9y = 0. \tag{1.214}$$

iii. $1 \pm 3i$ y 3, simples. La ecuación característica es

$$\chi(r) = ((r-1)^2+9)(r-3) = r^3 - 5r^2 + 16r - 30 = 0, \tag{1.215}$$

y así la ecuación diferencial

$$y''' - 5y'' + 16y' - 30y = 0. \tag{1.216}$$

iv. 0 triple. En esta ocasión la ecuación característica es

$$\chi(r) = r^3 = 0, \tag{1.217}$$

y tenemos simplemente la ecuación diferencial

$$y''' = 0. \tag{1.218}$$

v. $2+3i$ doble. La ecuación característica en este caso es

$$\chi(r) = ((r-2)^2+9)^2 = r^4 - 8r^3 + 42r^2 - 104r + 169 = 0, \tag{1.219}$$

con lo que la ecuación diferencial pedida es

$$y^{iv)} - 8y''' + 42y'' - 104y' + 169y = 0. \tag{1.220}$$

■

Ejercicio 1.23 *Resuelva las siguientes ecuaciones diferenciales:*

i. $y''' - 3y' + 2y = 0$, $y(0) = 3$, $y'(0) = -4$, $y''(0) = 0$.

ii. $y''' - 3y'' + 4y = 0$.

iii. $y^{iv)} - y = 0$, $y(0) = -y'''(0) = 2$, $y'(0) = y''(0) = 0$.

iv. $y^{iv)} + 2y'' + y = 0$.

Solución.

Se trata en todos los casos de ecuaciones diferenciales lineales homogéneas con coeficientes constantes.

i. El polinomio característico asociado a la ecuación diferencial es

$$\chi(r) = r^3 - 3r + 2. \tag{1.221}$$

Sus raíces son -2, simple, y 1, doble. La solución general es entonces

$$y(x) = Ae^x + Bxe^x + Ce^{-2x}. \tag{1.222}$$

Imponemos las condiciones iniciales para tener el sistema

$$y(0) = A + C = 3, \tag{1.223}$$
$$y'(0) = A + B - 2C = -4, \tag{1.224}$$
$$y''(0) = A + 2B + 4C = 0. \tag{1.225}$$

La solución de este sistema es $A = 16/9$, $B = -10/3$ y $C = 11/9$, y concluimos que la solución particular pedida que verifica las condiciones inciales es

$$y(x) = \frac{16}{9}e^x - \frac{10}{3}xe^x + \frac{11}{9}e^{-2x}. \tag{1.226}$$

ii. El polinomio característico es

$$\chi(r) = r^3 - 3r^2 + 4. \tag{1.227}$$

Las raíces son -1, simple, y 2, doble. La solución general es entonces

$$y(x) = (Ax + B)e^{2x} + Ce^{-x}. \tag{1.228}$$

iii. El polinomio característico es

$$\chi(r) = r^4 - 1 = (r^2 + 1)(r^2 - 1), \tag{1.229}$$

y por tanto

$$\chi(r) = 0 \Rightarrow \begin{cases} \pm 1, & \text{simples,} \\ \\ \pm i, & \text{simples.} \end{cases} \tag{1.230}$$

La solución general es así

$$y(x) = A\cos x + B\operatorname{sen} x + Ce^{x} + De^{-x}. \tag{1.231}$$

Imponemos las condiciones iniciales a esta solución general de modo que

$$y(0) = A + C + D = 2, \tag{1.232}$$
$$y'(0) = B + C - D = 0, \tag{1.233}$$
$$y''(0) = -A + C + D = 0, \tag{1.234}$$
$$y'''(0) = -B + C - D = -2. \tag{1.235}$$

Resolviendo este sistema de ecuaciones lineal se obtiene que $A = B = D = 1$ y $C = 0$, y la solución particular que verifica las condiciones iniciales es

$$y(x) = \cos x + \operatorname{sen} x + e^{-x}. \tag{1.236}$$

iv. En este último caso, la ecuación característica asociada es

$$\chi(r) = r^4 + 2r^2 + 1 = 0. \tag{1.237}$$

Resolviendo esta ecuación bicuadrada obtenemos las raíces $\pm i$, cada una de ellas doble. La solución general es entonces

$$y(x) = A\cos x + Bx\cos x + C\operatorname{sen} x + Dx\operatorname{sen} x. \tag{1.238}$$

∎

Ejercicio 1.24 *Construya, con la ayuda del wronskiano, las ecuaciones diferenciales lineales que tienen por sistema fundamental de soluciones el que se indica en cada caso:*

i. $\mathcal{S} = \{1, x\}$.

ii. $\mathcal{S} = \{1, x, x^2\}$.

iii. $\mathcal{S} = \{x, x^2\}$.

iv. $\mathcal{S} = \{1, \operatorname{sen} x\}$ *en* $(-\pi/2, \pi/2)$.

v. $\mathcal{S} = \{\operatorname{sen} x, \cos x\}$.

vi. $\mathcal{S} = \{1, e^x, xe^x\}$.

Solución.

i. Si el conjunto $\mathcal{S} = \{1, x\}$ es un sistema fundamental de soluciones de una ecuación diferencial lineal, imponemos la condición de dependencia, usando el wronskiano, para cualquier otra función $y = y(x)$ haciendo

$$W(x) = \begin{vmatrix} 1 & x & y \\ 0 & 1 & y' \\ 0 & 0 & y'' \end{vmatrix} = y'' = 0, \tag{1.239}$$

para tener que la ecuación diferencial es así

$$y'' = 0. \tag{1.240}$$

Integrando dos veces, confirmamos que la solución general de esta ecuación diferencial es

$$y(x) = Ax + B, \tag{1.241}$$

y por tanto el conjunto $\{1, x\}$ es un conjunto fundamental de soluciones.

ii. Si el conjunto $\mathcal{S} = \{1, x, x^2\}$ es un conjunto fundamental de soluciones, imponemos la condición $W(x) = 0$ para tener

$$W(x) = \begin{vmatrix} 1 & x & x^2 & y \\ 0 & 1 & 2x & y' \\ 0 & 0 & 2 & y'' \\ 0 & 0 & 0 & y''' \end{vmatrix} = 2y''' = 0, \tag{1.242}$$

y la ecuación diferencial es

$$y''' = 0. \tag{1.243}$$

Integrando tres veces tenemos la solución general

$$y(x) = A + Bx + Cx^2, \tag{1.244}$$

que confirma el conjunto fundamental dado.

iii. En esta ocasión $\mathcal{S} = \{x, x^2\}$. La condición que imponemos resulta

$$W(x) = \begin{vmatrix} x & x^2 & y \\ 1 & 2x & y' \\ 0 & 2 & y'' \end{vmatrix} = 2x^2y'' + 2y - x^2y'' - 2xy' = x^2y'' - 2xy' + 2y = 0, \tag{1.245}$$

con lo que la ecuación diferencial lineal de orden mínimo es la ecuación diferencial de Euler

$$x^2y'' - 2xy' + 2y = 0. \tag{1.246}$$

Confirmamos esta afirmación resolviendo esta ecuación diferencial (Ejercicio 1.53). Para ello efectuamos el cambio $x = e^t$ para tener

$$\frac{dy}{dx} = \frac{dy}{dt}\frac{dt}{dx} = \frac{dy}{dt}\frac{1}{x}, \tag{1.247}$$

$$\begin{aligned}\frac{d^2y}{dx^2} &= \frac{d}{dx}\left(\frac{dy}{dt}\frac{1}{x}\right) = \frac{d}{dx}\left(\frac{dy}{dt}\right)\frac{1}{x} - \frac{1}{x^2}\frac{dy}{dt} = \\ &= \frac{d^2y}{dt^2}\frac{1}{x^2} - \frac{1}{x^2}\frac{dy}{dt} = \frac{1}{x^2}\left(\frac{d^2y}{dt^2} - \frac{dy}{dt}\right).\end{aligned} \tag{1.248}$$

La ecuación diferencial, en t, queda entonces en la forma

$$\frac{d^2y}{dt^2} - 3\frac{dy}{dt} + 2y = 0. \tag{1.249}$$

La ecuación característica asociada es

$$\chi(r) = r^2 - 3r + 2 = 0, \tag{1.250}$$

cuyas raíces son 1 y 2. La solución general es entonces

$$y(t) = Ae^t + Be^{2t}, \tag{1.251}$$

y deshaciendo el cambio queda finalmente

$$y(x) = Ax + Bx^2. \tag{1.252}$$

iv. Para el conjunto $\mathcal{S} = \{1, \operatorname{sen} x\}$ tenemos que

$$W(x) = \begin{vmatrix} 1 & \operatorname{sen} x & y \\ 0 & \cos x & y' \\ 0 & -\operatorname{sen} x & y'' \end{vmatrix} = (\cos x)y'' + (\operatorname{sen} x)y', \tag{1.253}$$

y la ecuación diferencial pedida es

$$(\cos x)y'' + (\operatorname{sen} x)y' = 0, \tag{1.254}$$

o bien, como $x \in (-\pi/2, \pi/2)$, resulta

$$y'' + y' \tan x = 0. \tag{1.255}$$

Resolvamos esta ecuación diferencial. Hacemos $p(x) := y'(x)$ para tener

$$\frac{dp}{dx} = -p\tan x \Rightarrow \frac{dp}{p} = -\tan x\,dx \Rightarrow \log|p| = \log|\cos x| + k \Rightarrow$$
$$p = c\cos x \Rightarrow y' = c\cos x \Rightarrow y = c_1 \operatorname{sen} x + c_2. \quad (1.256)$$

De este modo confirmamos que la ecuación diferencial construida admite a $\mathcal{S}$ como sistema fundamental de soluciones.

v. En esta ocasión $\mathcal{S} = \{\operatorname{sen} x, \cos x\}$. La condición que nos permite reconstruir la ecuación diferencial es

$$W(x) = \begin{vmatrix} \operatorname{sen} x & \cos x & y \\ \cos x & -\operatorname{sen} x & y' \\ -\operatorname{sen} x & -\cos x & y'' \end{vmatrix} =$$
$$= -(\operatorname{sen}^2 x)y'' - (\cos^2 x)y - (\cos x \operatorname{sen} x)y' -$$
$$-(\operatorname{sen}^2 x)y - (\cos^2 x)y'' + (\operatorname{sen} x \cos x)y' =$$
$$= -y'' - y = 0. \quad (1.257)$$

De este modo, la ecuación diferencial pedida es

$$y'' + y = 0. \quad (1.258)$$

Si queremos comprobar que $\mathcal{S}$ es un sistema fundamental de soluciones de esta ecuación diferencial, resolvemos la ecuación característica asociada

$$\chi(r) = r^2 + 1 = 0. \quad (1.259)$$

Como las raíces son $\pm i$, la solución general es

$$y(x) = A\operatorname{sen} x + B\cos x. \quad (1.260)$$

vi. En este último caso tenemos $\mathcal{S} = \{1, e^x, xe^x\}$. Imponemos que cualquier otra función y dependa de las funciones de $\mathcal{S}$ usando el wronskiano para tener

$$W(x) = \begin{vmatrix} 1 & e^x & xe^x & y \\ 0 & e^x & e^x + xe^x & y' \\ 0 & e^x & 2e^x + xe^x & y'' \\ 0 & e^x & 3e^x + xe^x & y''' \end{vmatrix} = \begin{vmatrix} e^x & e^x + xe^x & y' \\ e^x & 2e^x + xe^x & y'' \\ e^x & 3e^x + xe^x & y''' \end{vmatrix} =$$
$$= e^{2x}y' - 2e^{2x}y'' + e^{2x}y''' = 0. \quad (1.261)$$

La ecuación diferencial, después de simplificar, es entonces

$$y''' - 2y'' + y' = 0. \quad (1.262)$$

La ecuación característica asociada es

$$\chi(r) = r^3 - 2r^2 + r = 0 \tag{1.263}$$

con raíces 0, simple, y 1, doble. La solución general es por tanto

$$y(x) = A + Be^x + Cxe^x. \tag{1.264}$$

Es necesario comentar que podríamos llegar a algunas de las ecuaciones diferenciales sin más que conocer cómo son las soluciones de una ecuación diferencial lineal de coeficientes constantes. ∎

Ejercicio 1.25 *Para cada uno de los conjuntos siguientes de funciones*

a) $\{xe^{3x}, e^{3x}, e^{3x}\cos(-3x)\}$, *b)* $\{x^2e^{3x}, e^{-x}, -xe^x\cos(-2x)\}$,

c) $\{x^3\cos(2x), x\operatorname{sen} x\cos x\}$, *d)* $\{\pi, e, 7, x\}$,

e) $\{1, x, 2x, 3x, 4x, x^2\}$, *f)* $\{\operatorname{sen}(2x), \operatorname{sen}(3x), \cos(4x)\}$,

construya una ecuación diferencial lineal homogénea con coeficientes constantes de orden mínimo que las tenga, entre otras, como soluciones particulares. Determine un conjunto fundamental de soluciones, en cada caso, resolviendo la ecuación diferencial.

Solución.

a) Debido a las soluciones e^{3x} y xe^{3x} tenemos la raíz 3 doble. Por otro lado, la solución $e^{3x}\cos(-3x)$ fuerza la existencia también (coeficientes constantes) de la solución $e^{3x}\operatorname{sen}(-3x)$, con lo que tenemos la pareja de raíces conjugadas $3\pm 3i$. De este modo, el conjunto fundamental asociado a una ecuación diferencial ordinaria lineal de coeficientes constantes homogénea de cardinal mínimo es

$$\mathcal{S}_a = \{e^{3x}, xe^{3x}, e^{3x}\cos(3x), e^{3x}\operatorname{sen}(3x)\}, \tag{1.265}$$

la ecuación característica es

$$\chi(r) = (r-3)^3((r-3)^2+9) = r^4 - 12r^3 + 63r^2 - 162r + 162 = 0, \tag{1.266}$$

y la ecuación diferencial

$$y^{iv)} - 12y''' + 63y'' - 162y' + 162y = 0, \tag{1.267}$$

cuya solución general será entonces

$$y(x) = C_1e^{3x} + C_2xe^{3x} + C_3e^{3x}\cos(3x) + C_4e^{3x}\operatorname{sen}(3x). \tag{1.268}$$

b) La función e^{-x} proviene de la existencia de la raíz -1 simple. Como exigimos que los coeficientes sean constantes, la existencia de la solución x^2e^{3x} viene acompañada de xe^{3x} y e^{3x}, por tanto tenemos la raíz 3 triple. Por último, la solución $-xe^{x}\cos(-2x)$ proviene de la pareja de raíces complejas conjugadas $1 \pm 2i$, dobles, que fuerza la existencia de la solución $xe^{x}\operatorname{sen}(2x)$, además de $e^{x}\cos(-2x)$ y $e^{x}\operatorname{sen}(-2x)$. En definitiva, tenemos el conjunto fundamental

$$S_b = \{e^{-x}, e^{3x}, xe^{3x}, x^2e^{3x}, e^{x}\cos(2x), e^{x}\operatorname{sen}(2x), xe^{x}\cos(2x), xe^{x}\operatorname{sen}(2x)\}. \tag{1.269}$$

La ecuación característica es entonces, después de cierto cálculo,

$$\chi(r) = (r+1)(r-3)^3((r-1)^2+4)^2 =$$
$$= r^8 - 12r^7 + 64r^6 - 204r^5 + 410r^4 - 452r^3 + 72r^2 + 540r - 675 = 0. \tag{1.270}$$

La ecuación diferencial pedida es entonces

$$y^{viii)} - 12y^{vii)} + 64y^{vi)} - 204y^{v)} + 410y^{iv)} - 452y''' + 72y'' + 540y' - 675y = 0, \tag{1.271}$$

cuya solución general es combinación lineal de las funciones del conjunto $\mathcal{S}_b$

$$y(x) = Ae^{-x} + Be^{3x} + Cxe^{3x} + Dx^2e^{3x} +$$
$$+Ee^{x}\cos(2x) + Fe^{x}\operatorname{sen}(2x) + Gxe^{x}\cos(2x) + Hxe^{x}\operatorname{sen}(2x). \tag{1.272}$$

c) En este caso tenemos el conjunto de funciones independientes

$$\{x^3\cos(2x), x\operatorname{sen}x\cos x\} = \{x^3\cos(2x), \frac{1}{2}x\operatorname{sen}(2x)\}. \tag{1.273}$$

Prescindiendo de constantes, el conjunto fundamental de cardinal mínimo asociado a una ecuación diferencial lineal homogénea de coeficientes constantes que contenga a este conjunto es

$$\mathcal{S}_c = \{\cos(2x), x\cos(2x), x^2\cos(2x), x^3\cos(2x),$$
$$\operatorname{sen}(2x), x\operatorname{sen}(2x), x^2\operatorname{sen}(2x), x^3\operatorname{sen}(2x)\}, \tag{1.274}$$

y la ecuación característica, como las raíces son $\pm 2i$, con multiplicidad 4, es

$$\chi(r) = (r^2+4)^4 = r^8 + 16r^6 + 96r^4 + 256r^2 + 256 = 0, \tag{1.275}$$

con ecuación diferencial asociada

$$y^{viii)} + 16y^{vi)} + 96y^{iv)} + 256y'' + 256y = 0. \tag{1.276}$$

La solución general no será sino una combinación lineal genérica de las funciones del conjunto fundamental $\mathcal{S}_c$.

d) En esta ocasión, en el conjunto $\{\pi, e, 7, x\}$ aparecen soluciones linealmente dependientes: todas las constantes. De este modo, un conjunto fundamental de soluciones que tiene la misma ecuación diferencial asociada que el conjunto dado, bajo las restricciones del enunciado, es

$$\mathcal{S}_d = \{1, x\}, \tag{1.277}$$

y así la ecuación característica es

$$\chi(r) = r^2 = 0 \tag{1.278}$$

que posee la raíz 0 doble. La ecuación diferencial es entonces $y'' = 0$ cuya solución general no es sino

$$y(x) = A + Bx. \tag{1.279}$$

e) Eliminando en el conjunto $\{1, x, 2x, 3x, 4x, x^2\}$ las funciones linealmente dependientes tenemos

$$\mathcal{S}_e = \{1, x, x^2\}, \tag{1.280}$$

que proviene de la raíz 0 triple. La ecuación característica es entonces

$$\chi(r) = r^3 = 0, \tag{1.281}$$

y la ecuación diferencial es $y''' = 0$. La solución general es simplemente

$$y(x) = C_1 + C_2x + C_3x^2. \tag{1.282}$$

f) Por último, tenemos el conjunto $\{\text{sen}(2x), \text{sen}(3x), \cos(4x)\}$. El conjunto fundamental de cardinal mínimo que lo contiene, bajo las condiciones del enunciado, es

$$\mathcal{S}_f = \{\text{sen}(2x), \text{sen}(3x), \text{sen}(4x), \cos(2x), \cos(3x), \cos(4x)\}. \tag{1.283}$$

Estas soluciones están asociadas a las raíces complejas conjugadas $\pm 2i$, $\pm 3i$ y $\pm 4i$ simples. La ecuación característica es entonces

$$\chi(r) = (r^2 + 4)(r^2 + 9)(r^2 + 16) = r^6 + 29r^4 + 244r^2 + 576 = 0. \tag{1.284}$$

La ecuación diferencial es

$$y^{vi)} + 29y^{iv)} + 244y'' + 576y = 0, \tag{1.285}$$

y la solución general una combinación lineal arbitraria de las funciones del conjunto fundamental $\mathcal{S}_f$. ∎

Ejercicio 1.26 *Resuelva la ecuación diferencial*

$$y(x) = W(x, 1 + x, y'(x)). \tag{1.286}$$

Solución.
La ecuación diferencial, usando la definición de wronskiano, no es sino

$$\begin{aligned} y(x) = W(x, 1+x, y'(x)) &= \begin{vmatrix} x & 1+x & y'(x) \\ 1 & 1 & y''(x) \\ 0 & 0 & y'''(x) \end{vmatrix} = \\ &= xy'''(x) - (1+x)y'''(x) = -y'''(x), \end{aligned} \tag{1.287}$$

cuya solución es

$$y(x) = Ae^{-x} + Be^{x/2}\cos\left(\frac{\sqrt{3}}{2}x\right) + Ce^{x/2}\operatorname{sen}\left(\frac{\sqrt{3}}{2}x\right), \tag{1.288}$$

ya que la ecuación característica es $r^3 + 1 = 0$, con raíces -1 y $\frac{1}{2} \pm \frac{\sqrt{3}}{2}i$. ■

Ejercicio 1.27 *Resuelva la ecuación diferencial*

$$\frac{d^2\theta(t)}{dt^2} = -\frac{g}{l}\operatorname{sen}\theta(t) - k\theta(t), \; g, l, k > 0, \tag{1.289}$$

responsable del movimiento de un péndulo simple, usando para ello la aproximación lineal $\operatorname{sen}\theta \sim \theta$ *en los casos:*

1. *sin rozamiento, es decir, si* $k = 0$,

2. *con rozamiento, es decir, si* $k \neq 0$.

Solución.
En primer lugar, resolveremos la ecuación diferencial en el segundo caso, para después hacer $k = 0$ y resolver el primero. La ecuación diferencial, con la aproximación del enunciado, es

$$\frac{d^2\theta(t)}{dt^2} + \left(\frac{g}{l} + k\right)\theta(t) = 0. \tag{1.290}$$

La ecuación característica es

$$r^2 + \left(\frac{g}{l} + k\right) = 0 \tag{1.291}$$

con raíces

$$r = \pm\sqrt{\frac{g}{l} + k}\; i, \tag{1.292}$$

ya que $g, l, k > 0$. De este modo, la solución general en el segundo caso (con rozamiento) es

$$\theta(t) = A\cos\left(t\sqrt{\frac{g}{l}+k}\right) + B\,\mathrm{sen}\left(t\sqrt{\frac{g}{l}+k}\right), \tag{1.293}$$

mientras que en el primero (sin rozamiento) es

$$\theta(t) = A\cos\left(t\sqrt{\frac{g}{l}}\right) + B\,\mathrm{sen}\left(t\sqrt{\frac{g}{l}}\right). \tag{1.294}$$

Se deja al lector determinar las constantes de integración, añadiendo las condiciones iniciales $\theta(0) = \theta_0$ y $\theta'(0) = \omega_0$. ∎

Ejercicio 1.28 *Resuelva las ecuaciones diferenciales*

$$y'(x) + \frac{xy'(x)}{y(x)^2} - \frac{1}{y(x)} = 0 \tag{1.295}$$

y

$$y'(x) - \frac{y'(x)}{x} + \frac{y(x)}{x^2} = 0. \tag{1.296}$$

Solución.
Para la primera ecuación diferencial tenemos

$$y'(x) = \frac{1}{y(x)} - \frac{xy'(x)}{y(x)^2} = \left(\frac{x}{y(x)}\right)' \tag{1.297}$$

y así

$$y(x) - \frac{x}{y(x)} = K \tag{1.298}$$

y la solución, en forma implícita, es

$$y(x)^2 - Ky(x) - x = 0. \tag{1.299}$$

Para la segunda ecuación diferencial, tenemos

$$y'(x) = \frac{y'(x)}{x} - \frac{y(x)}{x^2} = \left(\frac{y(x)}{x}\right)' \tag{1.300}$$

y de este modo

$$y(x) - \frac{y(x)}{x} = K, \tag{1.301}$$

y la solución es

$$y(x) = \frac{K}{1 - 1/x} = \frac{Kx}{x-1}. \tag{1.302}$$

∎

Ejercicio 1.29 *Consideremos la ecuación diferencial de Schrödinger unidimensional independiente del tiempo*

$$-\frac{\hbar^2}{2m}\Psi''(x) + V(x)\Psi(x) = E\Psi(x), \tag{1.303}$$

donde $\hbar$ *es la constante de Planck,* E *la energía y* $V(x)$ *la función potencial. Supongamos que el potencial es (Figura 1.8)*

$$V(x) = \begin{cases} 0 & si\ x \leq 0, \\ V_0 & si\ x > 0, \end{cases} \tag{1.304}$$

donde además $0 < V_0 < E$.

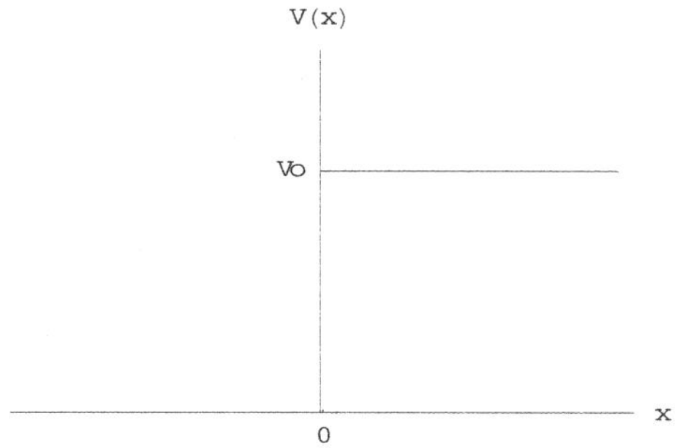

Figura 1.8: Potencial del Ejercicio 1.29.

Denotemos por $\Psi_-(x)$ *y* $\Psi_+(x)$ *las soluciones para* $x \leq 0$ *y* $x > 0$ *respectivamente.*

1. *Demuestre que*

$$\Psi_-(x) = A\cos\left(\frac{\sqrt{2mE}}{\hbar}x\right) + B\,\mathrm{sen}\left(\frac{\sqrt{2mE}}{\hbar}x\right). \tag{1.305}$$

2. *Demuestre que*

$$\Psi_+(x) = C\cos\left(\frac{\sqrt{2m(E-V_0)}}{\hbar}x\right) + D\,\mathrm{sen}\left(\frac{\sqrt{2m(E-V_0)}}{\hbar}x\right). \tag{1.306}$$

3. *Imponiendo continuidad, tanto de la solución como de su derivada, en* $x = 0$,

pruebe finalmente que

$$\Psi(x)=\begin{cases} C_1\cos\left(\frac{\sqrt{2mE}}{\hbar}x\right)+C_2\sqrt{1-\frac{V_0}{E}}\,\mathrm{sen}\left(\frac{\sqrt{2mE}}{\hbar}x\right), & x\leq 0,\\ C_1\cos\left(\frac{\sqrt{2m(E-V_0)}}{\hbar}x\right)+C_2\,\mathrm{sen}\left(\frac{\sqrt{2m(E-V_0)}}{\hbar}x\right), & x>0. \end{cases} \tag{1.307}$$

Solución.
Si $x \leq 0$ tenemos que la ecuación de Schrödinger es

$$-\frac{\hbar^2}{2m}\Psi''(x) = E\Psi(x), \tag{1.308}$$

ya que $V(x) = 0$ en este caso. La ecuación característica asociada a esta ecuación diferencial homogénea es

$$\frac{\hbar^2}{2m}r^2 + E = 0, \tag{1.309}$$

cuyas raíces son $r = \pm\frac{\sqrt{2mE}}{\hbar}i$. La solución general es

$$\Psi_-(x) = A\cos\left(\frac{\sqrt{2mE}}{\hbar}x\right) + B\,\mathrm{sen}\left(\frac{\sqrt{2mE}}{\hbar}x\right). \tag{1.310}$$

Si $x > 0$ tenemos $V(x) = V_0$, y la ecuación de Schrödinger es

$$-\frac{\hbar^2}{2m}\Psi''(x) + V_0\Psi(x) = E\Psi(x) \Rightarrow \frac{\hbar^2}{2m}\Psi''(x) + (E - V_0)\Psi(x) = 0. \tag{1.311}$$

La ecuación característica asociada es

$$\frac{\hbar^2}{2m}r^2 + (E - V_0) = 0, \tag{1.312}$$

cuyas raíces son $r = \pm\frac{\sqrt{2m(E-V_0)}}{\hbar}i$, ya que $E > V_0 > 0$. La solución general es entonces

$$\Psi_+(x) = C\cos\left(\frac{\sqrt{2m(E-V_0)}}{\hbar}x\right) + D\,\mathrm{sen}\left(\frac{\sqrt{2m(E-V_0)}}{\hbar}x\right). \tag{1.313}$$

Si exigimos continuidad de la solución en $x = 0$, debemos tener que

$$\Psi_-(0) = \Psi_+(0). \tag{1.314}$$

Esta condición implica que $C = A$. Por otro lado, exijamos continuidad a la derivada de la solución en $x = 0$, es decir, que

$$\Psi'_{-}(0) = \Psi'_{+}(0). \tag{1.315}$$

Por un lado

$$\Psi'_{-}(x) = -A\frac{\sqrt{2mE}}{\hbar}\,\mathrm{sen}\left(\frac{\sqrt{2mE}}{\hbar}x\right) + B\frac{\sqrt{2mE}}{\hbar}\cos\left(\frac{\sqrt{2mE}}{\hbar}x\right), \tag{1.316}$$

mientras que por otro

$$\begin{aligned}\Psi'_{+}(x) = -C\frac{\sqrt{2m(E-V_0)}}{\hbar}\,\mathrm{sen}\left(\frac{\sqrt{2m(E-V_0)}}{\hbar}x\right) +\\ +D\frac{\sqrt{2m(E-V_0)}}{\hbar}\cos\left(\frac{\sqrt{2m(E-V_0)}}{\hbar}x\right).\end{aligned} \tag{1.317}$$

La condición (1.315) se traduce entonces en

$$D = B\frac{\sqrt{2mE}}{\sqrt{2m(E-V_0)}} \Rightarrow B = D\frac{\sqrt{2mE-2mV_0}}{\sqrt{2mE}} = D\sqrt{1-\frac{V_0}{E}}. \tag{1.318}$$

De este modo, la solución de la ecuación diferencial de Schrödinger del enunciado es

$$\Psi(x)=\begin{cases} C_1\cos\left(\frac{\sqrt{2mE}}{\hbar}x\right)+C_2\sqrt{1-\frac{V_0}{E}}\,\mathrm{sen}\left(\frac{\sqrt{2mE}}{\hbar}x\right), & x\leq 0,\\ C_1\cos\left(\frac{\sqrt{2m(E-V_0)}}{\hbar}x\right)+C_2\,\mathrm{sen}\left(\frac{\sqrt{2m(E-V_0)}}{\hbar}x\right), & x>0.\end{cases} \tag{1.319}$$

■

Ejercicio 1.30 *Consideremos la ecuación diferencial de Riccati*

$$y'(x) = a(x) + b(x)y(x) + c(x)y(x)^2,\ c(x)\neq 0. \tag{1.320}$$

a) Demuestre que con el cambio de variable $u(x) = c(x)y(x)$, la ecuación diferencial se convierte en

$$u'(x) = \left(\frac{c'(x)}{c(x)} + b(x)\right)u(x) + a(x)c(x) + u(x)^2. \tag{1.321}$$

b) Demuestre que esta ecuación diferencial, con el cambio $u(x) = -z'(x)/z(x)$, se convierte en la ecuación diferencial lineal de segundo orden

$$z''(x) - \left(\frac{c'(x)}{c(x)} + b(x)\right) z'(x) + a(x)c(x)z(x) = 0. \tag{1.322}$$

c) Aplique los apartados anteriores para resolver la ecuación diferencial de Riccati

$$y'(x) = \frac{1}{x} - \frac{1}{x}y(x) + xy(x)^2. \tag{1.323}$$

Solución.
a) Mediante el cambio de variable

$$y(x) = \frac{u(x)}{c(x)}, \tag{1.324}$$

tenemos que

$$y'(x) = \frac{u'(x)c(x) - c'(x)u(x)}{c(x)^2} = a(x) + b(x)\frac{u(x)}{c(x)} + c(x)\frac{u(x)^2}{c(x)^2}, \tag{1.325}$$

$$\frac{u'(x)}{c(x)} - \frac{c'(x)u(x)}{c(x)^2} = a(x) + b(x)\frac{u(x)}{c(x)} + \frac{u(x)^2}{c(x)}, \tag{1.326}$$

$$u'(x) - \frac{c'(x)u(x)}{c(x)} = a(x)c(x) + b(x)u(x) + u(x)^2, \tag{1.327}$$

y por tanto

$$u'(x) = \left(\frac{c'(x)}{c(x)} + b(x)\right) u(x) + a(x)c(x) + u(x)^2. \tag{1.328}$$

b) Ahora hacemos $u(x) = -z'(x)/z(x)$ para tener

$$u'(x) = -\frac{z''(x)z(x) - (z'(x))^2}{z(x)^2} =$$

$$= -\left(\frac{c'(x)}{c(x)} + b(x)\right)\frac{z'(x)}{z(x)} + a(x)c(x) + \frac{(z'(x))^2}{z(x)^2}, \tag{1.329}$$

$$-\frac{z''(x)}{z(x)} + \frac{(z'(x))^2}{z(x)^2} =$$

$$= -\left(\frac{c'(x)}{c(x)} + b(x)\right)\frac{z'(x)}{z(x)} + a(x)c(x) + \frac{(z'(x))^2}{z(x)^2}, \tag{1.330}$$

$$-z''(x) = -\left(\frac{c'(x)}{c(x)} + b(x)\right) z'(x) + a(x)c(x)z(x), \tag{1.331}$$

y así

$$z''(x) - \left(\frac{c'(x)}{c(x)} + b(x)\right) z'(x) + a(x)c(x)z(x) = 0. \tag{1.332}$$

c) Con estos cambios de variable, la ecuación diferencial

$$y'(x) = \frac{1}{x} - \frac{1}{x}y(x) + xy(x)^2 \tag{1.333}$$

se transforma en

$$z''(x) + z(x) = 0. \tag{1.334}$$

La solución general de esta ecuación diferencial es

$$z(x) = A\cos x + B\operatorname{sen} x. \tag{1.335}$$

Por tanto

$$u(x) = -\frac{-A\operatorname{sen} x + B\cos x}{A\cos x + B\operatorname{sen} x} = \frac{A\operatorname{sen} x - B\cos x}{A\cos x + B\operatorname{sen} x}, \tag{1.336}$$

y así, finalmente,

$$\begin{aligned} y(x) = \frac{1}{x}\frac{A\operatorname{sen} x - B\cos x}{A\cos x + B\operatorname{sen} x} &= \frac{1}{x}\frac{\frac{A}{B}\operatorname{sen} x - \cos x}{\frac{A}{B}\cos x + \operatorname{sen} x} = \\ &= \frac{1}{x}\frac{K\operatorname{sen} x - \cos x}{K\cos x + \operatorname{sen} x}. \end{aligned} \tag{1.337}$$

■

Ejercicio 1.31 *Resuelva, usando el método de Lagrange o de variación de las constantes, las ecuaciones diferenciales:*

a) $y'' + y = \dfrac{1}{\cos x}$.

b) $y''' + y' = \cos x$.

c) $y'' - 2y' = e^x \operatorname{sen} x$, $y(0) = 0$, $y'(0) = 0$.

Solución.

a) Resolvemos en primer lugar la ecuación diferencial homogénea asociada $y'' + y = 0$ con la ayuda de la ecuación característica, que no es sino

$$\chi(r) = r^2 + 1 = 0. \tag{1.338}$$

Sus raíces son $\pm i$, y así la solución general de la parte homogénea es

$$y_h(x) = A\cos x + B\,\mathrm{sen}\,x. \tag{1.339}$$

Usando el método de Lagrange, supondremos que la solución general es de la forma

$$y(x) = A(x)\cos x + B(x)\,\mathrm{sen}\,x. \tag{1.340}$$

Para que el cálculo no se complique, clásicamente se exige que las sucesivas derivadas de esta expresión adopten la forma que tendrían si $A(x)$ y $B(x)$ fuesen constantes, salvo la última, si queremos que sea solución de la ecuación diferencial. Esta consideración conduce a las ecuaciones

$$A'(x)\cos x + B'(x)\,\mathrm{sen}\,x = 0, \tag{1.341}$$

$$-A'(x)\,\mathrm{sen}\,x + B'(x)\cos x = \frac{1}{\cos x}. \tag{1.342}$$

El determinante de la matriz de coeficientes de este sistema lineal en $A'(x)$ y $B'(x)$ no es sino el wronskiano de las soluciones de la ecuación diferencial homogénea asociada. Esto justifica que no es nulo. En efecto

$$W(x) = \begin{vmatrix} \cos x & \mathrm{sen}\,x \\ -\,\mathrm{sen}\,x & \cos x \end{vmatrix} = 1 \neq 0. \tag{1.343}$$

Este hecho es más que evidente reescribiendo las ecuaciones en forma matricial como se mostró en (1.43) de la página 18. La solución de este sistema es

$$A'(x) = \begin{vmatrix} 0 & \mathrm{sen}\,x \\ \dfrac{1}{\cos x} & \cos x \end{vmatrix} = -\frac{\mathrm{sen}\,x}{\cos x}, \tag{1.344}$$

$$B'(x) = \begin{vmatrix} \cos x & 0 \\ -\,\mathrm{sen}\,x & \dfrac{1}{\cos x} \end{vmatrix} = 1. \tag{1.345}$$

Sólo tenemos que integrar para tener

$$A(x) = \log|\cos x| + K_1, \tag{1.346}$$

$$B(x) = x + K_2. \tag{1.347}$$

Sustituimos estas expresiones en (1.340) para tener

$$y(x) = K_1\cos x + K_2\,\mathrm{sen}\,x + \cos x\log|\cos x| + x\,\mathrm{sen}\,x. \tag{1.348}$$

Podemos apreciar cómo la solución responde al esquema $y_h(x) + y_p(x)$, donde

$$y_p(x) = \cos x\log|\cos x| + x\,\mathrm{sen}\,x \tag{1.349}$$

es una solución particular de la ecuación diferencial completa.

b) Resolvemos la ecuación diferencial homogénea asociada $y''' + y' = 0$. Las raíces de la ecuación característica asociada son

$$\chi(r) = r^3 + r = 0 \Rightarrow r = 0 \text{ y } r = \pm i, \tag{1.350}$$

todas simples. La solución general es entonces

$$y_h(x) = A + B\cos x + C\operatorname{sen} x. \tag{1.351}$$

Usamos el método de Lagrange y así suponemos que la solución general de la ecuación diferencial completa es

$$y(x) = A(x) + B(x)\cos x + C(x)\operatorname{sen} x, \tag{1.352}$$

donde las funciones $A(x)$, $B(x)$ y $C(x)$ verifican

$$A'(x) + B'(x)\cos x + C'(x)\operatorname{sen} x = 0, \tag{1.353}$$

$$-B'(x)\operatorname{sen} x + C'(x)\cos x = 0, \tag{1.354}$$

$$-B'(x)\cos x - C'(x)\operatorname{sen} x = \cos x, \tag{1.355}$$

o bien en versión matricial

$$\begin{pmatrix} 1 & \cos x & \operatorname{sen} x \\ 0 & -\operatorname{sen} x & \cos x \\ 0 & -\cos x & -\operatorname{sen} x \end{pmatrix} \begin{pmatrix} A'(x) \\ B'(x) \\ C'(x) \end{pmatrix} = \begin{pmatrix} 0 \\ 0 \\ \cos x \end{pmatrix}. \tag{1.356}$$

De nuevo el determinante de la matriz de coeficientes de este sistema lineal en $A'(x)$, $B'(x)$ y $C'(x)$ es el wronskiano asociado al sistema fundamental de soluciones de la ecuación diferencial homogénea asociada. En efecto

$$W(x) = \begin{vmatrix} 1 & \cos x & \operatorname{sen} x \\ 0 & -\operatorname{sen} x & \cos x \\ 0 & -\cos x & -\operatorname{sen} x \end{vmatrix} = 1 \neq 0. \tag{1.357}$$

La solución es, gracias a la regla de Cramer,

$$A'(x) = \begin{vmatrix} 0 & \cos x & \operatorname{sen} x \\ 0 & -\operatorname{sen} x & \cos x \\ \cos x & -\cos x & -\operatorname{sen} x \end{vmatrix} = \cos x, \tag{1.358}$$

$$B'(x) = \begin{vmatrix} 1 & 0 & \operatorname{sen} x \\ 0 & 0 & \cos x \\ 0 & \cos x & -\operatorname{sen} x \end{vmatrix} = -\cos^2 x = -\frac{1}{2} - \frac{1}{2}\cos(2x), \tag{1.359}$$

$$C'(x) = \begin{vmatrix} 1 & \cos x & 0 \\ 0 & -\operatorname{sen} x & 0 \\ 0 & -\cos x & \cos x \end{vmatrix} = -\operatorname{sen} x \cos x. \tag{1.360}$$

Integrando obtenemos

$$A(x) = \operatorname{sen} x + K_1, \tag{1.361}$$

$$B(x) = -\frac{x}{2} - \frac{\operatorname{sen}(2x)}{4} + K_2, \tag{1.362}$$

$$C(x) = \frac{\cos^2 x}{2} + K_3. \tag{1.363}$$

Sustituyendo estas expresiones, la solución general es finalmente

$$y(x) = K_1 + K_2 \cos x + K_3 \operatorname{sen} x + \operatorname{sen} x - \frac{x}{2}\cos x - \frac{\operatorname{sen}(2x)}{4}\cos x + \frac{\cos^2 x}{2}\operatorname{sen} x. \tag{1.364}$$

El lector puede comprobar fácilmente que

$$-\frac{\operatorname{sen}(2x)}{4}\cos x + \frac{\cos^2 x}{2}\operatorname{sen} x = 0, \tag{1.365}$$

y si usamos que el término $\operatorname{sen} x$ es solución de la parte homogénea, la solución final puede quedar

$$y(x) = K_1 + K_2 \cos x + K_3 \operatorname{sen} x - \frac{x}{2}\cos x. \tag{1.366}$$

c) En este caso, la ecuación diferencial es $y'' - 2y' = e^x \operatorname{sen} x$, donde además tenemos las condiciones iniciales $y(0) = 0$, $y'(0) = 0$. La ecuación característica asociada a la parte homogénea es

$$r^2 - 2r = 0 \tag{1.367}$$

con raíces 0 y 2. La solución general asociada es

$$y_h(x) = A + Be^{2x}. \tag{1.368}$$

Suponemos entonces que $A = A(x)$ y $B = B(x)$, e imponemos las condiciones

$$A'(x) + B'(x)e^{2x} = 0, \tag{1.369}$$

$$2B'(x)e^{2x} = e^x \operatorname{sen} x. \tag{1.370}$$

Como

$$\begin{vmatrix} 1 & e^{2x} \\ 0 & 2e^{2x} \end{vmatrix} = 2e^{2x}, \tag{1.371}$$

tenemos que

$$A'(x) = \frac{1}{2e^{2x}}\begin{vmatrix} 0 & e^{2x} \\ e^x \operatorname{sen} x & 2e^{2x} \end{vmatrix} = -\frac{1}{2}e^x \operatorname{sen} x, \tag{1.372}$$

$$B'(x) = \frac{1}{2e^{2x}}\begin{vmatrix} 1 & 0 \\ 0 & e^x \operatorname{sen} x \end{vmatrix} = \frac{1}{2}e^{-x} \operatorname{sen} x. \tag{1.373}$$

Integrando llegamos a que

$$A(x) = \frac{1}{4}e^{x}(\cos x - \operatorname{sen} x), \tag{1.374}$$

$$B(x) = -\frac{1}{4}e^{-x}(\cos x + \operatorname{sen} x), \tag{1.375}$$

donde hemos prescindido de las constantes de integración. La solución particular que se obtiene de este modo es

$$y_p(x) = A(x) + B(x)e^{2x} = -\frac{1}{2}e^{x}\operatorname{sen} x. \tag{1.376}$$

La solución general es entonces

$$y(x) = y_h(x) + y_p(x) = A + Be^{2x} - \frac{1}{2}e^{x}\operatorname{sen} x. \tag{1.377}$$

Sólo resta imponer las condiciones iniciales, de modo que

$$y(0) = A + B = 0,\ y'(0) = 2B - \frac{1}{2} = 0, \tag{1.378}$$

y así $A = -\frac{1}{4} = -B$. La solución particular que verifica las condiciones iniciales es entonces

$$y(x) = -\frac{1}{4} + \frac{1}{4}e^{2x} - \frac{1}{2}e^{x}\operatorname{sen} x. \tag{1.379}$$

■

Ejercicio 1.32 *Usando el método de Lagrange o de variación de las constantes, demuestre que la solución general de la ecuación diferencial*

$$y''(x) + a^2y(x) = f(x),\ a > 0, \tag{1.380}$$

es

$$y(x) = K_1\cos(ax) + K_2\operatorname{sen}(ax) + \frac{1}{a}\int_0^x f(t)\operatorname{sen}(a(x-t))dt. \tag{1.381}$$

Solución.

Resolvemos la ecuación diferencial homogénea asociada, $y''(x) + a^2y(x) = 0$, con la ayuda de la ecuación característica. Dicha ecuación es

$$\chi(r) = r^2 + a^2 = 0, \tag{1.382}$$

que tiene por raíces $\pm ai$. La solución general de la parte homogénea es de este modo

$$y_h(x) = A\cos(ax) + B\operatorname{sen}(ax). \tag{1.383}$$

Usando el método de Lagrange supondremos que la solución general es de la forma

$$y(x) = A(x)\cos(ax) + B(x)\,\mathrm{sen}(ax), \tag{1.384}$$

e impondremos, como es habitual, la condición de que las sucesivas derivadas se comporten como si las funciones $A(x)$ y $B(x)$ fuesen constantes. Esta estrategia se traduce en las identidades

$$A'(x)\cos(ax) + B'(x)\,\mathrm{sen}(ax) = 0, \tag{1.385}$$

$$-aA'(x)\,\mathrm{sen}(ax) + aB'(x)\cos(ax) = f(x). \tag{1.386}$$

De nuevo, el determinante de la matriz de coeficientes de este sistema lineal en $A'(x)$ y $B'(x)$ no es sino el wronskiano de las soluciones de la ecuación diferencial homogénea asociada, que es por tanto no nulo. En efecto

$$W(x) = \begin{vmatrix} \cos(ax) & \mathrm{sen}(ax) \\ -a\,\mathrm{sen}(ax) & a\cos(ax) \end{vmatrix} = a \neq 0. \tag{1.387}$$

La solución es, usando la Regla de Cramer,

$$A'(x) = \frac{1}{a}\begin{vmatrix} 0 & \mathrm{sen}(ax) \\ f(x) & a\cos(ax) \end{vmatrix} = -\frac{1}{a}f(x)\,\mathrm{sen}(ax), \tag{1.388}$$

$$B'(x) = \frac{1}{a}\begin{vmatrix} \cos(ax) & 0 \\ -a\,\mathrm{sen}(ax) & f(x) \end{vmatrix} = \frac{1}{a}f(x)\cos(ax). \tag{1.389}$$

Integrando tenemos

$$A(x) = -\frac{1}{a}\int_0^x f(t)\,\mathrm{sen}(at)dt + K_1, B(x) = \frac{1}{a}\int_0^x f(t)\cos(at)dt + K_2. \tag{1.390}$$

Sólo resta sustituir estas expresiones en (1.384) para tener

$$\begin{aligned} y(x) &= K_1\cos(ax) + K_2\,\mathrm{sen}(ax) + \\ &+\frac{1}{a}\left(\int_0^x f(t)(\mathrm{sen}(ax)\cos(at) - \cos(ax)\,\mathrm{sen}(at))dt\right) = \\ &= K_1\cos(ax) + K_2\,\mathrm{sen}(ax) + \frac{1}{a}\int_0^x f(t)\,\mathrm{sen}(a(x-t))dt, \end{aligned} \tag{1.391}$$

donde hemos usado la identidad

$$\mathrm{sen}(\alpha+\beta) = \mathrm{sen}\,\alpha\cos\beta + \cos\alpha\,\mathrm{sen}\,\beta. \tag{1.392}$$

∎

Ejercicio 1.33 *Resuelva la ecuación diferencial*

$$y'''(x) - 6y''(x) + 11y'(x) - 6y(x) = \operatorname{sen} x, \tag{1.393}$$

con la ayuda del método de los coeficientes indeterminados.

Solución.
La ecuación característica asociada a la parte homogénea es

$$r^3 - 6r^2 + 11r - 6 = 0. \tag{1.394}$$

Las raíces son 1, 2 y 3, lo que nos permite afirmar que la solución general de la ecuación diferencial homogénea asociada es

$$y(x) = C_1 e^x + C_2 e^{2x} + C_3 e^{3x}. \tag{1.395}$$

Buscamos, a la vista del término no homogéneo, una solución particular combinación lineal de $\operatorname{sen} x$ y $\cos x$, su derivada. De este modo

$$y_p(x) = A \operatorname{sen} x + B \cos x, \tag{1.396}$$

y así

$$y_p'(x) = A \cos x - B \operatorname{sen} x, \tag{1.397}$$

$$y_p''(x) = -A \operatorname{sen} x - B \cos x, \tag{1.398}$$

$$y_p'''(x) = -A \cos x + B \operatorname{sen} x. \tag{1.399}$$

Sustituyendo en la ecuación diferencial completa y simplificando resulta

$$10A \cos x - 10B \operatorname{sen} x = \operatorname{sen} x, \tag{1.400}$$

y así $A = 0$ y $B = -1/10$. La solución particular que hemos obtenido es

$$y_p(x) = -\frac{1}{10} \cos x, \tag{1.401}$$

y la solución general es finalmente

$$y(x) = C_1 e^x + C_2 e^{2x} + C_3 e^{3x} - \frac{1}{10} \cos x. \tag{1.402}$$

■

Ejercicio 1.34 *Resuelva, usando el método de los coeficientes indeterminados, las siguientes ecuaciones diferenciales:*

a) $y'' + 4y = e^{2x}$.

b) $y^{iv)} - y = 3\cos(2x)$.

c) $y^{iv)} - y = e^x$.

d) $y'' + 9y = \operatorname{sen} x - 2\cos x$.

e) $y''' - 3y'' + 3y' - y = 2e^x$.

f) $y'' + 2y' + 2y = x^2 e^{-x}$.

Solución.

a) La ecuación característica asociada es $r^2 + 4 = 0$, con raíces $r = \pm 2i$. La solución general de la parte homogénea es entonces

$$y(x) = A\cos(2x) + B\operatorname{sen}(2x). \tag{1.403}$$

Como 2 no es raíz de la ecuación característica, buscamos una solución particular simplemente de la forma

$$y_p(x) = Ke^{2x}. \tag{1.404}$$

Como

$$y_p'(x) = 2Ke^{2x},\ y_p''(x) = 4Ke^{2x}, \tag{1.405}$$

tenemos, sustituyendo en la ecuación diferencial completa, que

$$4Ke^{2x} + 4Ke^{2x} = e^{2x} \Rightarrow K = \frac{1}{8}. \tag{1.406}$$

La solución particular obtenida es entonces

$$y_p(x) = \frac{1}{8}e^{2x}, \tag{1.407}$$

y la solución general

$$y(x) = A\cos(2x) + B\operatorname{sen}(2x) + \frac{1}{8}e^{2x}. \tag{1.408}$$

b) En este caso, tenemos $y^{iv)} - y = 3\cos(2x)$. La ecuación característica asociada es

$$r^4 - 1 = 0, \tag{1.409}$$

con raíces ± 1 y $\pm i$, simples. La solución general de la parte homogénea es entonces

$$y(x) = C_1 e^x + C_2 e^{-x} + C_3 \cos x + C_4 \operatorname{sen} x. \tag{1.410}$$

Buscamos la solución particular de la forma

$$y_p(x) = A\cos(2x) + B\operatorname{sen}(2x). \tag{1.411}$$

Entonces, después de derivar sucesivamente, llegamos a

$$y_p^{iv)}(x) = 16A\cos(2x) + 16B\,\mathrm{sen}(2x). \tag{1.412}$$

De este modo

$$y^{iv)} - y = 3\cos(2x) \Rightarrow 15A\cos(2x) + 15B\,\mathrm{sen}(2x) = 3\cos(2x) \Rightarrow A = \frac{1}{5},\ B = 0, \tag{1.413}$$

y la solución particular obtenida es

$$y_p(x) = \frac{1}{5}\cos(2x). \tag{1.414}$$

Establecemos la solución general haciendo

$$y(x) = y_h(x) + y_p(x) = C_1e^x + C_2e^{-x} + C_3\cos x + C_4\,\mathrm{sen}\,x + \frac{1}{5}\cos(2x). \tag{1.415}$$

c) Consideremos, en este caso, la ecuación diferencial $y^{iv)} - y = e^x$. La ecuación característica es

$$r^4 - 1 = 0, \tag{1.416}$$

con raíces ± 1 y $\pm i$. La solución general es así

$$y_h(x) = Ae^x + Be^{-x} + C\cos x + D\,\mathrm{sen}\,x. \tag{1.417}$$

El término no homogéneo, e^x, se corresponde con la raíz 1 que aparece como raíz de la ecuación característica, con multiplicidad 1. La solución particular que buscamos será

$$y_p(x) = Kxe^x. \tag{1.418}$$

Derivando cuatro veces

$$y_p^{iv)}(x) = 4Ke^x + Kxe^x. \tag{1.419}$$

Sustituyendo en la ecuación diferencial tenemos la igualdad

$$4Ke^x + Kxe^x - Kxe^x = 4Ke^x = e^x \Rightarrow K = \frac{1}{4}. \tag{1.420}$$

La solución particular es finalmente

$$y_p(x) = \frac{1}{4}xe^x \tag{1.421}$$

que conduce a la siguiente expresión para la solución general de la ecuación diferencial

$$y(x) = Ae^x + Be^{-x} + C\cos x + D\,\mathrm{sen}\,x + \frac{1}{4}xe^x. \tag{1.422}$$

d) Para la ecuación diferencial $y'' + 9y = \operatorname{sen} x - 2\cos x$ tenemos la ecuación característica

$$r^2 + 9 = 0 \tag{1.423}$$

con raíces $\pm 3i$. La solución general de la parte homogénea es

$$y_h(x) = C_1 \cos(3x) + C_2 \operatorname{sen}(3x). \tag{1.424}$$

Como $\pm i$ no son raíces de la ecuación característica, la solución particular, a la vista del término no homogéneo, la buscaremos de la forma

$$y_p(x) = A\cos x + B\operatorname{sen} x. \tag{1.425}$$

De este modo, tenemos

$$y_p''(x) = -A\cos x - B\operatorname{sen} x. \tag{1.426}$$

Sustituyendo en la ecuación diferencial llegamos a

$$-A\cos x - B\operatorname{sen} x + 9(A\cos x + B\operatorname{sen} x) = 8A\cos x + 8B\operatorname{sen} x = \operatorname{sen} x - 2\cos x, \tag{1.427}$$

y así $A = -\dfrac{1}{4}$ y $B = \dfrac{1}{8}$. La solución general es entonces

$$y(x) = \underbrace{C_1 \cos(3x) + C_2 \operatorname{sen}(3x)}_{y_h(x)} \underbrace{-\frac{1}{4}\cos x + \frac{1}{8}\operatorname{sen} x}_{y_p(x)}. \tag{1.428}$$

e) Para la ecuación diferencial $y''' - 3y'' + 3y' - y = 2e^x$ tenemos

$$r^3 - 3r^2 + 3r - 1 = 0 \Rightarrow r = 1 \text{ triple}. \tag{1.429}$$

La solución general de la parte homogénea es

$$y_h(x) = (C_1 + C_2 x + C_3 x^2)e^x. \tag{1.430}$$

Como el término no homogéneo es e^x, y 1 es raíz de la ecuación característica con multiplicidad 3, la solución particular buscada será de la forma

$$y_p(x) = Ax^3 e^x. \tag{1.431}$$

El cálculo de las derivadas necesarias y sus sustitución en la ecuación diferencial conduce a

$$6Ae^x = 2e^x \Rightarrow A = \frac{1}{3}. \tag{1.432}$$

La solución general es así

$$y(x) = \underbrace{(C_1 + C_2 x + C_3 x^2)e^x}_{y_h(x)} + \underbrace{\frac{1}{3}x^3 e^x}_{y_p(x)}. \qquad (1.433)$$

f) Con la ecuación diferencial $y'' + 2y' + 2y = x^2 e^{-x}$ tenemos

$$r^2 + 2r + 2 = 0 \Rightarrow r = -1 \pm i. \qquad (1.434)$$

La solución general es entonces

$$y_h(x) = C_1 e^{-x} \operatorname{sen} x + C_2 e^{-x} \cos x. \qquad (1.435)$$

La solución particular la buscamos como el término no homogéneo

$$y_p(x) = (A + Bx + Cx^2)e^{-x}. \qquad (1.436)$$

La sustitución de las derivadas necesarias de $y_p(x)$ en la ecuación diferencial completa conduce a

$$(A + 2C)e^{-x} + Bxe^{-x} + Cx^2 e^{-x} = x^2 e^{-x} \Rightarrow C = 1,\ A = -2,\ B = 0. \qquad (1.437)$$

La solución general de la ecuación diferencial es así

$$y(x) = \underbrace{C_1 e^{-x} \operatorname{sen} x + C_2 e^{-x} \cos x}_{y_h(x)} + \underbrace{(x^2 - 2)e^{-x}}_{y_p(x)}. \qquad (1.438)$$

■

Ejercicio 1.35 *Resuelva el problema de valores iniciales*

$$y'' - 4y' + 4y = 5xe^x,\ y(0) = 1,\ y'(0) = 2. \qquad (1.439)$$

Solución.
La ecuación característica de la ecuación homogénea asociada es

$$\chi(r) = r^2 - 4r + 4 = (r - 2)^2 = 0, \qquad (1.440)$$

con raíz 2 doble. La solución general de la ecuación diferencial homogénea asociada es

$$y_h = Ae^{2x} + Bxe^{2x}. \qquad (1.441)$$

Completemos esta solución general con una particular de la ecuación diferencial completa. Para ello, buscamos una solución del mismo tipo que el término no homogéneo: polinomio de grado 1 multiplicando a e^x:

$$y_p = (k_1 + k_2 x)e^x. \qquad (1.442)$$

Derivamos para tener

$$y_p' = (k_1 + k_2 + k_2 x)e^x, \ y_p'' = (k_1 + 2k_2 + k_2 x)e^x. \tag{1.443}$$

Sustituimos estas derivadas, así como y_p, en la ecuación diferencial completa y, después de simplificar e igualar coeficientes, tenemos

$$k_1 = 10, \ k_2 = 5 \Rightarrow y_p = (10 + 5x)e^x. \tag{1.444}$$

La solución general de la ecuación diferencial es así

$$y = y_h + y_p = Ae^{2x} + Bxe^{2x} + (10 + 5x)e^x. \tag{1.445}$$

Como

$$y' = (2A + B)e^{2x} + 2Bxe^{2x} + 5e^x + (10 + 5x)e^x, \tag{1.446}$$

las condiciones iniciales se traducen en

$$y(0) = A + 10 = 1, \ y'(0) = 2A + B + 15 = 2 \Rightarrow A = -9, \ B = 5. \tag{1.447}$$

De este modo, finalmente, la solución que verifica las condiciones iniciales dadas es

$$y = (5x - 9)e^{2x} + (10 + 5x)e^x. \tag{1.448}$$

■

Ejercicio 1.36 *Resuelva, usando el método de los coeficientes indeterminados, la siguiente ecuación diferencial*

$$y'' - 4y' + 4y = 6x^2 e^{2x} \tag{1.449}$$

Solución.

La ecuación característica asociada, para la ecuación diferencial $y'' - 4y' + 4y = 6x^2 e^{2x}$, es (de nuevo)

$$r^2 - 4r + 4 = 0, \tag{1.450}$$

con raíz $r = 2$ doble. La solución general de la parte homogénea es entonces

$$y_h(x) = C_1 e^{2x} + C_2 x e^{2x}. \tag{1.451}$$

En este caso, como el término no homogéneo es $x^2 e^{2x}$, es decir, un polinomio de grado 2 multiplicado por la exponencial e^{2x}, probaríamos con el mismo modelo, pero multiplicado por x^2 ya que la constante del exponente, 2, es raíz de la ecuación característica. En definitiva, la solución particular que buscaremos será de la forma

$$y_p(x) = x^2(ax^2 + bx + c)e^{2x}. \tag{1.452}$$

Después de obtener las derivadas primera y segunda, sustituir y simplificar (cálculo ciertamente tedioso) tenemos

$$2ce^{2x} + 6bxe^{2x} + 12ax^2e^{2x} = 6x^2e^{2x}. \qquad (1.453)$$

De este modo $c = b = 0$ y $a = \frac{1}{2}$, y la solución particular obtenida es

$$y_p(x) = \frac{1}{2}x^4e^{2x}. \qquad (1.454)$$

La solución general de la ecuación diferencial es entonces

$$y(x) = C_1e^{2x} + C_2xe^{2x} + \frac{1}{2}x^4e^{2x}. \qquad (1.455)$$

Conviene llamar la atención del lector en este ejercicio, ya que obtendremos la solución particular de nuevo, más adelante, mediante unos cálculos sensiblemente más sencillos (Ejercicio 1.50). ∎

Ejercicio 1.37 *Consideremos la ecuación diferencial*

$$y''(t) + \omega_0^2y(t) = K\cos(\omega t), \quad \omega_0, K, \omega > 0, \qquad (1.456)$$

que modeliza un sistema resorte-masa no amortiguado movido por una fuerza sinusoidal. Con la ayuda del método de los coeficientes indeterminados,

a) Demuestre que si $\omega \neq \omega_0$, la solución general es

$$y(t) = C_1\cos(\omega_0t) + C_2\,\text{sen}(\omega_0t) + \frac{K}{\omega_0^2-\omega^2}\cos(\omega t). \qquad (1.457)$$

b) Demuestre, en el caso de resonancia $\omega = \omega_0$, que la solución general es

$$y(t) = C_1\cos(\omega_0t) + C_2\,\text{sen}(\omega_0t) + \frac{K}{2\omega_0}t\,\text{sen}(\omega_0t). \qquad (1.458)$$

Solución.
La ecuación diferencial homogénea asociada es

$$y''(t) + \omega_0^2y(t) = 0, \qquad (1.459)$$

con ecuación característica

$$r^2 + \omega_0^2 = 0. \qquad (1.460)$$

Las raíces de esta ecuación son $\pm\omega_0i$, y de este modo la solución general es

$$y_h(t) = C_1\cos(\omega_0t) + C_2\,\text{sen}(\omega_0t). \qquad (1.461)$$

a) Supongamos que $\omega \neq \omega_0$. En este caso, el término no homogéneo, $K\cos(\omega t)$, no es solución de la parte homogénea, y por tanto la solución particular que buscaremos, para completar la solución, será de la forma

$$y_p(t) = A\cos(\omega t) + B\,\text{sen}(\omega t). \tag{1.462}$$

Como

$$y_p'(t) = -\omega A\,\text{sen}(\omega t) + B\omega\cos(\omega t), \tag{1.463}$$

$$y_p''(t) = -\omega^2 A\cos(\omega t) - \omega^2 B\,\text{sen}(\omega t), \tag{1.464}$$

tenemos que

$$y_p''(t) + \omega_0^2 y_p(t) = (\omega_0^2 - \omega^2)(A\cos(\omega t) + B\,\text{sen}(\omega t)) = K\cos(\omega t). \tag{1.465}$$

De este modo, tenemos

$$A = \frac{K}{\omega_0^2 - \omega^2},\ B = 0, \tag{1.466}$$

y una solución particular es

$$y_p(t) = \frac{K}{\omega_0^2 - \omega^2}\cos(\omega t). \tag{1.467}$$

La solución general de la ecuación diferencial completa es

$$y(t) = y_h(t) + y_p(t) = C_1\cos(\omega_0 t) + C_2\,\text{sen}(\omega_0 t) + \frac{K}{\omega_0^2 - \omega^2}\cos(\omega t). \tag{1.468}$$

b) En el caso de resonancia, tenemos $\omega = \omega_0$. La solución de la ecuación diferencial homogénea asociada es evidentemente la misma, sin embargo el término no homogéneo sí es solución de dicha ecuación diferencial. Por tanto, la solución particular que buscaremos es de la forma

$$y_p(t) = At\cos(\omega_0 t) + Bt\,\text{sen}(\omega_0 t). \tag{1.469}$$

Tenemos entonces, después de simplificar, que

$$y_p'(t) = A\cos(\omega_0 t) - A\omega_0 t\,\text{sen}(\omega_0 t) + B\,\text{sen}(\omega_0 t) + B\omega_0 t\cos(\omega_0 t), \tag{1.470}$$

$$y_p''(t) = -2A\omega_0\,\text{sen}(\omega_0 t) + 2B\omega_0\cos(\omega_0 t) - \omega_0^2(At\cos(\omega_0 t) + Bt\,\text{sen}(\omega_0 t)). \tag{1.471}$$

De este modo

$$y_p''(t) + \omega_0^2 y_p(t) = 2B\omega_0\cos(\omega_0 t) - 2A\omega_0\,\text{sen}(\omega_0 t) = K\cos(\omega_0 t), \tag{1.472}$$

y así

$$A = 0 \text{ y } B = \frac{K}{2\omega_0}. \tag{1.473}$$

La solución particular obtenida es

$$y_p(t) = \frac{K}{2\omega_0} t \operatorname{sen}(\omega_0 t). \tag{1.474}$$

Finalizamos con la solución general, que no es sino

$$y(t) = y_h(t) + y_p(t) = C_1 \cos(\omega_0 t) + C_2 \operatorname{sen}(\omega_0 t) + \frac{K}{2\omega_0} t \operatorname{sen}(\omega_0 t). \tag{1.475}$$

■

Ejercicio 1.38 *Resuelva la ecuación diferencial*

$$y''(x) - 6y'(x) + 9y(x) = \frac{e^{3x}}{x^2}, \quad x > 0, \tag{1.476}$$

a) Usando el método de los coeficientes indeterminados con $y_p(x) = f(x)e^{3x}$.

b) Usando el método de Lagrange.

c) Compare los resultados.

Solución.
La ecuación diferencial homogénea asociada es

$$y''(x) - 6y'(x) + 9y(x) = 0, \tag{1.477}$$

cuya ecuación característica es $r^2 - 6r + 9 = 0$, y tiene por raíz 3 doble. La solución general es así

$$y_h(x) = Ae^{3x} + Bxe^{3x}. \tag{1.478}$$

a) Si suponemos que la solución particular, que completa la solución general de la parte homogénea, es de la forma

$$y_p(x) = f(x)e^{3x}, \tag{1.479}$$

tenemos

$$y'(x) = f'(x)e^{3x} + 3f(x)e^{3x}, \tag{1.480}$$

$$y''(x) = f''(x)e^{3x} + 6f'(x)e^{3x} + 9f(x)e^{3x}. \tag{1.481}$$

Sustituyendo en la ecuación diferencial completa tenemos, después de simplificar, que

$$f''(x) = \frac{1}{x^2} \Rightarrow f'(x) = -\frac{1}{x} \Rightarrow f(x) = \log\frac{1}{x}. \tag{1.482}$$

De este modo, la solución particular obtenida es

$$y_p(x) = e^{3x} \log \frac{1}{x}, \tag{1.483}$$

y la solución general

$$y(x) = Ae^{3x} + Bxe^{3x} + e^{3x} \log \frac{1}{x}. \tag{1.484}$$

b) Usemos el método de Lagrange. Para ello, conocida la solución general de la parte homogénea, resolvemos el sistema

$$A'(x)e^{3x} + B'(x)xe^{3x} = 0, \tag{1.485}$$

$$3A'(x)e^{3x} + B'(x)(e^{3x} + 3xe^{3x}) = \frac{e^{3x}}{x^2}, \tag{1.486}$$

donde hemos considerado las constantes A y B como funciones de x. Resulta muy cómodo simplificar el término e^{3x} y así

$$A'(x) + B'(x)x = 0, \tag{1.487}$$

$$3A'(x) + B'(x)(1 + 3x) = \frac{1}{x^2}. \tag{1.488}$$

El determinante de la matriz de coeficientes de este sistema lineal es 1, con lo que

$$A'(x) = \begin{vmatrix} 0 & x \\ 1/x^2 & 1+3x \end{vmatrix} = -\frac{1}{x} \Rightarrow A(x) = \log \frac{1}{x} + C_1, \tag{1.489}$$

$$B'(x) = \begin{vmatrix} 1 & 0 \\ 3 & 1/x^2 \end{vmatrix} = \frac{1}{x^2} \Rightarrow B(x) = -\frac{1}{x} + C_2, \tag{1.490}$$

y la solución general es

$$y(x) = A(x)e^{3x} + B(x)xe^{3x} = C_1e^{3x} + C_2xe^{3x} + e^{3x} \log \frac{1}{x} - e^{3x}. \tag{1.491}$$

c) Definiendo $K = C_1 - 1$ tenemos que la solución general obtenida en el apartado *b*) es formalmente la misma que en el apartado *a*). Esto es así debido a que las soluciones particulares obtenidas difieren en el término $-e^{3x}$, que es solución de la ecuación diferencial homogénea asociada. ∎

Ejercicio 1.39 *La ecuación diferencial de Lane-Emden responde al modelo*

$$\frac{d^2y}{dx^2} + \frac{2}{x}\frac{dy}{dx} + y^\alpha = 0, \ \alpha \in \mathbb{R}. \tag{1.492}$$

Resuelva esta ecuación diferencial para $\alpha = 0$.

Solución.
La ecuación diferencial, si $\alpha = 0$, se convierte en

$$\frac{d^2y}{dx^2} + \frac{2}{x}\frac{dy}{dx} = -1. \quad (1.493)$$

Resolvemos primero la ecuación diferencial homogénea asociada

$$\frac{d^2y}{dx^2} + \frac{2}{x}\frac{dy}{dx} = 0. \quad (1.494)$$

Para ello definimos $y'(x) = p(x)$, y entonces

$$\frac{dp}{dx} + \frac{2}{x}p = 0 \Rightarrow \frac{dp}{dx} = -\frac{2}{x}p \Rightarrow \frac{dp}{p} = -\frac{2}{x}dx, \quad (1.495)$$

con lo que

$$p = \frac{k}{x^2} \Rightarrow y_h(x) = \frac{A}{x} + B. \quad (1.496)$$

Usaremos el método de Lagrange haciendo

$$y(x) = \frac{A(x)}{x} + B(x), \quad (1.497)$$

e imponiendo

$$A'(x)\frac{1}{x} + B'(x) = 0, \quad (1.498)$$

$$-A'(x)\frac{1}{x^2} = -1. \quad (1.499)$$

Resolvemos para tener

$$A(x) = \frac{x^3}{3} + C_1 \text{ y } B(x) = -\frac{x^2}{2} + C_2. \quad (1.500)$$

La solución general es de este modo

$$y(x) = \frac{A(x)}{x} + B(x) = \frac{C_1}{x} + C_2 - \frac{x^2}{6}. \quad (1.501)$$

■

Ejercicio 1.40 *Resuelva la ecuación diferencial*

$$y''(t) + 2y'(t) + 2y(t) = -2t - 4, \quad (1.502)$$

con las condiciones iniciales $y(0) = 1$, $y'(0) = -3$.

Solución.
La ecuación característica asociada es

$$\chi(r) = r^2 + 2r + 2 = 0 \tag{1.503}$$

con raíces $-1 \pm i$, con lo que la solución general de la ecuación diferencial homogénea asociada es

$$y_h(t) = e^{-t}(C_1 \cos t + C_2 \operatorname{sen} t). \tag{1.504}$$

Buscamos una solución particular similar al término no homogéneo

$$y_p(t) = A + Bt \tag{1.505}$$

que, después de sustituir en la ecuación diferencial completa, permite concluir que $A = B = -1$. La solución general de la ecuación diferencial completa es

$$y(t) = y_h(t) + y_p(t) = e^{-t}(C_1 \cos t + C_2 \operatorname{sen} t) - 1 - t. \tag{1.506}$$

Imponemos las condiciones iniciales $y(0) = 1$ e $y'(0) = -3$ para tener que $C_1 = 2$ y $C_2 = 0$. La solución pedida es

$$y(t) = 2e^{-t} \cos t - 1 - t. \tag{1.507}$$

En la Figura 1.9 aparece la gráfica de esta solución, en el intervalo $[-2, 2]$. ∎

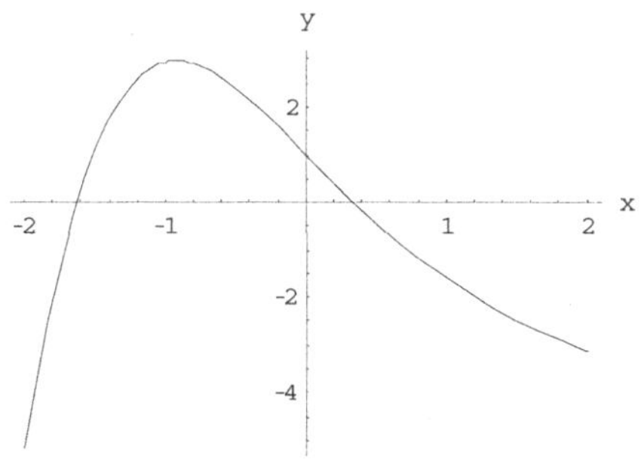

Figura 1.9: Solución del Ejercicio 1.40.

Ejercicio 1.41 *Considere la ecuación diferencial*

$$I''(t) + 2I'(t) + 2I(t) = \operatorname{sen} t, \tag{1.508}$$

responsable de un circuito RLC.

a) Determine su solución general.

b) ¿Cuál es la parte transitoria y cuál el estado estacionario de la expresión obtenida?

Solución.
El polinomio característico asociado es

$$\chi(r) = r^2 + 2r + 2, \tag{1.509}$$

con raíces $-1 \pm i$. La solución general de la parte homogénea es entonces

$$I_h(t) = Ae^{-t} \cos t + Be^{-t} \operatorname{sen} t. \tag{1.510}$$

Completamos con una solución particular, que buscamos de la forma

$$I_p(t) = K_1 \cos t + K_2 \operatorname{sen} t. \tag{1.511}$$

Una simple sustitución conduce a la igualdad

$$(K_1 + 2K_2) \cos t + (-2K_1 + K_2) \operatorname{sen} t = \operatorname{sen} t. \tag{1.512}$$

De este modo $K_1 = -\frac{2}{5}$ y $K_2 = \frac{1}{5}$ y tenemos la solución particular

$$I_p(t) = -\frac{2}{5} \cos t + \frac{1}{5} \operatorname{sen} t. \tag{1.513}$$

La solución general es finalmente

$$I(t) = I_h(t) + I_p(t) = Ae^{-t} \cos t + Be^{-t} \operatorname{sen} t - \frac{2}{5} \cos t + \frac{1}{5} \operatorname{sen} t. \tag{1.514}$$

El flujo de corriente del circuito en cuestión es suma de un término cuyo efecto disminuye con el tiempo (efecto transitorio) más otro estacionario. Como se tiene que $\lim_{t \to \infty} I_h(t) = 0$, ésta es la parte transitoria, e $I_p(t)$ la parte estacionaria. En la Figura 1.10 puede verse una de las soluciones de la ecuación diferencial. ∎

Ejercicio 1.42 *Dada la ecuación diferencial*

$$y''(x) - (a + b)y'(x) + aby(x) = 0, \ a, b \in \mathbb{R}, \tag{1.515}$$

encuentre, si es posible, valores de los parámetros para que exista alguna solución que verifique las siguientes condiciones:

a) $y(0) = 0, \ y'(0) = 0, \ \lim_{x \to \infty} y(x) = \infty.$

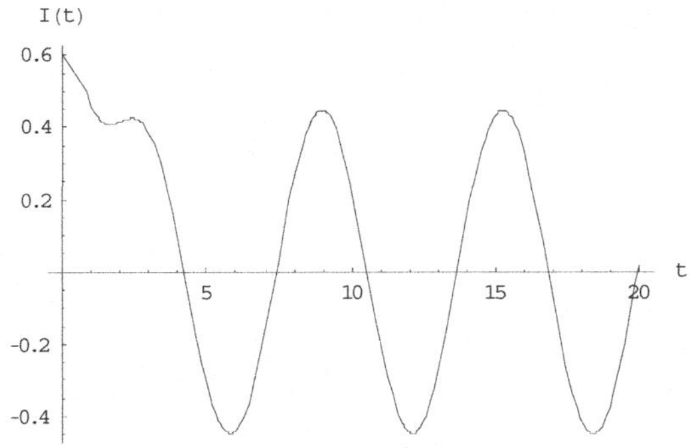

Figura 1.10: Solución del Ejercicio 1.41 con $A = B = 1$.

b) $y(0) = 0,\ y(x) \not\equiv 0,\ \lim_{x\to\infty} y(x) = 0.$

c) $y(0) = 0,\ \lim_{x\to\infty} y(x) = \infty.$

Solución.
El polinomio característico asociado a la ecuación diferencial es

$$\chi(r) = r^2 - (a+b)r + ab, \tag{1.516}$$

que tiene raíces a y b. La solución general de la ecuación diferencial es entonces, según el caso,

$$\begin{cases} a \neq b & \Rightarrow y(x) = Ae^{ax} + Be^{bx}, \\ a = b & \Rightarrow y(x) = (C + Dx)e^{ax}. \end{cases} \tag{1.517}$$

a) Si imponemos las condiciones $y(0) = 0$ e $y'(0) = 0$ al primer caso, $a \neq b$, tenemos que

$$A + B = 0,\ aA + bB = 0, \tag{1.518}$$

que conducen a que $A = B = 0$, y por tanto, tenemos la solución nula, que no verifica que $\lim_{x\to\infty} y(x) = \infty$. En el segundo caso, $a = b$, las condiciones iniciales conducen a

$$C = 0,\ D = 0, \tag{1.519}$$

y llegamos a la misma conclusión. En definitiva, no existen valores de a y b para los que exista alguna solución de la ecuación diferencial verificando las condiciones requeridas.

b) En esta ocasión, la primera condición es que $y(0) = 0$, con lo que concluimos, según el caso, que

$$\begin{cases} a \neq b \Rightarrow B = -A & \Rightarrow y(x) = A(e^{ax} - e^{bx}), \\ \\ a = b \Rightarrow C = 0 & \Rightarrow y(x) = Dxe^{ax}. \end{cases} \tag{1.520}$$

Para conseguir que $\lim_{x \to \infty} y(x) = 0$, tenemos que exigir que tanto a como b sean negativos, y como no podemos contemplar la solución nula, tenemos que $A \neq 0$ y $D \neq 0$.

c) Por último, a la vista de nuestro análisis previo, si a o b son positivos, y $A \neq 0$ o $D \neq 0$, con el signo necesario según el caso, conseguimos tener que $\lim_{x \to \infty} y(x) = \infty$. ∎

Ejercicio 1.43 *Dada la ecuación diferencial* $y''' = y'$, *se tiene entonces que*

a) No existe $f(x)$, *solución de la ecuación diferencial, tal que* $\lim_{x \to \infty} f(x) = \infty$.

b) No existe $f(x)$, *solución de la ecuación diferencial, tal que* $\lim_{x \to \infty} f(x) = 0$.

c) No existe $f(x)$, *solución de la ecuación diferencial, tal que* $\lim_{x \to \infty} f(x) = \pi$.

d) Si $f(x)$ *es solución de la ecuación diferencial, siempre existe* $\lim_{x \to \infty} f(x)$.

Solución.

El polinomio característico es

$$\chi(r) = r^3 - r, \tag{1.521}$$

que tiene por raíces 0 y ± 1. La solución general es entonces

$$y(x) = A + Be^{x} + Ce^{-x}. \tag{1.522}$$

Si $A = C = 0$ y $B > 0$, tenemos una solución para la que $\lim_{x \to \infty} f(x) = \infty$. Si $A = B = C = 0$, encontramos la solución nula que verifica $\lim_{x \to \infty} f(x) = 0$. Por otro lado, si $A = \pi$ y $B = C = 0$, tenemos la solución $y(x) = \pi$, para la que desde luego $\lim_{x \to \infty} f(x) = \pi$. Por eliminación tenemos que la respuesta correcta es la *d*). No obstante, es evidente que siempre existe el límite $\lim_{x \to \infty} f(x)$ para cualquier solución, en la recta ampliada ya que $\lim_{x \to \infty} f(x) = \infty$ si $B \neq 0$, a la vista de la expresión de la solución general. ∎

Ejercicio 1.44 *La diferencia entre dos soluciones de una ecuación diferencial lineal es siempre*

a) π.

b) Una constante.

c) Cero.

d) Una solución de la ecuación diferencial homogénea asociada.

Solución.

La diferencia entre dos soluciones de una ecuación diferencial lineal es siempre una solución de la ecuación diferencial homogénea asociada y, por tanto, la respuesta correcta es la *d*). No tenemos más que escribir la ecuación diferencial en la forma $L(D)[y] = f$ y suponer que tenemos dos soluciones y_1 e y_2 de tal modo que $L(D)[y_1] = f$ y $L(D)[y_2] = f$. Tenemos, gracias al carácter lineal de la ecuación diferencial, que $L(D)[y_1 - y_2] = L(D)[y_1] - L(D)[y_2] = f - f = 0$.

De este modo, si la solución general de una ecuación diferencial lineal es $y = y_h + y_p$, con y_h solución general de la ecuación diferencial homogénea asociada e y_p solución particular, entonces la solución particular y_p es única salvo una solución de la ecuación diferencial homogénea asociada. ■

Ejercicio 1.45 *En coordenadas polares* (r, θ), *la ecuación de una cónica viene dada por*

$$r = \frac{p}{1 + \epsilon \cos\theta}, \tag{1.523}$$

con p *un parámetro y donde* ϵ *es la excentricidad, teniéndose que si* $\epsilon < 1$ *se trata de una elipse, si* $\epsilon = 1$ *una parábola y si* $\epsilon > 1$ *una hipérbola.*

La ecuación diferencial que describe la trayectoria de una partícula en un campo de fuerza central es ($u = u(\theta)$)

$$\frac{d^2u}{d\theta^2} + u = -\frac{f(1/u)}{m\delta^2 u^2}, \tag{1.524}$$

donde $r = 1/u$ *es la posición,* m *la masa,* δ *una constante y* f *el campo de fuerza.*

1. *Demuestre que si* $f(r) = -k/r^2$, *ley de atracción gravitacional, entonces la trayectoria de la partícula es una cónica. Indicación: demuestre y utilice la igualdad*

$$A\cos\theta + B\,\mathrm{sen}\,\theta = C\cos(\theta - \alpha), \tag{1.525}$$

tomando a continuación $\alpha = 0$.

2. Demuestre que la excentricidad es

$$\epsilon = \sqrt{1 + \frac{2Em\delta^2}{k^2}} \tag{1.526}$$

con la ayuda de la ecuación diferencial conservación de la energía

$$\left(\frac{du}{d\theta}\right)^2 + u^2 = 2\frac{E - V(u)}{m\delta^2}, \tag{1.527}$$

donde E es la energía total mecánica y V el potencial.

Solución.

1. Tenemos que $f(1/u) = -ku^2$, y la ecuación diferencial que describe la trayectoria (1.524) queda

$$\frac{d^2u}{d\theta^2} + u = \frac{k}{m\delta^2}. \tag{1.528}$$

La ecuación característica asociada a esta ecuación diferencial es

$$\chi(\lambda) = \lambda^2 + 1 = 0, \tag{1.529}$$

cuyas raíces son $\pm i$. De este modo, la solución general de la ecuación diferencial homogénea asociada es

$$u_h = A\cos\theta + B\operatorname{sen}\theta. \tag{1.530}$$

Claramente $\dfrac{k}{m\delta^2}$ es una solución particular y por tanto la solución general es

$$u = A\cos\theta + B\operatorname{sen}\theta + \frac{k}{m\delta^2}. \tag{1.531}$$

Simplifiquemos esta expresión. Para ello utilizaremos la igualdad trigonométrica

$$\cos(a - b) = \cos a\cos b + \operatorname{sen} a\operatorname{sen} b. \tag{1.532}$$

Se tiene entonces

$$\begin{aligned} A\cos\theta + B\operatorname{sen}\theta &= \sqrt{A^2+B^2}\Big(\overbrace{\frac{A}{\sqrt{A^2+B^2}}}^{\cos\alpha}\cos\theta + \overbrace{\frac{B}{\sqrt{A^2+B^2}}}^{\operatorname{sen}\alpha}\operatorname{sen}\theta\Big) = \\ &= \sqrt{A^2+B^2}\cos(\theta-\alpha) = C\cos(\theta-\alpha). \end{aligned} \tag{1.533}$$

La solución queda

$$u = C\cos(\theta - \alpha) + \frac{k}{m\delta^2}, \tag{1.534}$$

donde se puede tomar $\alpha = 0$ redefiniendo el sistema de referencia para tener

$$\frac{1}{r} = C\cos\theta + \frac{k}{m\delta^2}, \tag{1.535}$$

y así

$$r = \frac{\dfrac{m\delta^2}{k}}{1 + \dfrac{Cm\delta^2}{k}\cos\theta}, \tag{1.536}$$

donde

$$p = \frac{m\delta^2}{k} \quad \text{y} \quad \epsilon = \frac{Cm\delta^2}{k}. \tag{1.537}$$

2. Determinamos el potencial que aparece en la ecuación (1.527) fácilmente mediante

$$V(u) = -\int f(r)dr = k\int \frac{1}{r^2}dr = -\frac{k}{r} = -ku. \tag{1.538}$$

Sustituimos ahora en dicha ecuación que se convierte en

$$\left(\frac{du}{d\theta}\right)^2 + u^2 = 2\frac{E + ku}{m\delta^2}. \tag{1.539}$$

Como

$$u = C\cos\theta + \frac{k}{m\delta^2}, \tag{1.540}$$

tenemos

$$\begin{aligned}(-C\operatorname{sen}\theta)^2 + \left(C\cos\theta + \frac{k}{m\delta^2}\right)^2 &= \frac{2E}{m\delta^2} + \frac{2k}{m\delta^2}\left(C\cos\theta + \frac{k}{m\delta^2}\right) \Rightarrow \\ C^2\operatorname{sen}^2\theta + C^2\cos^2\theta + \frac{k^2}{m^2\delta^4} + 2C\cos\theta\frac{k}{m\delta^2} &= \\ &= \frac{2E}{m\delta^2} + \frac{2k}{m\delta^2}C\cos\theta + \frac{2k^2}{m^2\delta^4},\end{aligned} \tag{1.541}$$

que después de simplificar conduce a[7]

$$C^2 = \frac{2E}{m\delta^2} + \frac{k^2}{m^2\delta^4} \Rightarrow C = \sqrt{\frac{2E}{m\delta^2} + \frac{k^2}{m^2\delta^4}}. \tag{1.542}$$

A partir de este resultado y de la ecuación (1.536) tenemos que la excentricidad es

$$\epsilon = \frac{Cm\delta^2}{k} = \frac{m\delta^2}{k}\sqrt{\frac{2E}{m\delta^2} + \frac{k^2}{m^2\delta^4}} = \sqrt{1 + \frac{2Em\delta^2}{k^2}}. \tag{1.543}$$

∎

[7]Ya que $C > 0$ por (1.533).

Ejercicio 1.46 *La ecuación diferencial de la curva que describe un cable colgante fijo por sus dos extremos (catenaria, Figura 1.11) es*

$$\frac{d^2y}{dx^2} = \frac{\rho g}{T_0}\sqrt{1+\left(\frac{dy}{dx}\right)^2}, \tag{1.544}$$

donde $\rho > 0$ es la densidad del cable, g gravedad y $T_0 > 0$ la tensión en el punto más bajo.

1. *Resuelva esta ecuación diferencial, con las condiciones iniciales $y(0) = y(a) = 0$, $a > 0$, probando así que su solución es*

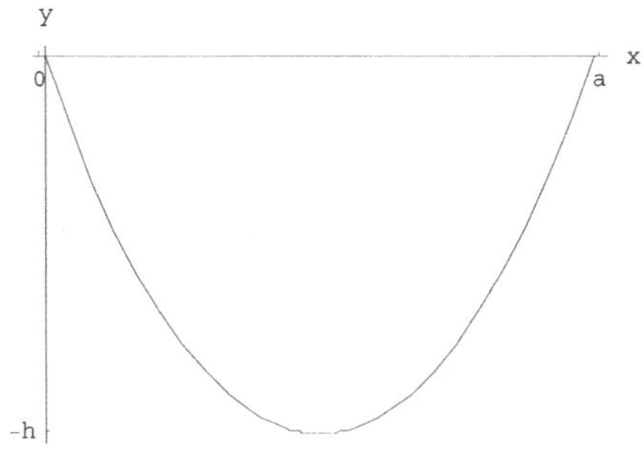

Figura 1.11: Catenaria.

$$y(x) = \frac{T_0}{\rho g}\cosh\left(\frac{\rho g}{T_0}x - \frac{\rho g a}{2T_0}\right) - \frac{T_0}{\rho g}\cosh\left(\frac{\rho g a}{2T_0}\right) \tag{1.545}$$

Ayuda: podrá ser útil recordar que

$$\cosh x = \frac{e^x + e^{-x}}{2}, \ \operatorname{senh} x = \frac{e^x - e^{-x}}{2}, \ \int \frac{1}{\sqrt{1+x^2}}dx = \operatorname{arcsenh} x, \tag{1.546}$$

y que

$$\cosh y = \cosh z \Rightarrow y = \pm z. \tag{1.547}$$

2. *Demuestre que la longitud de la curva (del cable) viene dada por*

$$L = \frac{1}{k}\operatorname{senh}(ka), \ k = \frac{\rho g}{2T_0}. \tag{1.548}$$

Resolviendo numéricamente esta ecuación trascendente, se podría determinar la constante T_0 conocida la longitud del cable L, y el valor de a, a veces llamado vano. *Ayuda: podrá ser útil recordar que*

$$1 + \operatorname{senh}^2 x = \cosh^2 x, \ (\operatorname{senh} x)' = \cosh x, \ (\cosh x)' = \operatorname{senh} x. \tag{1.549}$$

3. Demuestre que el punto más bajo de la curva (del cable) es

$$h = \frac{1}{2k}(\cosh(ka) - 1), \; k = \frac{\rho g}{2T_0}, \tag{1.550}$$

a veces llamado flecha. *Resolviendo numéricamente esta ecuación trascendente, se podría determinar también la constante T_0, conocido el valor de h.*

Solución.

1. Hacemos el cambio de variable

$$p := \frac{dy}{dx} \tag{1.551}$$

y así, la ecuación diferencial de segundo orden se convierte en la ecuación diferencial de primer orden

$$p' = \frac{\rho g}{T_0}\sqrt{1+p^2}. \tag{1.552}$$

Separamos variables e integramos para tener

$$\int \frac{dp}{\sqrt{1+p^2}} = \int \frac{\rho g}{T_0} dx \Rightarrow \operatorname{arcsenh} p = \frac{\rho g}{T_0}x + C_1 \Rightarrow$$
$$p = \operatorname{senh}\left(\frac{\rho g}{T_0}x + C_1\right) \Rightarrow y(x) = \frac{T_0}{\rho g}\cosh\left(\frac{\rho g}{T_0}x + C_1\right) + C_2. \tag{1.553}$$

Las condiciones iniciales $y(0) = y(a) = 0$ conducen al sistema

$$\frac{T_0}{\rho g}\cosh C_1 + C_2 = 0,$$
$$\frac{T_0}{\rho g}\cosh\left(\frac{\rho g a}{T_0} + C_1\right) + C_2 = 0. \tag{1.554}$$

Si restamos estas ecuaciones tenemos

$$\frac{T_0}{\rho g}\left[\cosh C_1 - \cosh\left(\frac{\rho g a}{T_0} + C_1\right)\right] = 0, \tag{1.555}$$

es decir,

$$\cosh C_1 = \cosh\left(\frac{\rho g a}{T_0} + C_1\right). \tag{1.556}$$

Usando (1.547) se tiene

$$C_1 = \pm\left(\frac{\rho g a}{T_0} + C_1\right). \tag{1.557}$$

El signo + conduce a una contradicción, y por tanto

$$C_1 = -\left(\frac{\rho g a}{T_0} + C_1\right) \Rightarrow 2C_1 = -\frac{\rho g a}{T_0} \Rightarrow C_1 = -\frac{\rho g a}{2T_0}, \tag{1.558}$$

mientras que

$$C_2 = -\frac{T_0}{\rho g}\cosh C_1 = -\frac{T_0}{\rho g}\cosh\left(-\frac{\rho g a}{2T_0}\right). \tag{1.559}$$

Sustituyendo estas constantes en la solución obtenida para $y(x)$ tenemos

$$y(x) = \frac{T_0}{\rho g}\cosh\left(\frac{\rho g}{T_0}x - \frac{\rho g a}{2T_0}\right) - \frac{T_0}{\rho g}\cosh\left(\frac{\rho g a}{2T_0}\right). \tag{1.560}$$

Podemos simplificar esta expresión definiendo $\omega := \dfrac{\rho g}{T_0}$ para tener así

$$y(x) = \frac{1}{\omega}\left(\cosh\left(\omega\left(x - a/2\right)\right) - \cosh\left(\omega a/2\right)\right). \tag{1.561}$$

2. Como

$$y'(x) = \operatorname{senh}\left(\omega\left(x - a/2\right)\right), \tag{1.562}$$

la longitud de la curva es

$$\begin{aligned} L = \int_0^a \sqrt{1 + y'(x)^2}\,dx = \int_0^a \sqrt{1 + \operatorname{senh}^2(\omega(x - a/2))}\,dx = \\ = \int_0^a \cosh(\omega(x - a/2))dx = \frac{1}{\omega}\operatorname{senh}(\omega(x - a/2))\Big]_0^a = \\ = \frac{1}{\omega}\Big(\operatorname{senh}(\omega a/2) - \operatorname{senh}(-\omega a/2)\Big) = \frac{2}{\omega}\operatorname{senh}(\omega a/2), \end{aligned} \tag{1.563}$$

que como $\omega = 2k$, conduce a

$$L = \frac{1}{k}\operatorname{senh}(ak),\ k = \frac{\rho g}{2T_0}. \tag{1.564}$$

3. Igualando a cero la derivada (1.562) tenemos que $\omega(x - a/2) = 0$ y así $x = a/2$. Confirmamos que se trata de un mínimo ya que

$$y''(x)\Big|_{x=a/2} = \omega\cosh(\omega(x - a/2))\Big|_{x=a/2} = \omega = \frac{\rho g}{T_0} > 0, \tag{1.565}$$

y entonces

$$y(a/2) = \frac{1}{\omega}(1 - \cosh(\omega a/2)) = -h, \tag{1.566}$$

es decir,

$$h = \frac{1}{2k}(\cosh(ka) - 1),\ k = \frac{\rho g}{2T_0}. \tag{1.567}$$

■

Ejercicio 1.47 *Aplicando las leyes de Kirchoff a un circuito LCR con generador se obtiene, prescindiendo de las condiciones iniciales, la ecuación diferencial*

$$L\frac{dI(t)}{dt} + I(t)R + \frac{1}{C}Q(t) = E_0 \operatorname{sen}(\omega t), \tag{1.568}$$

donde E_0 es la tensión máxima aplicada, ω es la frecuencia angular, L la autoinducción de la bobina, C la capacidad del condensador, R la resistencia, $Q(t)$ la carga del condensador e $I(t) = \dfrac{dQ(t)}{dt}$ la intensidad de la corriente.

1. *Construya la ecuación diferencial de segundo orden para $Q(t)$.*

2. *Demuestre que la solución de esta ecuación diferencial es de la forma (suma de una parte transitoria y otra estacionaria)*

$$Q(t) = Q_{tr}(t) + Q_{es}(t), \tag{1.569}$$

teniéndose que $\lim_{t\to\infty} Q_{tr}(t) = 0$ y

$$Q_{es}(t) = -\frac{E_0}{\omega Z}\cos(\omega t - \phi) \tag{1.570}$$

donde Z, la impedancia, y el ángulo ϕ vienen dados, introduciendo la capacitancia $X_C = \dfrac{1}{\omega C}$ y la inductancia $X_L = \omega L$, por las igualdades

$$Z = \sqrt{R^2 + (X_L - X_C)^2}, \quad \tan\phi = \frac{X_L - X_C}{R}. \tag{1.571}$$

Ayuda: demuestre y utilice la igualdad

$$A\operatorname{sen}(\omega t) + B\cos(\omega t) = -C\cos(\omega t - \phi), \tag{1.572}$$

determinando C y ϕ en función de A y B.

3. *Justifique que entonces*

$$I_{es}(t) = \frac{E_0}{Z}\operatorname{sen}(\omega t - \phi). \tag{1.573}$$

Solución.

1. Como $I(t) = \dfrac{dQ(t)}{dt}$ tenemos que la ecuación diferencial de segundo orden para $Q(t)$ es

$$L\frac{d^2Q(t)}{dt^2} + R\frac{dQ(t)}{dt} + \frac{1}{C}Q(t) = E_0 \operatorname{sen}(\omega t). \tag{1.574}$$

2. Veamos, en primer lugar, que la solución transitoria no es sino la solución general de la ecuación diferencial homogénea asociada. La ecuación característica de dicha ecuación diferencial es

$$\chi(r) = Lr^2 + Rr + \frac{1}{C} = 0. \tag{1.575}$$

Razonaremos según las raíces de esta ecuación. El discriminante es

$$\Delta = R^2 - \frac{4L}{C}, \tag{1.576}$$

de modo que

i. Si $\Delta < 0$, las raíces son $-\frac{R}{2L} \pm \frac{\sqrt{4L/C - R^2}}{2L}i$. Como la parte real de estas dos raíces complejas conjugadas es $-\frac{R}{2L} < 0$, la solución general sería

$$Q_h(t) = e^{-\frac{R}{2L}t}\left(K_1 \cos\left(\frac{\sqrt{4L/C - R^2}}{2L}t\right) + K_2 \operatorname{sen}\left(\frac{\sqrt{4L/C - R^2}}{2L}t\right)\right), \tag{1.577}$$

tendiendo, por tanto, a cero cuando $t \to \infty$.

ii. Si $\Delta = 0$ tenemos la raíz doble $-\frac{R}{2L}$ y la solución general sería

$$Q_h(t) = K_1 e^{-\frac{R}{2L}t} + K_2 t e^{-\frac{R}{2L}t}, \tag{1.578}$$

que también tiende a cero cuando el tiempo aumenta.

iii. Por último, si $\Delta > 0$ tenemos las raíces reales $-\frac{R}{2L} \pm \frac{\sqrt{R^2 - 4L/C}}{2L}$. La solución general es en este caso

$$Q_h(t) = K_1 e^{\left(-\frac{R}{2L} + \frac{\sqrt{R^2 - 4L/C}}{2L}\right)t} + K_2 e^{\left(-\frac{R}{2L} - \frac{\sqrt{R^2 - 4L/C}}{2L}\right)t}. \tag{1.579}$$

El segundo término de esta solución tiende claramente a cero cuando t tiende a infinito por tener exponente negativo la exponencial. Así mismo, como $R^2 - 4L/C < R^2$, tenemos que $\sqrt{R^2 - 4L/C} < R$ y así el exponente de la primera exponencial también es negativo y también tiende a cero cuando t tiende a infinito.

En definitiva, en cualquier caso, la solución general de la parte homogénea tiende a cero cuando t tiende a infinito. A esta solución la llamaremos solución transitoria por este motivo, denotada por $Q_{tr}(t)$. Como la solución general de la ecuación diferencial es suma de la solución general de la homogénea (solución transitoria) y una solución particular, sólo resta determinar ésta, a la que llamaremos solución estacionaria. Como el término no homogéneo es un seno, buscamos entonces una solución particular de la forma

$$Q_p(t) = A\,\mathrm{sen}(\omega t) + B\cos(\omega t). \tag{1.580}$$

Las derivadas primera y segunda son

$$Q_p'(t) = \omega A\cos(\omega t) - \omega B\,\mathrm{sen}(\omega t),\ Q_p''(t) = -\omega^2 A\,\mathrm{sen}(\omega t) - \omega^2 B\cos(\omega t). \tag{1.581}$$

Sustituimos en la ecuación completa (1.574) para tener

$$L(-\omega^2 A\,\mathrm{sen}(\omega t) - \omega^2 B\cos(\omega t)) + R(\omega A\cos(\omega t) - \omega B\,\mathrm{sen}(\omega t)) + \\ +\frac{1}{C}(A\,\mathrm{sen}(\omega t) + B\cos(\omega t)) = E_0\,\mathrm{sen}(\omega t). \tag{1.582}$$

Igualamos coeficientes y así

$$-\omega^2 AL - \omega BR + \frac{1}{C}A = E_0, \tag{1.583}$$

$$-\omega^2 BL + \omega AR + \frac{1}{C}B = 0, \tag{1.584}$$

es decir,

$$(1/C - \omega^2 L)A - \omega RB = E_0, \tag{1.585}$$

$$\omega RA + (1/C - \omega^2 L)B = 0. \tag{1.586}$$

Si multiplicamos la primera ecuación por ωR, la segunda por $(1/C - \omega^2 L)$ y las restamos tenemos

$$\Big(- \omega^2 R^2 - (1/C - \omega^2 L)^2\Big)B = E_0\omega R \Rightarrow B = \frac{-E_0\omega R}{\omega^2 R^2 + (1/C - \omega^2 L)^2}, \tag{1.587}$$

así como

$$A = \frac{-(1/C - \omega^2 L)B}{\omega R} = \frac{E_0(1/C - \omega^2 L)}{\omega^2 R^2 + (1/C - \omega^2 L)^2}. \tag{1.588}$$

Antes de sustituir estos valores demostremos que

$$A\,\mathrm{sen}(\omega t) + B\cos(\omega t) = -C\cos(\omega t - \phi). \tag{1.589}$$

Para ello usaremos que

$$\cos(a-b) = \cos a \cos b + \operatorname{sen} a \operatorname{sen} b. \tag{1.590}$$

De este modo

$$\begin{aligned} A \operatorname{sen}(\omega t) + B\cos(\omega t) &= \\ = \underbrace{-\sqrt{A^2+B^2}}_{-C} \left(\underbrace{\frac{A}{-\sqrt{A^2+B^2}}}_{\operatorname{sen}\phi} \operatorname{sen}(\omega t) + \underbrace{\frac{B}{-\sqrt{A^2+B^2}}}_{\cos\phi} \cos(\omega t) \right) &= \\ = -C\cos(\omega t - \phi). \end{aligned} \tag{1.591}$$

Determinemos C y $\tan\phi$. En primer lugar

$$\begin{aligned} C = \sqrt{A^2+B^2} = \frac{\sqrt{E_0^2(1/C-\omega^2 L)^2 + E_0^2 R^2\omega^2}}{\omega^2 R^2 + (1/C-\omega^2 L)^2} &= \\ = \frac{E_0}{\sqrt{\omega^2 R^2 + (1/C-\omega^2 L)^2}} = \frac{E_0/\omega}{\sqrt{R^2+(1/(\omega C)-\omega L)^2}} &= \\ = \frac{E_0/\omega}{\sqrt{R^2+(X_L-X_C)^2}} = \frac{E_0}{\omega Z}&, \end{aligned} \tag{1.592}$$

y por otro lado

$$\begin{aligned} \tan\phi = \frac{A}{B} = \frac{E_0(1/C-\omega^2 L)}{\omega^2 R^2 + (1/C-\omega^2 L)^2} : \frac{-E_0\omega R}{\omega^2 R^2 + (1/C-\omega^2 L)^2} &= \\ = \frac{1/C-\omega^2 L}{-\omega R} = \frac{\omega^2 L - 1/C}{\omega R} = \frac{\omega L - 1/(\omega C)}{R} = \frac{X_L - X_C}{R}&. \end{aligned} \tag{1.593}$$

Por tanto

$$Q_{es}(t) = Q_p(t) = -\frac{E_0}{\omega Z}\cos(\omega t - \phi), \ \tan\phi = \frac{X_L - X_C}{R}, \tag{1.594}$$

luego

$$Q(t) = Q_{tr}(t) + Q_{es}(t). \tag{1.595}$$

3. Trivialmente tenemos[8] que

$$I_{es}(t) = \frac{dQ_{es}(t)}{dt} = \frac{E_0}{Z}\operatorname{sen}(\omega t - \phi). \tag{1.596}$$

■

[8] El lector puede confirmar que la derivada de la parte estacionaria de $Q(t)$ conduce a una parte estacionaria de $I(t)$.

Ejercicio 1.48 *En la teoría de semiconductores aparece la ecuación diferencial*

$$\frac{d^2\phi}{dz^2} = e^{\phi} - 1, \tag{1.597}$$

para cierta distribución de potencial.

1. *Resuelva esta ecuación diferencial bajo la hipótesis* $0 < \phi << 1$, *es decir,* $\phi \sim 0$, $\phi > 0$.

2. *Resuelva esta ecuación diferencial bajo la hipótesis* $\phi \to -\infty$.

Solución.
1. Como $0 < \phi << 1$ podemos utilizar el infinitésimo

$$e^z - 1 \sim z, \ z \sim 0 \tag{1.598}$$

de modo que la ecuación diferencial se convierte en

$$\frac{d^2\phi}{dz^2} = \phi, \ 0 < \phi << 1. \tag{1.599}$$

Como las raíces de la ecuación característica son ± 1, tenemos la solución general

$$\phi(z) = Ae^z + Be^{-z}. \tag{1.600}$$

2. En este caso, aproximamos $e^{\phi} \sim 0$ ya que $\phi \to -\infty$. La ecuación diferencial queda así

$$\frac{d^2\phi}{dz^2} = -1, \ \phi \to -\infty. \tag{1.601}$$

Sólo tenemos que integrar dos veces para tener

$$\phi(z) = -\frac{z^2}{2} + C_1 z + C_2. \tag{1.602}$$

■

Ejercicio 1.49 *En el marco de la teoría de semiconductores, demuestre que la solución del problema de contorno*

$$\frac{d^2\delta(x)}{dx^2} = \frac{\delta(x)}{L_e^2}, \ \delta(0) = \delta_a, \ \delta(w) = 0, \ \omega > 0, \tag{1.603}$$

donde L_e *es la llamada longitud de difusión para los electrones minoritarios, es*

$$\delta(x) = \delta_a \left(\cosh \frac{x}{L_e} - \coth \frac{w}{L_e} \operatorname{senh} \frac{x}{L_e} \right), \tag{1.604}$$

para la densidad en exceso en la base, en el caso de una polarización directa estacionaria.

Solución.
La ecuación característica es

$$\chi(r) = r^2 - \frac{1}{L_e^2} = 0. \tag{1.605}$$

Como las raíces son $r = \pm\frac{1}{L_e}$, la solución general es

$$\delta(x) = Ae^{x/L_e} + Be^{-x/L_e}. \tag{1.606}$$

Imponemos las condiciones de contorno $\delta(0) = \delta_a$ y $\delta(\omega) = 0$ para tener el sistema

$$\begin{aligned} A + B &= \delta_a, \\ Ae^{\omega/L_e} + Be^{-\omega/L_e} &= 0. \end{aligned} \tag{1.607}$$

Multiplicamos la segunda ecuación por e^{ω/L_e} para tener

$$\begin{aligned} A + B &= \delta_a, \\ Ae^{2\omega/L_e} + B &= 0. \end{aligned} \tag{1.608}$$

Si restamos estas ecuaciones podemos determinar la constante A y a continuación B

$$A = \frac{\delta_a}{1 - e^{2\omega/L_e}}, \quad B = \delta_a - A = \delta_a\left(1 - \frac{1}{1 - e^{2\omega L_e}}\right) = \delta_a\frac{-e^{2\omega/L_e}}{1 - e^{2\omega/L_e}}. \tag{1.609}$$

La solución del problema de contorno es de este modo

$$\delta(x) = \delta_a\left(\frac{1}{1 - e^{2\omega/L_e}}e^{x/L_e} - \frac{e^{2\omega/L_e}}{1 - e^{2\omega/L_e}}e^{-x/L_e}\right). \tag{1.610}$$

A continuación, manipularemos algebraicamente esta expresión para conseguir la que pide el enunciado. En primer lugar, tenemos

$$\begin{aligned} \frac{1}{1 - e^{2\omega/L_e}}e^{x/L_e} &= \frac{e^{x/L_e}}{2}\left(\frac{\left(1 - e^{2\omega/L_e}\right) + \left(1 + e^{2\omega/L_e}\right)}{1 - e^{2\omega/L_e}}\right) = \\ &= \frac{e^{x/L_e}}{2} + \frac{e^{x/L_e}}{2}\frac{1 + e^{2\omega/L_e}}{1 - e^{2\omega/L_e}}, \end{aligned} \tag{1.611}$$

y en segundo

$$\begin{aligned} \frac{-e^{2\omega/L_e}}{1 - e^{2\omega/L_e}}e^{-x/L_e} &= \frac{e^{-x/L_e}}{2}\left(\frac{\left(1 - e^{2\omega/L_e}\right) - \left(1 + e^{2\omega/L_e}\right)}{1 - e^{2\omega/L_e}}\right) = \\ &= \frac{e^{-x/L_e}}{2} - \frac{e^{-x/L_e}}{2}\frac{1 + e^{2\omega/L_e}}{1 - e^{2\omega/L_e}}. \end{aligned} \tag{1.612}$$

De este modo

$$\delta(x) = \delta_a \left(\frac{e^{x/L_e}}{2} + \frac{e^{-x/L_e}}{2} + \frac{e^{x/L_e}}{2} \frac{1+e^{2\omega/L_e}}{1-e^{2\omega/L_e}} - \frac{e^{-x/L_e}}{2} \frac{1+e^{2\omega/L_e}}{1-e^{2\omega/L_e}} \right) =$$
$$= \delta_a \left(\cosh \frac{x}{L_e} + \frac{1+e^{2\omega/L_e}}{1-e^{2\omega/L_e}} \operatorname{senh} \frac{x}{L_e} \right) =$$
$$= \delta_a \left(\cosh \frac{x}{L_e} + \frac{e^{-\omega/L_e}+e^{\omega/L_e}}{e^{-\omega/L_e}-e^{\omega/L_e}} \operatorname{senh} \frac{x}{L_e} \right) =$$
$$= \delta_a \left(\cosh \frac{x}{L_e} - \coth \frac{w}{L_e} \operatorname{senh} \frac{x}{L_e} \right), \quad (1.613)$$

tal y como pedía el enunciado. ∎

Ejercicio 1.50 *Escribamos*[9] *una EDO lineal de coeficientes constantes de la forma*

$$L(D)[y(x)] = f(x), \quad L(D) := \sum_{i=0}^{n} a_i D^i, \quad (1.614)$$

y denotemos por $\chi(\lambda)$ el polinomio característico asociado.

1. *Demuestre la igualdad*

$$L(D)[e^{rx}] = e^{rx}\chi(r). \quad (1.615)$$

De este modo, si $\chi(r) \neq 0$, una solución particular de (1.614) con $f(x) = ke^{rx}$ es

$$y_p(x) = \frac{k}{\chi(r)} e^{rx}. \quad (1.616)$$

Utilice este resultado para determinar una solución particular de la ecuación diferencial

$$y''(x) + 4y(x) = e^{2x} \quad (1.617)$$

que complete la solución general de la ecuación diferencial homogénea asociada. Resuelva de igual modo las ecuaciones diferenciales

$$y^{iv)}(x) - y(x) = 3\cos(2x), \quad y''(x) + 9y(x) = \operatorname{sen} x - 2\cos x, \quad (1.618)$$

trabajando en el cuerpo $\mathbb{C}$.

[9]El método que aquí se presenta es conocido en ocasiones como método operacional, presentado en la teoría.

2. *Demuestre la igualdad*

$$L(D)[g(x)e^{rx}] = e^{rx}L(D + rI)[g(x)]. \tag{1.619}$$

Utilice este resultado para encontrar una solución particular de la ecuación diferencial

$$y''(x) - 4y'(x) + 4y(x) = 6x^2e^{2x}, \tag{1.620}$$

que junto con la solución general de la ecuación homogénea asociada la resuelva.

Solución.

El lector puede comparar la técnica que aquí se presenta con la usada (para las mismas ecuaciones diferenciales) en los ejercicios 1.34 y 1.36.

1. Sólo hay que observar que

$$L(D)[e^{rx}] = \sum_{i=0}^{n} a_iD^i[e^{rx}] = \sum_{i=0}^{n} a_ir^ie^{rx} = e^{rx}\sum_{i=0}^{n} a_ir^i = e^{rx}\chi(r). \tag{1.621}$$

Tenemos así una forma más sencilla de determinar soluciones particulares. Para la ecuación diferencial

$$y''(x) + 4y(x) = e^{2x}, \tag{1.622}$$

como

$$\chi(\lambda)|_{\lambda=2} = \lambda^2 + 4|_{\lambda=2} = 8 \neq 0, \tag{1.623}$$

una solución particular es simplemente

$$y_p(x) = \frac{1}{\chi(2)}e^{2x} = \frac{1}{8}e^{2x}. \tag{1.624}$$

Veamos cómo usar este método con la ecuación

$$y^{iv)}(x) - y(x) = 3\cos(2x). \tag{1.625}$$

Trabajemos en el cuerpo complejo, reemplazando esta ecuación diferencial por

$$z^{iv)}(x) - z(x) = 3e^{2xi}, \tag{1.626}$$

teniendo presente que, gracias a la fórmula de Euler $e^{a+bi} = e^a(\cos b + i \operatorname{sen} b)$, ([5, pág. 16]), la parte real de $3e^{2xi}$ es el término independiente de la ecuación diferencial original. De este modo, resolveremos la ecuación diferencial en el cuerpo complejo y tomaremos la parte real que será la solución de nuestra ecuación inicial. Como

$$\chi(\lambda)|_{\lambda=2i} = \lambda^4 - 1|_{\lambda=2i} = (2i)^4 - 1 = 15 \neq 0, \tag{1.627}$$

una solución particular es

$$z_p(x) = \frac{3}{\chi(2i)}e^{2ix} = \frac{3}{15}e^{2ix} = \frac{1}{5}(\cos(2x) + i\,\mathrm{sen}(2x)). \qquad (1.628)$$

La solución particular buscada de la ecuación diferencial (1.625) es así

$$y_p(x) = \mathrm{Re}(z_p(x)) = \frac{1}{5}\cos(2x). \qquad (1.629)$$

Reemplazamos la ecuación diferencial

$$y''(x) + 9y(x) = \mathrm{sen}\,x - 2\cos x \qquad (1.630)$$

por dos en el cuerpo complejo, a saber

$$z''(x) + 9z(x) = e^{ix}, \quad u''(x) + 9u(x) = -2e^{ix}, \qquad (1.631)$$

con $\mathrm{Im}(e^{ix}) + \mathrm{Re}(-2e^{ix}) = \mathrm{sen}\,x - 2\cos x$. Como $\chi(\lambda) = \lambda^2 + 9$, las soluciones particulares de cada una de ellas son

$$z_p(x) = \frac{1}{\chi(i)}e^{ix} = \frac{1}{8}(\cos x + i\,\mathrm{sen}\,x), \qquad (1.632)$$

$$u_p(x) = \frac{-2}{\chi(i)}e^{ix} = -\frac{1}{4}(\cos x + i\,\mathrm{sen}\,x), \qquad (1.633)$$

de modo que finalmente

$$y_p(x) = \mathrm{Im}(z_p(x)) + \mathrm{Re}(u_p(x)) = \frac{1}{8}\,\mathrm{sen}\,x - \frac{1}{4}\cos x. \qquad (1.634)$$

2. En primer lugar, usaremos el Principio de Inducción para demostrar la igualdad

$$D^n[g(x)e^{rx}] = e^{rx}(D + rI)^n[g(x)], \; n \geq 1, \qquad (1.635)$$

y luego usaremos linealidad. Para $n = 1$ tenemos

$$D[g(x)e^{rx}] = g'(x)e^{rx} + rg(x)e^{rx} = e^{rx}(g'(x) + rg(x)) = e^{rx}(D + rI)[g(x)]. \qquad (1.636)$$

La hipótesis de inducción es

$$D^k[g(x)e^{rx}] = e^{rx}(D + rI)^k[g(x)]. \qquad (1.637)$$

Veamos que la igualdad es cierta para $n = k + 1$. En efecto,

$$\begin{aligned} D^{k+1}[g(x)e^{rx}] &= D[D^k[g(x)e^{rx}]] = \\ &= D[e^{rx}(D + rI)^k[g(x)]] = e^{rx}(D + rI)^{k+1}[g(x)], \end{aligned} \qquad (1.638)$$

quedando así demostrada la igualdad. Sólo resta usar el carácter lineal del operador para finalizar haciendo

$$L(D)[g(x)e^{rx}] = \sum_{i=0}^{n} a_i D^i[g(x)e^{rx}] = \sum_{i=0}^{n} a_i e^{rx}(D+rI)^i[g(x)] =$$
$$= e^{rx}\sum_{i=0}^{n} a_i (D+rI)^i[g(x)] = e^{rx}L(D+rI)[g(x)]. \quad (1.639)$$

Gracias a este resultado, si $z_p(x)$ es solución particular de $L(D+rI)[z(x)] = f(x)$, entonces $y_p(x) = z_p(x)e^{rx}$ lo es de $L(D)[y(x)] = f(x)e^{rx}$. Veamos cómo resolver, con este método de determinación de soluciones particulares, la ecuación diferencial

$$y''(x) - 4y'(x) + 4y(x) = 6x^2e^{2x}, \quad (1.640)$$

que ya resolvimos en el Ejercicio 1.36 con el método de los coeficientes indeterminados. Tenemos que $L(D) = D^2 - 4D + 4I = (D-2I)^2$. Como el factor exponencial es e^{2x}, entonces $r = 2$, y así tenemos $L(D+2I) = (D+2I-2I)^2 = D^2$. De este modo una solución particular de $L(D+2I)[z(x)] = D^2[z(x)] = 6x^2$ es

$$z_p(x) = \frac{x^4}{2}, \quad (1.641)$$

con lo que una solución particular es finalmente

$$y_p(x) = \frac{x^4}{2}e^{2x}. \quad (1.642)$$

■

Ejercicio 1.51 *Dada la ecuación diferencial*

$$y''(x) + x^2y'(x) - \left(\frac{2}{x^3} - 1\right)xy(x) = 0, \; x > 0, \quad (1.643)$$

1. *Busque una solución particular de la forma* $\frac{a}{x}$, *con* $a \in \mathbb{R}$.

2. *Utilice la fórmula de Ostrogradski-Liouville, fórmula (1.28) de la página 16, para resolver la ecuación diferencial con la ayuda de la solución particular obtenida en el apartado anterior.*

3. *Resuelva de nuevo la ecuación diferencial mediante el clásico cambio de variable conocida la solución particular obtenida en el primer apartado.*

Solución.

1. Sustituyendo la función a/x en la ecuación diferencial tenemos

$$\frac{2a}{x^3} - \frac{x^2 a}{x^2} - \left(\frac{2}{x^3} - 1\right) x\frac{a}{x} = 0, \tag{1.644}$$

es decir, se verifica la ecuación diferencial para cualquier valor de a. Optamos por tomar simplemente $a = 1$.

2. Para una ecuación diferencial $y^{n)}(x) + p_1(x)y^{n-1)}(x) + \ldots + p_n(x)y(x) = 0$, la fórmula de Ostrodgradski-Liouville establece que

$$W(x) = W(x_0)e^{-\int_{x_0}^{x} p_1(t)dt}. \tag{1.645}$$

Entonces, si $1/x$ es solución particular, cualquier otra solución $y(x)$ deberá verificar

$$\begin{vmatrix} 1/x & y(x) \\ -1/x^2 & y'(x) \end{vmatrix} = W(x_0)e^{-\int_{x_0}^{x} t^2 dt}, \tag{1.646}$$

es decir, debe verificar la ecuación diferencial

$$\frac{1}{x}y'(x) + \frac{y(x)}{x^2} = Ae^{-x^3/3} \Rightarrow xy'(x) + y(x) = Ax^2e^{-x^3/3}. \tag{1.647}$$

Separamos variables en la ecuación diferencial homogénea asociada $xy'(x)+y(x) = 0$ para tener

$$x\frac{dy}{dx} = -y \Rightarrow \frac{1}{y}dy = -\frac{1}{x}dx \Rightarrow \log|y| = -\log x + K \Rightarrow y_h(x) = \frac{C}{x}. \tag{1.648}$$

Usamos el método de variación de las constantes, suponemos que $C = C(x)$, y sustituimos en la ecuación diferencial $y(x) = C(x)/x$ para tener

$$x\left(C'(x)\frac{1}{x} - \frac{1}{x^2}C(x)\right) + \frac{C(x)}{x} = Ax^2e^{-x^3/3}. \tag{1.649}$$

Entonces

$$C'(x) = Ax^2e^{-x^3/3} \Rightarrow C(x) = -Ae^{-x^3/3} + B, \tag{1.650}$$

y la solución general de la ecuación diferencial es

$$y(x) = \frac{C(x)}{x} = -\frac{A}{x}e^{-x^3/3} + \frac{B}{x}. \tag{1.651}$$

3. Conocida la solución particular $1/x$ hacemos el cambio

$$y(x) = \frac{1}{x}\int u(x)dx, \tag{1.652}$$

$$y'(x) = -\frac{1}{x^2}\int u(x)dx + \frac{u(x)}{x}, \tag{1.653}$$

$$y''(x) = \frac{2}{x^3}\int u(x)dx - \frac{2u(x)}{x^2} + \frac{u'(x)}{x}. \tag{1.654}$$

Sustituimos en la ecuación diferencial para tener

$$\frac{2}{x^3}\int u(x)dx - \frac{2u(x)}{x^2} + \frac{u'(x)}{x} + x^2\left(-\frac{1}{x^2}\int u(x)dx + \frac{u(x)}{x}\right) - \\ -\left(\frac{2}{x^3} - 1\right)x\frac{1}{x}\int u(x)dx = 0. \tag{1.655}$$

Simplificamos

$$-\frac{2u(x)}{x^2} + \frac{u'(x)}{x} + xu(x) = 0 \Rightarrow \frac{u'(x)}{x} = \left(\frac{2}{x^2} - x\right)u(x) \Rightarrow \\ \frac{u'(x)}{u(x)} = \frac{2}{x} - x^2 \Rightarrow \log|u(x)| = 2\log x - \frac{x^3}{3} + \log|K_1| \Rightarrow \\ u(x) = K_1 x^2 e^{-x^3/3}. \tag{1.656}$$

La solución es finalmente (de nuevo)

$$y(x) = \frac{1}{x}\int K_1 x^2 e^{-x^3/3}dx = -\frac{K_1}{x}e^{-x^3/3} + \frac{K_2}{x}. \tag{1.657}$$

■

Ejercicio 1.52 *Resuelva el siguiente problema de valores iniciales (consecuencia de la ecuación de Laplace en coordenadas cilíndricas)*

$$\frac{1}{r}\frac{d}{dr}\left(r\frac{d\Phi}{dr}\right) = 0,\ \Phi(r_1) = V_1,\ \Phi(r_2) = V_2,\ r_2 > r_1,\ r > 0. \tag{1.658}$$

Solución.
En primer lugar, tenemos que

$$\frac{1}{r}\frac{d}{dr}\left(r\frac{d\Phi}{dr}\right) = 0 \Rightarrow r\frac{d\Phi}{dr} = C_1. \tag{1.659}$$

Separando variables resulta

$$d\Phi = \frac{C_1}{r}dr \Rightarrow \Phi(r) = C_1 \log r + C_2, \tag{1.660}$$

solución general de la ecuación diferencial de segundo orden del enunciado. Imponemos las condiciones iniciales para tener el sistema lineal en C_1 y C_2 siguiente:

$$\Phi(r_1) = C_1 \log r_1 + C_2 = V_1, \ \Phi(r_2) = C_1 \log r_2 + C_2 = V_2. \tag{1.661}$$

Si restamos estas dos ecuaciones determinamos C_1 y así

$$C_1 \log \frac{r_2}{r_1} = V_2 - V_1 \Rightarrow C_1 = \frac{V_2 - V_1}{\log \frac{r_2}{r_1}}. \tag{1.662}$$

Despejamos C_2 de la primera ecuación y entonces

$$C_2 = V_1 - C_1 \log r_1 = V_1 - \frac{V_2 - V_1}{\log \frac{r_2}{r_1}} \log r_1. \tag{1.663}$$

De este modo la solución del problema de contorno es

$$\Phi(r) = \frac{V_2 - V_1}{\log \frac{r_2}{r_1}} \log r + V_1 - \frac{V_2 - V_1}{\log \frac{r_2}{r_1}} \log r_1 = V_1 + \frac{V_2 - V_1}{\log \frac{r_2}{r_1}} \log \frac{r}{r_1}. \tag{1.664}$$

■

Ejercicio 1.53 *Demuestre que la ecuación de Cauchy-Euler*

$$ax^2 \frac{d^2y}{dx^2} + bx\frac{dy}{dx} + cy = 0, \ x > 0 \tag{1.665}$$

se puede transformar en una ecuación diferencial de coeficientes constantes cuando se realiza el cambio de variable $x = e^t$. Use el resultado para resolver

$$x^2 \frac{d^2y}{dx^2} + 2x\frac{dy}{dx} - 6y = 0, \ x > 0. \tag{1.666}$$

Solución.
Tenemos que

$$\frac{dy}{dt} = \frac{dy}{dx}\frac{dx}{dt} = e^t \frac{dy}{dx} = x\frac{dy}{dx} \Rightarrow \frac{dy}{dx} = \frac{1}{x}\frac{dy}{dt}. \tag{1.667}$$

Así mismo

$$\frac{d^2y}{dt^2} = \frac{d}{dt}\left(\frac{dy}{dt}\right) = \frac{d}{dt}\left(x\frac{dy}{dx}\right) = \frac{dx}{dt}\frac{dy}{dx} + x\frac{d}{dt}\left(\frac{dy}{dx}\right) =$$

$$= e^t\frac{dy}{dx} + xe^t\frac{d^2y}{dx^2} = x\frac{dy}{dx} + x^2\frac{d^2y}{dx^2}, \tag{1.668}$$

y entonces

$$x^2\frac{d^2y}{dx^2} = \frac{d^2y}{dt^2} - \frac{dy}{dt}. \tag{1.669}$$

Sustituimos en la ecuación diferencial original, para tener

$$a\left(\frac{d^2y}{dt^2} - \frac{dy}{dt}\right) + bx\frac{1}{x}\frac{dy}{dt} + cy = 0 \Rightarrow a\frac{d^2y}{dt^2} + (b-a)\frac{dy}{dt} + cy = 0, \tag{1.670}$$

que es, como pide el enunciado, una ecuación diferencial de coeficientes constantes.

Si la ecuación diferencial es

$$x^2\frac{d^2y}{dx^2} + 2x\frac{dy}{dx} - 6y = 0, \ x > 0, \tag{1.671}$$

se convierte, después de este cambio, en

$$\frac{d^2y}{dt^2} + \frac{dy}{dt} - 6y = 0. \tag{1.672}$$

Como se trata de una ecuación diferencial lineal homogénea de coeficientes constantes, usamos la ecuación característica

$$\chi(r) = r^2 + r - 6 = 0. \tag{1.673}$$

Sus raíces son 2 y -3, con lo que su solución general es

$$y(t) = C_1e^{2t} + C_2e^{-3t}. \tag{1.674}$$

Deshacemos el cambio de variable, para tener la solución general de la ecuación diferencial original

$$y(x) = C_1x^2 + C_2\frac{1}{x^3}. \tag{1.675}$$

■

Ejercicio 1.54 *Dada la ecuación diferencial no homogénea*

$$y''(x) + p(x)y'(x) + q(x)y(x) = g(x), \tag{1.676}$$

con $p(x)$, $q(x)$ y $g(x)$ funciones dadas, puede reducirse su orden mediante el cambio $y(x) = u(x)f(x)$, donde $f(x)$ es una solución no trivial de la correspondiente ecuación diferencial homogénea. Utilice este procedimiento para encontrar la solución general de

$$y''(x) + \frac{1}{x}y'(x) - \frac{4}{x^2}y(x) = 1 - \frac{1}{x^3}, \qquad (1.677)$$

buscando una solución particular de la ecuación diferencial homogénea asociada de la forma $f(x) = x^n$, $n \in \mathbb{N}$.

Solución.

Sólo tenemos que sustituir x^n en la ecuación diferencial homogénea

$$y''(x) + \frac{1}{x}y'(x) - \frac{4}{x^2}y(x) = 0 \qquad (1.678)$$

para tener

$$n(n-1)x^{n-2} + \frac{1}{x}nx^{n-1} - \frac{4}{x^2}x^n = 0. \qquad (1.679)$$

Simplificamos y necesariamente debe ser

$$n(n-1) + n - 4 = 0 \Rightarrow n^2 - 4 = 0 \Rightarrow n = 2. \qquad (1.680)$$

Obtenemos así que $f(x) = x^2$.

Hacemos el cambio

$$y(x) = x^2u(x), \qquad (1.681)$$

$$y'(x) = 2xu(x) + x^2u'(x), \qquad (1.682)$$

$$y''(x) = 2u(x) + 2xu'(x) + 2xu'(x) + x^2u''(x) = \\ = 2u(x) + 4xu'(x) + x^2u''(x). \qquad (1.683)$$

Sustituimos en la ecuación diferencial original (1.677)

$$2u(x) + 4xu'(x) + x^2u''(x) + \frac{1}{x}\left(2xu(x) + x^2u'(x)\right) - \frac{4}{x^2}x^2u(x) = 1 - \frac{1}{x^3} \qquad (1.684)$$

que conduce a

$$x^2u''(x) + 5xu'(x) = 1 - \frac{1}{x^3} \qquad (1.685)$$

y si hacemos $u'(x) = h(x)$ se convierte en

$$x^2h'(x) + 5xh(x) = 1 - \frac{1}{x^3}, \qquad (1.686)$$

ecuación diferencial de primer orden. Como $x > 0$, simplificamos y resulta

$$h'(x) + \frac{5}{x}h(x) = \frac{x^3 - 1}{x^5}. \qquad (1.687)$$

Multiplicamos por el factor integrante

$$\mu(x) = e^{\int \frac{5}{x} dx} = e^{\log x^5} = x^5, \tag{1.688}$$

y así

$$\begin{aligned} x^5 h'(x) + 5x^4 h(x) = x^3 - 1 \Rightarrow \frac{d}{dx}(x^5 h(x)) = x^3 - 1 \Rightarrow \\ x^5 h(x) = \frac{x^4}{4} - x + C_1 \Rightarrow h(x) = \frac{1}{4x} - \frac{1}{x^4} + \frac{C_1}{x^5}. \end{aligned} \tag{1.689}$$

De este modo

$$u'(x) = h(x) \Rightarrow u(x) = \frac{1}{4}\log x + \frac{1}{3x^3} - \frac{C_1}{4}\frac{1}{x^4} + C_2 \tag{1.690}$$

y finalmente

$$y(x) = x^2 \frac{\log x}{4} + \frac{1}{3x} - \frac{C_1}{4}\frac{1}{x^2} + C_2 x^2. \tag{1.691}$$

■

Ejercicio 1.55 *Resuelva la ecuación diferencial*

$$x^2 y''(x) - xy'(x) + y(x) = x\log^3 x, \;\; x > 0, \tag{1.692}$$

y determine una solución particular que verifique $y(1) = 0$ e $y(e) = 0$.

Solución.

Se trata de una ecuación diferencial de Euler. Realizamos la sustitución $x = e^t$ ($t = \log x$), con lo que

$$\frac{dy}{dx} = \frac{dy}{dt}\frac{dt}{dx} = \frac{dy}{dt}\frac{1}{x}, \tag{1.693}$$

al igual que

$$\begin{aligned} \frac{d^2y}{dx^2} = \frac{d}{dx}\left(\frac{dy}{dt}\frac{1}{x}\right) = \frac{d}{dx}\left(\frac{dy}{dt}\right)\frac{1}{x} - \frac{1}{x^2}\frac{dy}{dt} = \\ = \frac{d^2y}{dt^2}\frac{1}{x^2} - \frac{1}{x^2}\frac{dy}{dt} = \frac{1}{x^2}\left(\frac{d^2y}{dt^2} - \frac{dy}{dt}\right). \end{aligned} \tag{1.694}$$

La ecuación diferencial original queda entonces en la forma

$$\frac{d^2y}{dt^2} - 2\frac{dy}{dt} + y = t^3 e^t, \tag{1.695}$$

donde ahora $y = y(t)$. Resolvamos en primer lugar la ecuación diferencial homogénea asociada

$$\frac{d^2y}{dt^2} - 2\frac{dy}{dt} + y = 0. \quad (1.696)$$

La ecuación característica es

$$\chi(r) = r^2 - 2r + 1 = (r-1)^2 = 0. \quad (1.697)$$

La solución general de la ecuación diferencial homogénea es

$$y_h(t) = (A + Bt)e^t. \quad (1.698)$$

Para determinar una solución particular de la ecuación diferencial (1.695) utilizaremos el llamado método operacional[10] presentado en la teoría y en el Ejercicio 1.50. Allí vimos que si $z_p(t)$ es solución de la ecuación diferencial $L(D+rI)[z(t)] = f(t)$, entonces $y_p(t) := z_p(t)e^{rt}$ lo es de $L(D)[y(t)] = f(t)e^{rt}$. En nuestro caso

$$L(D) = (D-I)^2 \text{ y } L(D+I) = D^2, \quad (1.699)$$

ya que $r = 1$, por ser el factor exponencial e^t. Una solución particular de $L(D+I)[z(t)] = D^2[z(t)] = t^3$ es $z_p(t) = \dfrac{t^5}{20}$ y así

$$y_p(t) = z_p(t)e^t = \frac{t^5}{20}e^t. \quad (1.700)$$

La solución general de la ecuación diferencial en t es, por tanto,

$$y(t) = (A + Bt)e^t + e^t\frac{t^5}{20}, \quad (1.701)$$

con lo que la solución general de la ecuación diferencial original es

$$y(x) = (A + B\log x)x + \frac{x}{20}\log^5 x. \quad (1.702)$$

Imponiendo las condiciones de contorno llegamos a la solución

$$y(x) = \frac{x}{20}(\log^5 x - \log x), \ x > 0. \quad (1.703)$$

En la Figura 1.12 puede apreciarse la familia de soluciones, con distintas escalas, además de la solución particular que verifica las condiciones de contorno dadas. ■

[10] Puede utilizar el método de los coeficientes indeterminados o el de variación de las constantes para obtener la misma solución particular.

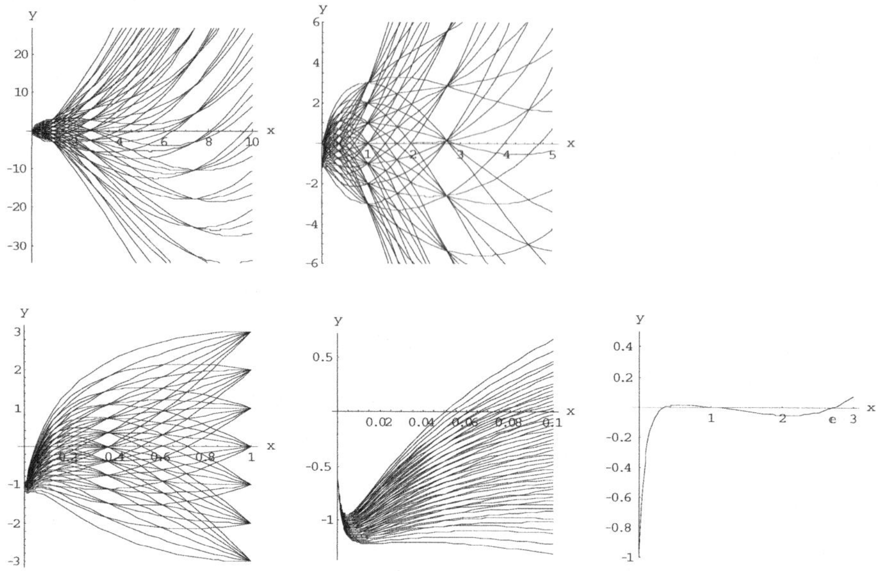

Figura 1.12: Familia de soluciones de la ecuación diferencial (1.692), con distintas escalas, además de una de ellas que verifica las condiciones de contorno $y(1) = y(e) = 0$.

Ejercicio 1.56 *Resuelva la ecuación diferencial*

$$x^4y''' + x^2y' - xy = x^2 + 1 + x\log x,\ \ x > 0. \tag{1.704}$$

Solución.

Dividimos por x y tenemos

$$x^3y''' + xy' - y = x + \frac{1}{x} + \log x,\ \ x > 0, \tag{1.705}$$

ecuación diferencial de Euler. Tal y como hicimos en el ejercicio anterior, si $x = e^t$ resulta

$$\frac{dy}{dx} = \frac{dy}{dt}\frac{dt}{dx} = \frac{dy}{dt}\frac{1}{x}, \tag{1.706}$$

$$\frac{d^2y}{dx^2} = \frac{1}{x^2}\left(\frac{d^2y}{dt^2} - \frac{dy}{dt}\right). \tag{1.707}$$

En esta ocasión, además, tenemos

$$\frac{d^3y}{dx^3} = \frac{d}{dx}\left(\frac{d^2y}{dx^2}\right) = \frac{d}{dx}\left(\frac{1}{x^2}\left(\frac{d^2y}{dt^2} - \frac{dy}{dt}\right)\right) =$$

$$= -\frac{2}{x^3}\left(\frac{d^2y}{dt^2} - \frac{dy}{dt}\right) + \frac{1}{x^2}\frac{d}{dx}\left(\frac{d^2y}{dt^2} - \frac{dy}{dt}\right) =$$

$$= -\frac{2}{x^3}\left(\frac{d^2y}{dt^2} - \frac{dy}{dt}\right) + \frac{1}{x^2}\left(\frac{1}{x}\frac{d^3y}{dt^3} - \frac{1}{x}\frac{d^2y}{dt^2}\right) = \frac{1}{x^3}\left(\frac{d^3y}{dt^3} - 3\frac{d^2y}{dt^2} + 2\frac{dy}{dt}\right). \quad (1.708)$$

Sustituyendo en la ecuación diferencial original resulta, después de simplificar, la ecuación diferencial lineal de coeficientes constantes

$$\frac{d^3y}{dt^3} - 3\frac{d^2y}{dt^2} + 3\frac{dy}{dt} - y = e^t + e^{-t} + t. \quad (1.709)$$

La ecuación característica asociada es

$$\chi(r) = r^3 - 3r^2 + 3r - 1 = (r-1)^3 = 0, \quad (1.710)$$

y por tanto

$$y_h(t) = (A + Bt + Ct^2)e^t \quad (1.711)$$

es la solución general de la ecuación diferencial homogénea asociada a (1.709). Como el término e^t es solución de la ecuación homogénea, y 1 es raíz triple, supondremos una solución particular de la forma

$$y_p(t) = at^3e^t + be^{-t} + c + dt. \quad (1.712)$$

Las tres primeras derivadas son

$$y_p'(t) = 3at^2e^t + at^3e^t - be^{-t} + d, \quad (1.713)$$

$$y_p''(t) = 6ate^t + 6at^2e^t + at^3e^t + be^{-t}, \quad (1.714)$$

$$y_p'''(t) = 6ae^t + 18ate^t + 9at^2e^t + at^3e^t - be^{-t}. \quad (1.715)$$

Después de sustituirlas en la ecuación diferencial completa obtenemos la igualdad

$$6ae^t - 8be^{-t} + (3d - c) - dt = e^t + e^{-t} + t. \quad (1.716)$$

Resolvemos el sencillo sistema de ecuaciones lineal para tener

$$a = \frac{1}{6},\ b = -\frac{1}{8},\ c = -3,\ d = -1, \quad (1.717)$$

y la solución particular obtenida es

$$y_p(t) = \frac{1}{6}t^3e^t - \frac{1}{8}e^{-t} - 3 - t. \quad (1.718)$$

La solución general (ya en la variable x) es entonces

$$y(x) = (A + B\log x + C\log^2 x)x + \frac{1}{6}x\log^3 x - \frac{1}{8x} - 3 - \log x. \quad (1.719)$$

■

Ejercicio 1.57 *Resuelva la ecuación diferencial*

$$x^2y'' - xy' + y = 0, \ x > 0. \tag{1.720}$$

Solución.
Se trata de una ecuación diferencial de Euler homogénea. Si buscamos soluciones de la forma $y = x^r$, tenemos que

$$y'(x) = rx^{r-1}, \ y''(x) = r(r-1)x^{r-2}, \tag{1.721}$$

y de este modo obtenemos, después de sustituir, la ecuación

$$\chi(r) = r^2 - 2r + 1 = 0, \tag{1.722}$$

que no es sino la ecuación característica de la ecuación diferencial lineal que obtendríamos en t mediante el cambio $x = e^t$. Como tiene la raíz 1 doble, la solución general es entonces

$$y(x) = (A + B\log x)x = Ax + Bx\log x. \tag{1.723}$$

■

Ejercicio 1.58 *Resuelva la ecuación diferencial*

$$y'' - 2x^{-2}y = x. \tag{1.724}$$

Solución.
Si multiplicamos por x^2 nos encontramos con la ecuación diferencial de Euler

$$x^2y'' - 2y = x^3. \tag{1.725}$$

Mediante el cambio de variable $x = e^t$ tenemos

$$\frac{dy}{dx} = \frac{dy}{dt}\frac{dt}{dx} = \frac{dy}{dt}\frac{1}{x}, \tag{1.726}$$

así como

$$\frac{d^2y}{dx^2} = \frac{d}{dx}\left(\frac{dy}{dt}\frac{1}{x}\right) = \frac{d}{dx}\left(\frac{dy}{dt}\right)\frac{1}{x} - \frac{1}{x^2}\frac{dy}{dt} =$$
$$= \frac{d^2y}{dt^2}\frac{1}{x^2} - \frac{1}{x^2}\frac{dy}{dt} = \frac{1}{x^2}\left(\frac{d^2y}{dt^2} - \frac{dy}{dt}\right). \tag{1.727}$$

Sustituyendo en la ecuación diferencial tenemos

$$\frac{d^2y}{dt^2} - \frac{dy}{dt} - 2y = e^{3t}. \tag{1.728}$$

El polinomio característico asociado a la parte homogénea es

$$\chi(r) = r^2 - r - 2 \tag{1.729}$$

que tiene las raíces -1 y 2. La solución general es

$$y_h(t) = Ae^{-t} + Be^{2t}. \tag{1.730}$$

Para completar con una solución particular, la buscamos de la forma $y_p(t) = Ke^{3t}$. Después de una sencilla sustitución tenemos que $K = \frac{1}{4}$ y así la solución en t es

$$y(t) = y_h(t) + y_p(t) = Ae^{-t} + Be^{2t} + \frac{1}{4}e^{3t}. \tag{1.731}$$

Deshaciendo el cambio de variable tenemos

$$y(x) = \frac{A}{x} + Bx^2 + \frac{1}{4}x^3. \tag{1.732}$$

∎

Ejercicio 1.59 *Resuelva la ecuación diferencial*

$$x^2y'' + 7xy' + 13y = 0. \tag{1.733}$$

Solución.

No es sino una ecuación diferencial de Euler homogénea. Mediante el cambio $x = e^t$, la ecuación diferencial se transforma, con $y = y(t)$, en

$$\frac{d^2y}{dt^2} + 6\frac{dy}{dt} + 13y = 0. \tag{1.734}$$

La ecuación característica asociada es

$$\chi(r) = r^2 + 6r + 13 = 0. \tag{1.735}$$

Las raíces son $-3 \pm 2i$, con lo que la solución general es

$$y(t) = e^{-3t}(A\cos(2t) + B\operatorname{sen}(2t)). \tag{1.736}$$

Como $t = \log x$ tenemos

$$y(x) = \frac{1}{x^3}(A\cos(\log x^2) + B\operatorname{sen}(\log x^2)). \tag{1.737}$$

∎

Ejercicio 1.60 *Se considera la ecuación diferencial* $y'''(x) + ay''(x) + by'(x) + cy(x) = 0$, *e* $\{y_1(x), y_2(x), y_3(x), y_4(x)\}$ *soluciones particulares suyas, entonces*

a) El wronskiano de dichas soluciones es nulo.

b) El wronskiano de dichas soluciones es estrictamente positivo.

c) El wronskiano de dichas soluciones es estrictamente negativo.

d) El wronskiano de dichas soluciones no está definido.

Solución.
El número máximo de soluciones independientes de la ecuación diferencial es igual a su orden, que es 3. Por tanto, las cuatro soluciones del enunciado son necesariamente dependientes, y su wronskiano es así nulo. La respuesta correcta es entonces la a). ∎

Ejercicio 1.61 *¿Puede ser la función* $f(x) = x \log x$ *solución de una ecuación diferencial lineal?*

a) Sí.

b) No.

c) Sólo si los coeficientes son constantes.

d) Sólo si su orden es par.

Solución.
Por supuesto, por ejemplo de $y'(x) = 1 + \log x$, y la respuesta correcta es sencillamente la a). ∎

Ejercicio 1.62 *¿Cuántas soluciones posee la ecuación diferencial* $y''(x) = y(x)$*?*

a) Una.

b) Dos.

c) Tres.

d) Infinitas.

Solución.
La ecuación diferencial posee infinitas soluciones, $y(x) = A \cos x + B \operatorname{sen} x$, una cada vez que se fijen condiciones iniciales. La respuesta correcta es la d). ∎

Ejercicio 1.63 *Dada la ecuación diferencial*

$$y''(x) + P(x)y'(x) + Q(x)y(x) = 0, \tag{1.738}$$

demuestre que después del cambio $z(t) = y(1/t)$ *se convierte en*

$$\frac{d^2z(t)}{dt^2} + \frac{2t - P(1/t)}{t^2}\frac{dz(t)}{dt} + \frac{Q(1/t)}{t^4}z(t) = 0. \tag{1.739}$$

Solución.
Usando la Regla de la Cadena ([5, pág. 238]) tenemos

$$\frac{dz}{dt} = \frac{dy}{dx}\frac{dx}{dt} = -\frac{1}{t^2}\frac{dy}{dx}, \tag{1.740}$$

mientras que

$$\frac{d^2z}{dt^2} = \frac{d}{dt}\left(-\frac{1}{t^2}\frac{dy}{dx}\right) = \frac{2}{t^3}\frac{dy}{dx} - \frac{1}{t^2}\frac{d}{dt}\left(\frac{dy}{dx}\right) = -\frac{2}{t}\frac{dz}{dt} + \frac{1}{t^4}\frac{d^2y}{dx^2}. \tag{1.741}$$

De este modo

$$\frac{dy}{dx} = -t^2\frac{dz}{dt}, \tag{1.742}$$

$$\frac{d^2y}{dx^2} = 2t^3\frac{dz}{dt} + t^4\frac{d^2z}{dt^2}, \tag{1.743}$$

que, después de sustituir en la ecuación diferencial original, conduce a

$$t^4\frac{d^2z}{dt^2} + \left(2t^3 - t^2P(1/t)\right)\frac{dz}{dt} + Q(1/t)z = 0, \tag{1.744}$$

es decir,

$$\frac{d^2z(t)}{dt^2} + \frac{2t - P(1/t)}{t^2}\frac{dz(t)}{dt} + \frac{Q(1/t)}{t^4}z(t) = 0. \tag{1.745}$$

■

Ejercicio 1.64 *¿De qué tipo son los puntos* $x_0 = 0$ *y* $x_0 = 1$ *en la ecuación diferencial*

$$y''(x) + y'(x) + \frac{1}{1-x}y(x) = 0? \tag{1.746}$$

Solución.

Tenemos que $x_0 = 0$ es un punto ordinario ya que $P(x) = 1$ y $Q(x) = \dfrac{1}{1-x}$ son funciones analíticas en dicho punto pues $Q(x) = \sum_{n=0}^{\infty} x^n$, $|x| < 1$. No obstante, $x_0 = 1$ es un punto singular regular, pues $Q(x)$ no es analítica en $x_0 = 1$ y

$$(x-1)P(x) = x-1 \quad \text{y} \quad (x-1)^2 Q(x) = 1-x \tag{1.747}$$

son funciones analíticas en dicho punto. ∎

Ejercicio 1.65 *Halle la solución general de la ecuación diferencial*

$$y''(x) + y(x) = 0 \tag{1.748}$$

buscando soluciones definidas mediante series de potencias.

Solución.

La solución de esta ecuación diferencial es del todo sencilla sin necesidad de recurrir a las series de potencias. Usaremos este hecho para confirmar los resultados.

Comparando con la ecuación diferencial $y''(x) + P(x)y'(x) + Q(x)y(x) = 0$ tenemos que $P(x) = 0$ y $Q(x) = 1$, ambas analíticas en todo $\mathbb{R}$. Buscamos entonces su solución general en la forma

$$y(x) = a_0 + a_1 x + a_2 x^2 + \ldots = \sum_{i=0}^{\infty} a_i x^i. \tag{1.749}$$

Como

$$y'(x) = \sum_{i=1}^{\infty} i a_i x^{i-1}, \; y''(x) = \sum_{i=2}^{\infty} i(i-1) a_i x^{i-2}, \tag{1.750}$$

sustituimos en la ecuación diferencial para tener

$$\sum_{i=2}^{\infty} i(i-1) a_i x^{i-2} + \sum_{i=0}^{\infty} a_i x^i = 0. \tag{1.751}$$

Agrupando términos resulta

$$\begin{aligned} &(a_0 + 2a_2) + (a_1 + 3 \cdot 2a_3)x + (a_2 + 4 \cdot 3a_4)x^2 + \\ &+(a_3 + 5 \cdot 4a_5)x^3 + \ldots + (a_n + (n+2)(n+1)a_{n+2})x^n + \ldots = 0. \end{aligned} \tag{1.752}$$

De este modo

$$a_0 + 2a_2 = 0 \Rightarrow a_2 = -\frac{a_0}{2}, \tag{1.753}$$

$$a_1 + 3 \cdot 2a_3 = 0 \Rightarrow a_3 = -\frac{a_1}{3 \cdot 2}, \tag{1.754}$$

$$a_2 + 4 \cdot 3a_4 = 0 \Rightarrow a_4 = -\frac{a_2}{4 \cdot 3} = \frac{a_0}{4 \cdot 3 \cdot 2}, \tag{1.755}$$

$$a_3 + 5 \cdot 4a_5 = 0 \Rightarrow a_5 = -\frac{a_3}{5 \cdot 4} = \frac{a_1}{5 \cdot 4 \cdot 3 \cdot 2}, \tag{1.756}$$

$$\vdots$$

Nuestra serie solución es entonces

$$\begin{aligned} y(x) &= a_0 + a_1 x - \frac{a_0}{2}x^2 - \frac{a_1}{3 \cdot 2}x^3 + \frac{a_0}{4 \cdot 3 \cdot 2}x^4 + \frac{a_1}{5 \cdot 4 \cdot 3 \cdot 2}x^5 - \ldots = \\ &= a_0\left(1 - \frac{1}{2!}x^2 + \frac{1}{4!}x^4 - \ldots\right) + a_1\left(x - \frac{x^3}{3!} + \frac{x^5}{5!} - \ldots\right) = \\ &= a_0 \cos x + a_1 \operatorname{sen} x, \end{aligned} \tag{1.757}$$

ya que

$$\cos x = 1 - \frac{1}{2!}x^2 + \frac{1}{4!}x^4 - \ldots, \tag{1.758}$$

y

$$\operatorname{sen} x = x - \frac{x^3}{3!} + \frac{x^5}{5!} - \ldots \tag{1.759}$$

como el lector puede ver en [5]. ∎

Ejercicio 1.66 *Halle la solución general de la ecuación diferencial*

$$(1 + x^2)y'' + 2xy' - 2y = 0 \tag{1.760}$$

usando series de potencias. Exprese a continuación dicha solución mediante funciones elementales.

Solución.
La ecuación diferencial es de la forma

$$y''(x) + P(x)y'(x) + Q(x)y(x) = 0, \tag{1.761}$$

donde

$$P(x) = \frac{2x}{1 + x^2} \text{ y } Q(x) = \frac{-2}{1 + x^2}. \tag{1.762}$$

Como estas funciones son analíticas en $x_0 = 0$, punto ordinario, podemos entonces considerar que la solución será de la forma $y(x) = \sum_{n=0}^{\infty} a_n x^n$. Sustituimos en la ecuación diferencial para tener

$$(1+x^2)\sum_{n=2}^{\infty} n(n-1)a_n x^{n-2} + 2x\sum_{n=1}^{\infty} n a_n x^{n-1} - 2\sum_{n=0}^{\infty} a_n x^n = 0 \Rightarrow$$

$$\sum_{n=2}^{\infty} n(n-1)a_n x^{n-2} + \sum_{n=2}^{\infty} n(n-1)a_n x^n + \sum_{n=1}^{\infty} 2n a_n x^n - \sum_{n=0}^{\infty} 2a_n x^n = 0 \Rightarrow$$

$$\begin{aligned}(2a_2 - 2a_0) + (-2a_1 + 2a_1 + 3\cdot 2a_3)x +\\ +(-2a_2 + 2\cdot 2a_2 + 2a_2 + 4\cdot 3a_4)x^2 +\\ (-2a_3 + 2\cdot 3a_3 + 3\cdot 2a_3 + 5\cdot 4a_5)x^3 +\\ +(-2a_4 + 2\cdot 4a_4 + 4\cdot 3a_4 + 6\cdot 5a_6)x^4 + \ldots = 0.\end{aligned} \quad (1.763)$$

Así

$$2a_2 - 2a_0 = 0 \Rightarrow a_2 = a_0, \quad (1.764)$$

$$6a_3 = 0 \Rightarrow a_3 = 0, \quad (1.765)$$

$$4a_2 + 12a_4 = 0 \Rightarrow a_4 = -\frac{a_2}{3} = -\frac{a_0}{3}, \quad (1.766)$$

$$10a_3 + 20a_5 = 0 \Rightarrow a_5 = 0, \quad (1.767)$$

$$18a_4 + 30a_6 = 0 \Rightarrow a_6 = -\frac{3a_4}{5} = \frac{a_0}{5}, \quad (1.768)$$

$$\vdots$$

y claro está, $a_1 = a_1$. La solución general es entonces

$$\begin{aligned}y &= a_1x + a_0 + a_0x^2 - \frac{a_0}{3}x^4 + \frac{a_0}{5}x^6 - \frac{a_0}{7}x^7 + \ldots =\\ &= a_1x + a_0(1 + x^2 - \frac{1}{3}x^4 + \frac{1}{5}x^6 - \frac{1}{7}x^7 + \ldots) =\\ &= a_1x + a_0(1 + x\arctan x),\end{aligned} \quad (1.769)$$

desarrollo que el lector puede ver en [5]. ∎

Ejercicio 1.67 *Estudie los puntos singulares de las ecuaciones diferenciales ordinarias siguientes:*

a) $y'' - x^{-1}y' + x^{-2}y = 0.$

b) $(1-x^2)y'' - xy' + 2y = 0.$

c) $y'' + x^{-3}y = 0$.

d) $y'' + x^{-3}(1-x)^{-1}y = 0$.

e) $y'' + |x|y' + y = 0$.

Solución.

a) El punto $x_0 = 0$ es un punto singular ya que $P(x) = -x^{-1}$ y $Q(x) = x^{-2}$ no están definidas en dicho punto. La singularidad es regular ya que las funciones $xP(x) = -1$ y $x^2Q(x) = 1$ son analíticas reales en $x_0 = 0$. No hay otros puntos singulares.

b) Si dividimos por $1 - x^2$, tenemos

$$y'' - \frac{x}{1-x^2}y' + \frac{2}{1-x^2}y = 0, \tag{1.770}$$

en la que $P(x) = -\dfrac{x}{1-x^2}$ y $Q(x) = \dfrac{2}{1-x^2}$. Por tanto, 1 y -1 son puntos singulares.

Para $x_0 = 1$, tenemos

$$(x-1)P(x) = \frac{x}{1+x} \quad \text{y} \quad (x-1)^2Q(x) = \frac{-2(x-1)}{1+x}, \tag{1.771}$$

ambas analíticas reales en $x_0 = 1$ y la sigularidad es regular. El lector puede comprobar que

$$\frac{x}{1+x} = \frac{1}{2} + \sum_{n=1}^{\infty} \frac{(-1)^{n+1}(x-1)^n}{2^{n+1}} \tag{1.772}$$

y

$$\frac{-2(x-1)}{1+x} = \sum_{n=1}^{\infty} \frac{(-1)^n(x-1)^n}{2^{n-1}}. \tag{1.773}$$

De forma análoga se puede comprobar que $x_0 = -1$ es también una singularidad regular.

c) En esta ocasión, $P(x) = 0$ y $Q(x) = x^{-3}$. Evidentemente $Q(x)$ no está definida en $x_0 = 0$ y $x^2Q(x) = x^{-1}$ no es analítica real en $x_0 = 0$, luego se trata de un punto singular irregular.

d) Como $P(x) = 0$ y $Q(x) = \dfrac{1}{(1-x)x^3}$, los puntos 1 y 0 son puntos singulares. Tenemos que

$$x^2Q(x) = \frac{1}{x(1-x)} \quad \text{y} \quad (x-1)^2Q(x) = \frac{1-x}{x^3}, \tag{1.774}$$

y el punto 0 es singular irregular mientras que el 1 es regular.

e) El punto $x_0 = 0$ es singular irregular ya que $x|x|$ no es derivable en $x_0 = 0$ y, por tanto, no es analítica real en dicho punto. ∎

Ejercicio 1.68 *Calcule la ecuación indicial y los índices de la singularidad* $x_0 = 0$ *de las ecuaciones diferenciales*

$$x^2y'' + 4xy' + 2y = 0, \tag{1.775}$$

$$x^3y'' + x(\operatorname{sen} x)y' - (\tan x)y = 0. \tag{1.776}$$

Solución.

Para la primera ecuación diferencial tenemos que $P(x) = \dfrac{4}{x}$ y $Q(x) = \dfrac{2}{x^2}$. Claramente, $x_0 = 0$ es un punto singular regular, ya que $xP(x) = 4$ y $x^2Q(x) = 2$ son analíticas reales en dicho punto.

Como

$$p_0 = \lim_{x\to 0} xP(x) = 4 \;\text{ y }\; q_0 = \lim_{x\to 0} x^2Q(x) = 2, \tag{1.777}$$

la ecuación indicial asociada es

$$r^2 + 3r + 2 = 0 \tag{1.778}$$

cuyas raíces son $r_1 = -1$ y $r_2 = -2$, índices de x_0.

Para la segunda ecuación diferencial tenemos $P(x) = \dfrac{\operatorname{sen} x}{x^2}$ y $Q(x) = \dfrac{-\tan x}{x^3}$. Entonces $x_0 = 0$ es un punto singular regular, ya que $xP(x)$ y $x^2Q(x)$ son analíticas reales en dicho punto, como el lector puede verificar trivialmente ([5]). Tenemos entonces que

$$p_0 = \lim_{x\to 0} xP(x) = 1 \;\text{ y }\; q_0 = \lim_{x\to 0} x^2Q(x) = -1, \tag{1.779}$$

luego la ecuación indicial es

$$r^2 - 1 = 0 \tag{1.780}$$

y sus raíces (índices de 0) son $r_1 = -1$ y $r_2 = 1$. ∎

Ejercicio 1.69 *Utilizando el método de Frobenius, determine los cinco primeros términos no nulos del desarrollo en serie de potencias en torno a* $x_0 = 0$ *de una solución de la ecuación diferencial*

$$x^2y'' + xy' + x^2y = 0, \; x > 0. \tag{1.781}$$

Solución.

Si escribimos la ecuación diferencial en la forma

$$y'' + \frac{1}{x}y' + y = 0, \tag{1.782}$$

tenemos $P(x) = \dfrac{1}{x}$ y $Q(x) = 1$, y así $x_0 = 0$ es un punto singular regular, ya que

$$xP(x) = 1 \;\text{ y }\; x^2Q(x) = x^2 \tag{1.783}$$

son analíticas reales en $x_0 = 0$. Como

$$p_0 = \lim_{x\to 0} xP(x) = 1 \text{ y } q_0 = \lim_{x\to 0} x^2 Q(x) = 0 \tag{1.784}$$

la ecuación indicial es $r^2 = 0$ con raíz 0 doble. Una solución en serie de potencias será de la forma (Teorema 1.13)

$$y(x) = x^0 \sum_{n=0}^{\infty} a_n x^n = \sum_{n=0}^{\infty} a_n x^n. \tag{1.785}$$

Sustituimos en la ecuación diferencial para tener

$$x^2 \sum_{n=2}^{\infty} n(n-1)a_n x^{n-2} + x\sum_{n=1}^{\infty} n a_n x^{n-1} + x^2 \sum_{n=0}^{\infty} a_n x^n = 0, \tag{1.786}$$

luego

$$\sum_{n=2}^{\infty} n(n-1)a_n x^n + \sum_{n=1}^{\infty} n a_n x^n + \sum_{n=0}^{\infty} a_n x^{n+2} = 0. \tag{1.787}$$

Término a término tenemos

$$\begin{aligned} a_1 x + (2a_2 + 2a_2 + a_0)x^2 + (3\cdot 2a_3 + 3a_3 + a_1)x^3 + \\ +(4\cdot 3a_4 + 4a_4 + a_2)x^4 + (5\cdot 4a_5 + 5a_5 + a_3)x^5 + \\ +(6\cdot 5a_6 + 6a_6 + a_4)x^6 + (7\cdot 6a_7 + 7a_7 + a_5)x^7 + \\ +(8\cdot 7a_8 + 8a_8 + a_6)x^8 + \ldots \end{aligned} \tag{1.788}$$

y así

$$\begin{aligned} a_1 = 0,\ a_2 = -\frac{a_0}{4},\ a_3 = 0,\ a_4 = -\frac{a_2}{16} = \frac{a_0}{64}, \\ a_5 = 0,\ a_6 = -\frac{a_4}{36} = -\frac{a_0}{64\cdot 36},\ a_7 = 0,\ a_8 = -\frac{a_6}{64} = \frac{a_0}{64^2\cdot 36}. \end{aligned} \tag{1.789}$$

La solución pedida es entonces

$$y_1(x) := y(x) = a_0\left(1 - \frac{1}{4}x^2 + \frac{1}{64}x^4 - \frac{1}{64\cdot 36}x^6 + \frac{1}{64^2\cdot 36}x^8 - \ldots\right). \tag{1.790}$$

■

Ejercicio 1.70 *Utilizando el método de Frobenius, determine los cinco primeros términos no nulos del desarrollo en serie de potencias, en torno a $x_0 = 0$, de una solución de la ecuación diferencial*

$$2x(x-1)y'' + 3(x-1)y' - y = 0,\ x > 0. \tag{1.791}$$

Solución.
Escribimos la ecuación diferencial en la forma

$$y'' + \frac{3}{2x}y' - \frac{1}{2x(x-1)}y = 0 \tag{1.792}$$

para tener que

$$P(x) = \frac{3}{2x} \text{ y } Q(x) = \frac{-1}{2x(x-1)}, \tag{1.793}$$

y así, $x_0 = 0$ es un punto singular. Como $xP(x) = \dfrac{3}{2}$ y $x^2Q(x) = \dfrac{-x}{2(x-1)}$ son analíticas reales en $x_0 = 0$, la singularidad de x_0 es regular con

$$p_0 = \lim_{x\to 0} xP(x) = \frac{3}{2} \text{ y } q_0 = \lim_{x\to 0} x^2Q(x) = 0. \tag{1.794}$$

La ecuación indicial asociada es

$$r^2 + \frac{1}{2}r = r\left(r + \frac{1}{2}\right) = 0 \tag{1.795}$$

cuyas raíces (índices de x_0) son $r_1 = 0$ y $r_2 = -\dfrac{1}{2}$.

Aplicando el Teorema de Frobenius (Teorema 1.13) una solución en serie de potencias será de la forma

$$y(x) = x^0 \sum_{n=0}^{\infty} a_n x^n = \sum_{n=0}^{\infty} a_n x^n. \tag{1.796}$$

Sustituimos en la ecuación diferencial para tener

$$2x(x-1)\sum_{n=2}^{\infty} n(n-1)a_n x^{n-2} + 3(x-1)\sum_{n=1}^{\infty} n a_n x^{n-1} - \sum_{n=0}^{\infty} a_n x^n = 0, \tag{1.797}$$

luego

$$\sum_{n=2}^{\infty} 2n(n-1)a_n x^n - \sum_{n=2}^{\infty} 2n(n-1)a_n x^{n-1} + \sum_{n=1}^{\infty} 3n a_n x^n -$$
$$- \sum_{n=1}^{\infty} 3n a_n x^{n-1} - \sum_{n=0}^{\infty} a_n x^n = 0. \tag{1.798}$$

Término a término tenemos

$$\begin{aligned}(-3a_1 - a_0) + (-4a_2 + 3a_1 - 3\cdot 2a_2 - a_1)x +\\ +(4\cdot 1a_2 - 6\cdot 2a_3 + 3\cdot 2a_2 - 3\cdot 3a_3 - a_2)x^2 +\\ +(2\cdot 3\cdot 2a_3 - 2\cdot 4\cdot 3a_4 + 3\cdot 3a_3 - 3\cdot 4a_4 - a_3)x^3 + \ldots\end{aligned} \tag{1.799}$$

y así

$$-3a_1 - a_0 = 0 \Rightarrow a_1 = -\frac{a_0}{3}, \tag{1.800}$$
$$2a_1 - 10a_2 = 0 \Rightarrow a_2 = \frac{a_1}{5} = -\frac{a_0}{15}, \tag{1.801}$$
$$9a_2 - 21a_3 = 0 \Rightarrow a_3 = \frac{9a_2}{21} = -\frac{a_0}{35}, \tag{1.802}$$
$$20a_3 - 36a_4 = 0 \Rightarrow a_4 = \frac{20a_3}{36} = -\frac{a_0}{63}, \tag{1.803}$$

luego

$$y(x) = a_0\left(1 - \frac{1}{3}x - \frac{1}{15}x^2 - \frac{1}{35}x^3 - \frac{1}{63}x^4 - \dots\right). \tag{1.804}$$

■

Ejercicio 1.71 (ED de Legendre) *Dada la ecuación diferencial de Legendre*

$$(1 - x^2)y''(x) - 2xy'(x) + \alpha(\alpha + 1)y(x) = 0,\ \alpha \in \mathbb{R}, \tag{1.805}$$

analice de qué tipo es cada uno de los puntos 0, 1 *y* −1.

Solución.
Reescribimos la ecuación diferencial en la forma

$$y''(x) \underbrace{-\frac{2x}{1-x^2}}_{P(x)} y'(x) + \underbrace{\frac{\alpha(\alpha+1)}{1-x^2}}_{Q(x)} y(x) = 0. \tag{1.806}$$

El punto $x_0 = 0$ es un punto ordinario, ya que las igualdades

$$-\frac{2x}{1-x^2} = -2x\sum_{n=0}^{\infty} x^{2n} = \sum_{n=0}^{\infty}(-2)x^{2n+1},\ |x| < 1 \tag{1.807}$$

y

$$\frac{\alpha(\alpha+1)}{1-x^2} = \alpha(\alpha+1)\sum_{n=0}^{\infty} x^{2n} = \sum_{n=0}^{\infty} \alpha(\alpha+1)x^{2n},\ |x| < 1 \tag{1.808}$$

justifican que tanto $P(x)$, como $Q(x)$, son funciones analíticas en dicho punto.
Si ahora $x_0 = 1$ tenemos que

$$(x-1)P(x) = (x-1)\frac{-2x}{1-x^2} = \frac{2x}{1+x} \tag{1.809}$$

y

$$(x-1)^2 Q(x) = (x-1)^2 \frac{\alpha(\alpha+1)}{(1-x)(1+x)} = \alpha(\alpha+1)\frac{1-x}{1+x} \tag{1.810}$$

son funciones analíticas en dicho punto. Para justificar esta afirmación tenemos, por un lado, que

$$\frac{2x}{1+x} = \frac{1+(x-1)}{1+\frac{x-1}{2}} = \frac{1}{1+\frac{x-1}{2}} + \frac{x-1}{1+\frac{x-1}{2}} =$$

$$= \sum_{n=0}^{\infty}(-1)^n \left(\frac{x-1}{2}\right)^n + (x-1)\sum_{n=0}^{\infty}(-1)^n \left(\frac{x-1}{2}\right)^n =$$

$$= \sum_{n=0}^{\infty} \frac{(-1)^n}{2^n}(x-1)^n + \sum_{n=0}^{\infty} \frac{(-1)^n}{2^n}(x-1)^{n+1}, \ |x-1|<2, \tag{1.811}$$

y por otro

$$\alpha(\alpha+1)\frac{1-x}{1+x} = -\alpha(\alpha+1)\frac{\frac{x-1}{2}}{1+\frac{x-1}{2}} =$$

$$= \sum_{n=0}^{\infty} -\alpha(\alpha+1)(-1)^n \left(\frac{x-1}{2}\right)^{n+1}, \ |x-1|<2, \tag{1.812}$$

donde conviene indicar que trabajamos en el intervalo básico de convergencia, sin analizar qué ocurre en los extremos. Hemos probado entonces que $x_0 = 1$ es un punto singular regular de la ecuación diferencial. De forma similar se demuestra que $x_0 = -1$ también lo es. ∎

Ejercicio 1.72 (ED de Airy) *Obtenga los primeros términos de la solución de la ecuación diferencial de Airy*

$$y''(x) - xy(x) = 0, \ y(0) = y_0, \ y'(0) = y'_0. \tag{1.813}$$

Solución.

El punto $x_0 = 0$ es claramente un punto ordinario de la ecuación diferencial. De este modo, supondremos que la solución puede expresarse como una serie de potencias centrada en dicho punto, de forma que

$$y(x) = \sum_{n=0}^{\infty} a_n x^n, \tag{1.814}$$

$$y'(x) = \sum_{n=1}^{\infty} a_n n x^{n-1}, \tag{1.815}$$

$$y''(x) = \sum_{n=2}^{\infty} a_n n(n-1)x^{n-2} = \sum_{n=0}^{\infty} a_{n+2}(n+2)(n+1)x^n. \tag{1.816}$$

Sustituimos en la ecuación diferencial para tener

$$\sum_{n=0}^{\infty} a_{n+2}(n+2)(n+1)x^n - \sum_{n=0}^{\infty} a_n x^{n+1} = 0, \tag{1.817}$$

$$2a_2 + \sum_{n=1}^{\infty} a_{n+2}(n+2)(n+1)x^n - \sum_{n=1}^{\infty} a_{n-1} x^n = 0, \tag{1.818}$$

$$2a_2 + \sum_{n=1}^{\infty} \left(a_{n+2}(n+2)(n+1) - a_{n-1}\right) x^n = 0. \tag{1.819}$$

Concluimos que los términos generales de la serie verifican

$$a_2 = 0, \quad a_{n+2} = \frac{a_{n-1}}{(n+2)(n+1)}, \quad n = 1, 2, 3, \ldots \tag{1.820}$$

Es sencillo determinar los primeros términos de esta sucesión, que no son sino

$$a_0 = y_0, \; a_1 = y_0', \; a_2 = 0, \; a_3 = \frac{y_0}{6}, \; a_4 = \frac{y_0'}{12}, \tag{1.821}$$

$$a_5 = 0, \; a_6 = \frac{y_0}{180}, \; a_7 = \frac{y_0'}{504}, \; a_8 = 0, \tag{1.822}$$

de modo que

$$y(x) = y_0 + y_0' x + \frac{y_0}{6}x^3 + \frac{y_0'}{12}x^4 + \frac{y_0}{180}x^6 + \frac{y_0'}{504}x^7 + O(x^9). \tag{1.823}$$

■

Ejercicio 1.73 (ED de Hermite) *Resuelva, usando series, la ecuación diferencial de Hermite*

$$y''(x) - 2xy'(x) + 2\alpha y(x) = 0, \; \alpha \in \mathbb{R}, \tag{1.824}$$

con las condiciones iniciales $y(0) = y_0$ *e* $y'(0) = y_0'$, *y compruebe que la solución es*

$$y(x) = y_0 H_{p,\alpha}(x) + y_0' H_{i,\alpha}(x), \tag{1.825}$$

donde

$$H_{p,\alpha}(x) = 1 + \sum_{k=1}^{\infty} \frac{(-1)^k 2^k (\alpha - 2k + 2)(\alpha - 2k + 4) \cdots \alpha}{(2k)!} x^{2k}, \tag{1.826}$$

$$H_{i,\alpha}(x) = x + \sum_{k=1}^{\infty} \frac{(-1)^k 2^k (\alpha - 2k + 1)(\alpha - 2k + 3) \cdots (\alpha - 1)}{(2k+1)!} x^{2k+1}. \tag{1.827}$$

Justifique que si α *es un natural par (resp. impar) tenemos que* $H_{p,\alpha}(x)$ *es un polinomio par de grado* α *(resp.* $H_{i,\alpha}(x)$ *es un polinomio impar de grado* α*) conocidos como polinomios de Hermite.*

Solución.

Cualquier punto $x_0 \in \mathbb{R}$ es un punto ordinario, en particular $x_0 = 0$. La solución puede, por tanto, expresarse como una serie de potencias

$$y(x) = \sum_{n=0}^{\infty} a_n x^n, \ a_i \in \mathbb{R}, \ i \in \mathbb{N}. \tag{1.828}$$

Se tiene entonces que $a_0 = y_0$ y $a_1 = y_0'$. Derivamos la expresión de $y(x)$

$$y'(x) = \sum_{n=1}^{\infty} n a_n x^{n-1}, \quad y''(x) = \sum_{n=2}^{\infty} n(n-1) a_n x^{n-2} \tag{1.829}$$

para sustituir en la ecuación diferencial y llegar a

$$\underbrace{\sum_{n=2}^{\infty} n(n-1)a_n x^{n-2}}_{\sum_{n=0}^{\infty}(n+2)(n+1)a_{n+2}x^n} \quad \underbrace{-2x\left(\sum_{n=1}^{\infty} n a_n x^{n-1}\right)}_{-2\sum_{n=0}^{\infty} n a_n x^n} +2\alpha\left(\sum_{n=0}^{\infty} a_n x^n\right) = 0. \tag{1.830}$$

De este modo

$$\sum_{n=0}^{\infty} \left((n+2)(n+1)a_{n+2} - 2na_n + 2\alpha a_n\right) x^n = 0 \tag{1.831}$$

y tenemos así la ecuación de recurrencia siguiente para el término general

$$a_{n+2} = -\frac{2(\alpha - n)}{(n+1)(n+2)} a_n, \ n = 0, 1 \ldots \tag{1.832}$$

Los primeros términos son

$$a_2 = -\alpha y_0, \ a_3 = \frac{1-\alpha}{3} y_0', \ a_4 = -\frac{\alpha(2-\alpha)}{6} y_0, \ a_5 = \frac{(3-\alpha)(1-\alpha)}{30} y_0', \ \ldots \tag{1.833}$$

Y así, la serie de potencias presenta la forma

$$y(x) = y_0 \left(1 - \alpha y_0 x^2 - \frac{\alpha(2-\alpha)}{6} y_0 x^4 + \ldots\right) + y_0' \left(x + \frac{1-\alpha}{3} x^3 + \frac{(3-\alpha)(1-\alpha)}{30} x^5 + \ldots\right) \tag{1.834}$$

Gracias al Teorema de Fuchs la serie converge en todo $\mathbb{R}$, ya que $P(x)$ y $Q(x)$ lo hacen. Resolvamos la ecuación de recurrencia (1.832). Para ello separaremos los términos pares y los impares. En primer lugar

$$n = 2k - 2, k \geq 1, \tag{1.835}$$

$$\begin{aligned} a_{2k} &= -\frac{2(\alpha - 2k + 2)}{2k(2k-1)} a_{2k-2} = \\ &= (-1)^2 \frac{2^2(\alpha - 2k+2)(\alpha - 2k+4)}{2k(2k-1)(2k-2)(2k-3)} a_{2k-4} = \\ &= \frac{(-1)^3 2^3 (\alpha - 2k+2)(\alpha - 2k+4)(\alpha - 2k+6)}{2k(2k-1)(2k-2)(2k-3)(2k-4)(2k-5)} a_{2k-6} = \ldots = \\ &= \frac{(-1)^k 2^k (\alpha - 2k+2)(\alpha - 2k+4)(\alpha - 2k+6)\cdots\alpha}{(2k)!} a_0, \end{aligned} \tag{1.836}$$

y en segundo

$$n = 2k - 1, k \geq 1, \tag{1.837}$$

$$\begin{aligned} a_{2k+1} &= -\frac{2(\alpha - 2k + 1)}{(2k+1)2k} a_{2k-1} = \\ &= (-1)^2 \frac{2^2(\alpha - 2k+1)(\alpha - 2k+3)}{(2k+1)2k(2k-1)(2k-2)} a_{2k-3} = \\ &= \frac{(-1)^3 2^3 (\alpha - 2k+1)(\alpha - 2k+3)(\alpha - 2k+5)}{(2k+1)2k(2k-1)(2k-2)(2k-3)(2k-4)} a_{2k-5} = \ldots = \\ &= \frac{(-1)^k 2^k (\alpha - 2k+1)(\alpha - 2k+3)(\alpha - 2k+5)\cdots(\alpha-1)}{(2k+1)!} a_1. \end{aligned} \tag{1.838}$$

La solución puede escribirse entonces de la forma

$$\begin{aligned} y(x) &= \\ &= y_0\left(1 + \sum_{k=1}^{\infty} \frac{(-1)^k 2^k (\alpha - 2k+2)(\alpha - 2k+4)(\alpha - 2k+6)\cdots\alpha}{(2k)!} x^{2k}\right) + \\ & y_0'\left(x + \sum_{k=1}^{\infty} \frac{(-1)^k 2^k (\alpha-2k+1)(\alpha-2k+3)(\alpha-2k+5)\cdots(\alpha-1)}{(2k+1)!} x^{2k+1}\right) = \\ &= y_0 H_{p,\alpha}(x) + y_0' H_{i,\alpha}(x). \end{aligned} \tag{1.839}$$

Si tenemos que $\alpha = 2m$, usamos la primera igualdad en (1.836) y así

$$a_{2m+2} = -\frac{2\overbrace{(2m - (2m+2) + 2)}^{0}}{(2m+2)(2m+2-1)} a_{2m} = 0, \tag{1.840}$$

es decir, $a_{2m+2} = 0$, así como los siguientes términos. De este modo $H_{p,\alpha}(x)$ es un polinomio de grado $2m$. De forma similar, si $\alpha = 2m - 1$ tenemos, usando la primera igualdad en (1.838), que

$$a_{2m+1} = -\frac{2\overbrace{((2m-1) - 2m + 1)}^{0}}{(2m+1)2m} a_{2m-1} = 0, \tag{1.841}$$

es decir, $a_{2m+1} = 0$, así como los siguientes términos. En este caso $H_{i,\alpha}(x)$ es un polinomio de grado $2m - 1$. Estos polinomios se conocen como *polinomios de Hermite.*

Puede demostrarse, usando identidades de la función gamma, que

$$H_{p,\alpha}(x) = \Gamma\left(1 + \frac{\alpha}{2}\right) \sum_{k=0}^{\infty} \frac{(-1)^k (2x)^{2k}}{(2k)!\Gamma\left(1 + \frac{\alpha}{2} - k\right)}, \tag{1.842}$$

$$H_{i,\alpha}(x) = \frac{1}{2}\Gamma\left(\frac{1+\alpha}{2}\right) \sum_{k=0}^{\infty} \frac{(-1)^k (2x)^{2k+1}}{(2k+1)!\Gamma\left(\frac{1+\alpha}{2} - k\right)}. \tag{1.843}$$

■

Ejercicio 1.74 (ED de Bessel) *Se considera la ecuación diferencial de Bessel*

$$x^2 y''(x) + xy'(x) + (x^2 - \alpha^2)y(x) = 0, \ \alpha \geq 0, \ x_0 = 0. \tag{1.844}$$

1. *Pruebe que las raíces de la ecuación indicial son* $\pm\alpha$.

2. *Demuestre que la solución para la raíz* α *es de la forma*

$$y_1(x) = a_0 \Gamma(1 + \alpha) 2^{\alpha} J_{\alpha}(x), \tag{1.845}$$

donde

$$J_{\alpha}(x) = \sum_{k=0}^{\infty} \frac{(-1)^k}{k!\Gamma(k + 1 + \alpha)} \left(\frac{x}{2}\right)^{2k+\alpha} \tag{1.846}$$

es la función de Bessel de primera especie e índice α *y* a_0 *es una constante arbitraria no nula.*

3. *Así mismo, pruebe que si* $2\alpha \notin \mathbb{N}$ *entonces otra solución linealmente independiente de la anterior es*

$$y_2(x) = a_0 \Gamma(1 - \alpha) 2^{-\alpha} J_{-\alpha}(x) \tag{1.847}$$

Solución.

Reescribimos la ecuación diferencial en la forma

$$y''(x) + \underbrace{\frac{1}{x}}_{P(x)} y'(x) + \underbrace{\frac{x^2-\alpha^2}{x^2}}_{Q(x)} y(x) = 0, \tag{1.848}$$

para confirmar que $x_0 = 0$ es un punto singular de la ecuación diferencial, y además regular, ya que tanto $xP(x)$ como $x^2Q(x)$ son funciones analíticas en dicho punto.

La ecuación indicial es de la forma $r^2 + (p_0 - 1)r + q_0 = 0$, donde en nuestro caso

$$p_0 = \lim_{x\to 0} xP(x) = 1 \;\; y \;\; q_0 = \lim_{x\to 0} x^2 Q(x) = -\alpha^2, \tag{1.849}$$

y por tanto resulta

$$r^2 - \alpha^2 = 0 \Rightarrow r = \pm\alpha. \tag{1.850}$$

Suponemos la solución de la forma

$$y(x) = x^r \sum_{n=0}^{\infty} a_n x^n, \;\; a_0 \neq 0. \tag{1.851}$$

Entonces

$$y(x) = \sum_{n=0}^{\infty} a_n x^{n+r}, \;\; a_0 \neq 0, \tag{1.852}$$

$$y'(x) = \sum_{n=0}^{\infty} a_n (n+r) x^{n+r-1}, \tag{1.853}$$

$$y''(x) = \sum_{n=0}^{\infty} a_n (n+r)(n+r-1) x^{n+r-2}. \tag{1.854}$$

Sustituimos en la ecuación diferencial (1.844) para tener

$$\sum_{n=0}^{\infty} a_n (n+r)(n+r-1) x^{n+r} + \sum_{n=0}^{\infty} a_n (n+r) x^{n+r} + \sum_{n=0}^{\infty} a_n x^{n+r+2} - \sum_{n=0}^{\infty} \alpha^2 a_n x^{n+r} = 0, \tag{1.855}$$

es decir,

$$\sum_{n=0}^{\infty} a_n \underbrace{\left((n+r)(n+r-1) + (n+r) - \alpha^2\right)}_{((n+r)^2-\alpha^2)} x^{n+r} + \sum_{n=0}^{\infty} a_n x^{n+r+2} = 0. \tag{1.856}$$

Esta igualdad, separando los dos primeros términos, puede quedar como

$$a_0(r^2-\alpha^2)x^r+a_1\left((1+r)^2-\alpha^2\right)x^{1+r}+\sum_{n=2}^{\infty}\left(a_n\left((n+r)^2-\alpha^2\right)+a_{n-2}\right)x^{n+r}=0, \tag{1.857}$$

y por tanto

$$a_0(r^2-\alpha^2)=0,\ a_0\neq 0\Rightarrow r^2-\alpha^2=0\Rightarrow r=\pm\alpha, \tag{1.858}$$

$$a_1\left((1+r)^2-\alpha^2\right)=0, \tag{1.859}$$

$$a_n\left((n+r)^2-\alpha^2\right)+a_{n-2}=0,\ n\geq 0. \tag{1.860}$$

Resolvamos estas ecuaciones en recurrencia para la raíz de la ecuación indicial $r=\alpha$. La primera de ellas no es sino la ecuación indicial. La segunda, en este caso, implicaría

$$a_1\left((1+\alpha)^2-\alpha^2\right)=a_1(1+2\alpha)=0\Rightarrow a_1=0, \tag{1.861}$$

ya que $1+2\alpha\neq 0$ por ser $\alpha\geq 0$.

Para la tercera igualdad tenemos

$$a_n\left((n+\alpha)^2-\alpha^2\right)+a_{n-2}=a_n(n^2+2\alpha n)+a_{n-2}=a_n(n(n+2\alpha))+a_{n-2}=0, \tag{1.862}$$

y de este modo

$$a_n=-\frac{a_{n-2}}{n(n+2\alpha)},\ n\geq 2. \tag{1.863}$$

Una primera conclusión que podemos obtener es que todos los términos impares son nulos, $a_{2k+1}=0$, ya que $a_1=0$. Resolvamos entonces para los términos pares haciendo

$$a_{2k}=-\frac{a_{2k-2}}{\underbrace{2k(2k+2\alpha)}_{2^2k(k+\alpha)}}=\frac{a_{2k-4}}{\underbrace{2k(2k+2\alpha)(2k-2)(2k+2\alpha-2)}_{2^4k(k-1)(k+\alpha)(k-1+\alpha)}}=\dots$$

$$\dots=\frac{(-1)^k a_0}{2^{2k}k!(k+\alpha)(k-1+\alpha)\cdots(1+\alpha)}. \tag{1.864}$$

Utilizamos la identidad

$$\frac{1}{(k+\alpha)(k-1+\alpha)\cdots(1+\alpha)}=\frac{\Gamma(1+\alpha)}{\Gamma(k+1+\alpha)} \tag{1.865}$$

para concluir que

$$a_{2k+1}=0,\quad a_{2k}=\frac{(-1)^k a_0\Gamma(1+\alpha)}{2^{2k}k!\Gamma(k+1+\alpha)},\quad k\geq 0. \tag{1.866}$$

De este modo, tenemos que una de las soluciones que proporciona el método de Frobenius es

$$y_1(x) = x^\alpha \sum_{k=0}^{\infty} a_{2k} x^{2k} = a_0 \Gamma(1+\alpha) x^\alpha \sum_{k=0}^{\infty} \frac{(-1)^k}{k!\Gamma(k+1+\alpha)} \left(\frac{x}{2}\right)^{2k}, \tag{1.867}$$

o también, usando la función de Bessel de primera especie e índice α,

$$y_1(x) = a_0 \Gamma(1+\alpha) 2^\alpha J_\alpha(x) \tag{1.868}$$

El teorema de Frobenius garantiza, si la diferencia de las raíces no es un número entero (que en este caso se traduce en $\alpha - (-\alpha) = 2\alpha \notin \mathbb{N}$ ya que $\alpha \geq 0$), otra solución linealmente independiente. El lector puede confirmar, siguiendo un razonamiento similar, que se trata de

$$y_2(x) = a_0 \Gamma(1-\alpha) 2^{-\alpha} J_{-\alpha}(x). \tag{1.869}$$

∎

Ejercicio 1.75 *La ecuación de Tchebychev responde al modelo*

$$(1-x^2)\frac{d^2y}{dx^2} - x\frac{dy}{dx} + m^2 y = 0, \; m \in \mathbb{R}. \tag{1.870}$$

Aunque su solución se obtiene con el uso de las series de Frobenius, demuestre que, mediante el cambio de variable $x = \cos t$, su solución es

$$y(x) = \alpha \cos(m \arccos x) + \beta \operatorname{sen}(m \arccos x). \tag{1.871}$$

Solución.
Como $x = x(t) = \cos t$, podemos definir la función

$$\hat{y}(t) := y \circ x(t) = y(\cos t). \tag{1.872}$$

Usamos la Regla de la Cadena ([5, pág. 238]) para tener

$$\frac{d\hat{y}}{dt} = \frac{dy}{dx}\frac{dx}{dt} = \frac{dy}{dx}(-\operatorname{sen} t), \tag{1.873}$$

de modo que

$$\frac{dy}{dx} = -\frac{1}{\operatorname{sen} t}\frac{d\hat{y}}{dt}. \tag{1.874}$$

Usando esta identidad, además de sustituirla posteriormente en la ecuación diferencial original, tenemos que

$$\frac{d^2y}{dx^2} = \frac{d}{dx}\left(-\frac{1}{\operatorname{sen} t}\frac{d\hat{y}}{dt}\right) = -\frac{1}{\operatorname{sen} t}\frac{d}{dt}\left(-\frac{1}{\operatorname{sen} t}\frac{d\hat{y}}{dt}\right) =$$

$$= \frac{1}{\operatorname{sen} t}\left(\frac{-\cos t}{\operatorname{sen}^2 t}\frac{d\hat{y}}{dt} + \frac{1}{\operatorname{sen} t}\frac{d^2\hat{y}}{dt^2}\right) = -\frac{\cos t}{\operatorname{sen}^3 t}\frac{d\hat{y}}{dt} + \frac{1}{\operatorname{sen}^2 t}\frac{d^2\hat{y}}{dt^2}. \tag{1.875}$$

Sustituyendo estas derivadas en la ecuación diferencial tenemos

$$(1-\cos^2 t)\left(-\frac{\cos t}{\operatorname{sen}^3 t}\frac{d\hat{y}}{dt}+\frac{1}{\operatorname{sen}^2 t}\frac{d^2\hat{y}}{dt^2}\right)-\cos t\left(-\frac{1}{\operatorname{sen} t}\frac{d\hat{y}}{dt}\right)+m^2\hat{y}=0, \quad (1.876)$$

que después de simplificar conduce a la ecuación diferencial

$$\frac{d^2\hat{y}}{dt^2}+m^2\hat{y}=0, \quad (1.877)$$

que pasamos a resolver. Para ello, la ecuación característica

$$\chi(r)=r^2+m^2=0 \quad (1.878)$$

encontrando las raíces $\pm mi$. La solución general para $\hat{y}(t)$ es entonces

$$\hat{y}(t)=\alpha\cos(mt)+\beta\operatorname{sen}(mt). \quad (1.879)$$

Sólo resta deshacer el cambio de variable para tener finalmente

$$y(x)=\alpha\cos(m\arccos x)+\beta\operatorname{sen}(m\arccos x). \quad (1.880)$$

■

Ejercicio 1.76 *Demuestre que la ecuación diferencial lineal de Euler*

$$t^2y''(t)+pty'(t)+qy(t)=0,\ t>0, \quad (1.881)$$

tiene por solución $y(t)=t^r$ si r es raíz de la ecuación

$$Q(r)=r^2+(p-1)r+q=0. \quad (1.882)$$

Demuestre que t^{r_1} y t^{r_2} constituyen un conjunto fundamental de soluciones si $Q(r)$ posee raíces reales distintas r_1 y r_2.

Solución.
Supongamos que $y(t)=t^r$ es solución de (1.882). Entonces como

$$y'(t)=rt^{r-1},\quad y''(t)=r(r-1)t^{r-2}, \quad (1.883)$$

se debe verificar, sustituyendo, que

$$t^2t^{r-2}r(r-1)+ptrt^{r-1}+qt^r=0\Rightarrow t^rr(r-1)+prt^r+qt^r=0. \quad (1.884)$$

Como $t>0$

$$r(r-1)+pr+q=0, \quad (1.885)$$

es decir,

$$Q(r) = r^2 + (p-1)r + q = 0. \tag{1.886}$$

Acabamos de demostrar que t^{r_1} y t^{r_2} son soluciones de (1.882) si $Q(r)$ posee dos raíces reales distintas r_1 y r_2. Veamos que son linealmente independientes para justificar que forman un sistema fundamental de soluciones. Si $y_i(t) = t^{r_i}$, $i = 1, 2$, tenemos que $(y_i(t))' = r_i t^{r_i - 1}$ con lo que el wronskiano de las soluciones es

$$W(y_1(t), y_2(t)) = \begin{vmatrix} y_1(t) & y_2(t) \\ y_1'(t) & y_2'(t) \end{vmatrix} = \begin{vmatrix} t^{r_1} & t^{r_2} \\ r_1 t^{r_1-1} & r_2 t^{r_2-1} \end{vmatrix} =$$
$$= r_2 t^{r_1} t^{r_2-1} - r_1 t^{r_1-1} t^{r_2} =$$
$$= r_2 t^{r_1+r_2-1} - r_1 t^{r_1+r_2-1} \neq 0, \ \forall t > 0, \ r_1 \neq r_2, \tag{1.887}$$

y queda probada la independencia lineal según el Teorema 1.6. ∎

Ejercicio 1.77 *Resuelva la ecuación diferencial*

$$y''(x) + 3y'(x) + 2y(x) = 4\,\mathrm{sen}(2x) \tag{1.888}$$

mediante

a) El método de Lagrange.

b) El método de los coeficientes indeterminados.

c) Métodos operacionales.

Observe y compare la dificultad de cada uno de los métodos empleados.

Solución.
La ecuación diferencial homogénea asociada

$$y''(x) + 3y'(x) + 2y(x) = 0 \tag{1.889}$$

tiene por solución

$$y_h(x) = C_1 y_1(x) + C_2 y_2(x) = C_1 e^{-x} + C_2 e^{-2x}, \tag{1.890}$$

ya que la ecuación característica no es sino

$$\chi(\lambda) = \lambda^2 + 3\lambda + 2 = (\lambda+1)(\lambda+2) = 0. \tag{1.891}$$

Para obtener la solución general de la ecuación diferencial completa debemos añadir una solución particular. Es en este punto cuando distinguimos según el método.

a) Para utilizar el método de Lagrange planteamos la que hemos denominado ecuación matricial de Lagrange, que es

$$MW(e^{-x}, e^{-2x}) \begin{pmatrix} C_1'(x) \\ C_2'(x) \end{pmatrix} = \begin{pmatrix} 0 \\ 4\operatorname{sen}(2x) \end{pmatrix}. \tag{1.892}$$

Como

$$W(e^{-x}, e^{2x}) = \left|MW(e^{-x}, e^{-2x})\right| = \begin{vmatrix} e^{-x} & e^{-2x} \\ -e^{-x} & -2e^{-2x} \end{vmatrix} = -e^{-3x}, \tag{1.893}$$

se tiene en primer lugar que

$$C_1'(x) = -e^{3x} \begin{vmatrix} 0 & e^{-2x} \\ 4\operatorname{sen}(2x) & -2e^{-2x} \end{vmatrix} = 4e^{x}\operatorname{sen}(2x), \tag{1.894}$$

y así

$$C_1(x) = 4\int e^{x}\operatorname{sen}(2x)dx = \frac{4}{5}e^{x}\operatorname{sen}(2x) - \frac{8}{5}e^{x}\cos(2x) + K_1. \tag{1.895}$$

En segundo lugar

$$C_2'(x) = -e^{3x} \begin{vmatrix} e^{-x} & 0 \\ -e^{-x} & 4\operatorname{sen}(2x) \end{vmatrix} = -4e^{2x}\operatorname{sen}(2x), \tag{1.896}$$

y así

$$C_2(x) = -4\int e^{2x}\operatorname{sen}(2x)dx = -e^{2x}\operatorname{sen}(2x) + e^{2x}\cos(2x) + K_2. \tag{1.897}$$

Conservando las constantes en la integración obtenemos directamente la solución general

$$\begin{aligned} y(x) &= C_1(x)y_1(x) + C_2(x)y_2(x) = \\ &= \left(\frac{4}{5}e^{x}\operatorname{sen}(2x) - \frac{8}{5}e^{x}\cos(2x) + K_1\right)e^{-x} + \\ &+ \left(-e^{2x}\operatorname{sen}(2x) + e^{2x}\cos(2x) + K_2\right)e^{-2x} = \\ &= \underbrace{K_1e^{-x} + K_2e^{-2x}}_{y_h(x)} \underbrace{-\frac{1}{5}\operatorname{sen}(2x) - \frac{3}{5}\cos(2x)}_{y_p(x)}. \end{aligned} \tag{1.898}$$

b) El método de los coeficientes indeterminados invita a considerar una solución particular de la forma

$$y_p(x) = A\cos(2x) + B\operatorname{sen}(2x). \tag{1.899}$$

Sustituimos en la ecuación diferencial completa, teniendo presente que

$$y_p'(x) = -2A\,\mathrm{sen}(2x) + 2B\cos(2x), \; y_p''(x) = -4A\cos(2x) - 4B\,\mathrm{sen}(2x), \quad (1.900)$$

para tener

$$(-2A + 6B)\cos(2x) + (-2B - 6A)\,\mathrm{sen}(2x) = 4\,\mathrm{sen}(2x). \quad (1.901)$$

Igualando tenemos el sistema

$$-2A + 6B = 0, \; -6A - 2B = 4, \quad (1.902)$$

cuya solución es $A = -\frac{3}{5}$ y $B = -\frac{1}{5}$. La solución particular obtenida es así

$$y_p(x) = -\frac{3}{5}\cos(2x) - \frac{1}{5}\,\mathrm{sen}(2x), \quad (1.903)$$

que es la misma que obtuvimos con el método anterior.

c) Finalizamos usando el método operacional para determinar una solución particular. De este modo tenemos

$$y_p(x) = \frac{1}{(D+2I)(D+I)}[4\,\mathrm{sen}(2x)] = \\ = \frac{1}{D+2I}\left[4\left(e^{-x}\int e^{x}\,\mathrm{sen}(2x)dx\right)\right]. \quad (1.904)$$

Ya hemos determinado esta integral en (1.895) y entonces

$$y_p(x) = \frac{4}{5}\frac{1}{D+2I}\left[e^{-x}(e^{x}\,\mathrm{sen}(2x) - 2e^{-x}e^{x}\cos(2x))\right] = \\ = \frac{4}{5}e^{-2x}\int e^{2x}(\mathrm{sen}(2x) - 2\cos(2x))dx. \quad (1.905)$$

Usando (1.897) y que

$$\int e^{2x}\cos(2x)dx = \frac{e^{2x}}{4}(\cos(2x) + \mathrm{sen}(2x)), \quad (1.906)$$

como el lector puede comprobar, tenemos que

$$y_p(x) = \\ = \frac{4}{5}e^{-2x}\left[\frac{1}{4}e^{2x}\,\mathrm{sen}(2x) - \frac{1}{4}e^{2x}\cos(2x) - 2\left(\frac{e^{2x}}{4}(\cos(2x) + \mathrm{sen}(2x))\right)\right] = \\ = -\frac{1}{5}\,\mathrm{sen}(2x) - \frac{3}{5}\cos(2x), \quad (1.907)$$

al igual que en los dos casos anteriores. ■

Ejercicio 1.78 *Calcule la solución general de la ecuación*

$$y'' + y = \tan x + e^{3x} - 1 \tag{1.908}$$

mediante el método de variación de las constantes.

Solución.

Resolvemos la ecuación diferencial homogénea asociada

$$y'' + y = 0 \tag{1.909}$$

con polinomio característico

$$\chi(r) = r^2 + 1. \tag{1.910}$$

Como sus raíces son $\pm i$, la solución general de (1.909) es

$$y_h = C_1 \cos x + C_2 \operatorname{sen} x. \tag{1.911}$$

Completemos con una solución particular de la ecuación diferencial completa de la forma

$$y_p = C_1(x) \cos x + C_2(x) \operatorname{sen} x. \tag{1.912}$$

Para ello, resolvemos la ecuación matricial

$$\begin{pmatrix} \cos x & \operatorname{sen} x \\ -\operatorname{sen} x & \cos x \end{pmatrix} \begin{pmatrix} C_1'(x) \\ C_2'(x) \end{pmatrix} = \begin{pmatrix} 0 \\ \tan x + e^{3x} - 1 \end{pmatrix}, \tag{1.913}$$

que, como es habitual, posee solución única para $C_1'(x)$ y $C_2'(x)$, ya que el determinante de la matriz

$$\begin{pmatrix} \cos x & \operatorname{sen} x \\ -\operatorname{sen} x & \cos x \end{pmatrix} \tag{1.914}$$

es distinto de cero (wronskiano de las soluciones de la ecuación diferencial homogénea). Su solución es

$$C_1'(x) = \begin{vmatrix} 0 & \operatorname{sen} x \\ \tan x + e^{3x} - 1 & \cos x \end{vmatrix} = \operatorname{sen} x - \operatorname{sen} x \tan x - e^{3x} \operatorname{sen} x, \tag{1.915}$$

$$C_2'(x) = \begin{vmatrix} \cos x & 0 \\ -\operatorname{sen} x & \tan x + e^{3x} - 1 \end{vmatrix} = \operatorname{sen} x + e^{3x} \cos x - \cos x. \tag{1.916}$$

El lector puede verificar la veracidad de las integrales[11]

$$\int \frac{1}{\cos x} dx = \log(\sec x + \tan x), \tag{1.917}$$

$$\int -\operatorname{sen} x \tan x dx = \operatorname{sen} x - \log(\sec x + \tan x), \tag{1.918}$$

$$\int e^{3x} \operatorname{sen} x dx = \frac{3}{10} e^{3x} \operatorname{sen} x - \frac{1}{10} e^{3x} \cos x, \tag{1.919}$$

$$\int e^{3x} \cos x dx = \frac{3}{10} e^{3x} \cos x + \frac{1}{10} e^{3x} \operatorname{sen} x, \tag{1.920}$$

[11] La primera de ellas aparece en nuestro libro ([5]).

que permiten concluir que

$$C_1(x) = -\cos x + \operatorname{sen} x - \log(\sec x + \tan x) - \frac{3}{10}e^{3x}\operatorname{sen} x + \frac{1}{10}e^{3x}\cos x + C, \tag{1.921}$$

$$C_2(x) = -\cos x + \frac{3}{10}e^{3x}\cos x + \frac{1}{10}e^{3x}\operatorname{sen} x - \operatorname{sen} x + D. \tag{1.922}$$

Prescindimos de las constantes para tener la solución particular

$$y_p = \left(-\cos x + \operatorname{sen} x - \log(\sec x + \tan x) - \frac{3}{10}e^{3x}\operatorname{sen} x + \frac{1}{10}e^{3x}\cos x\right)\cos x + \left(-\cos x + \frac{3}{10}e^{3x}\cos x + \frac{1}{10}e^{3x}\operatorname{sen} x - \operatorname{sen} x\right)\operatorname{sen} x, \tag{1.923}$$

y así la solución general es finalmente

$$y = \overbrace{C_1\cos x + C_2\operatorname{sen} x}^{y_h} + y_p. \tag{1.924}$$

■

Ejercicio 1.79 *Resuelva la ecuación de Cauchy-Euler*

$$x^2y''(x) - 3xy'(x) + 3y(x) = 9(\log x)^2 + 4, \ y(1) = 6, \ y'(1) = 8, \tag{1.925}$$

como en el Ejercicio 1.53.

Solución.
Realizamos el cambio de variable $x = e^t$ y obtenemos (Ejercicio 1.53)

$$y''(t) - 4y'(t) + 3y(t) = 9t^2 + 4, \tag{1.926}$$

ecuación diferencial lineal de coeficientes constantes no homogénea. La ecuación característica es

$$\chi(r) = r^2 - 4r + 3 = 0, \tag{1.927}$$

con raíces 3 y 1. La solución general de la ecuación diferencial homogénea asociada es

$$y_h(t) = C_1e^{3t} + C_2e^t. \tag{1.928}$$

Buscamos una solución particular de la ecuación diferencial completa mediante el método de los coeficientes indeterminados de la forma

$$y_p(t) = At^2 + Bt + C. \tag{1.929}$$

Sustituimos para tener

$$2A - 4(2At + B) + 3(At^2 + Bt + C) = 9t^2 + 4. \quad (1.930)$$

De este modo

$$2A - 4B + 3C = 4, \ -8A + 3B = 0, \ 3A = 9 \Rightarrow A = 3, \ B = 8, \ C = 10, \quad (1.931)$$

y la solución particular obtenida es

$$y_p(t) = 3t^2 + 8t + 10, \quad (1.932)$$

y la solución general de (1.926) es

$$y(t) = C_1 e^{3t} + C_2 e^t + 3t^2 + 8t + 10. \quad (1.933)$$

Deshacemos el cambio de variable y obtenemos la solución general de la ecuación diferencial original

$$y(x) = C_1 x^3 + C_2 x + 3(\log x)^2 + 8 \log x + 10. \quad (1.934)$$

Sólo resta imponer las condiciones iniciales. Como

$$y'(x) = 3C_1 x^2 + C_2 + 6\frac{\log x}{x} + \frac{8}{x}, \quad (1.935)$$

tenemos que

$$y(1) = C_1 + C_2 + 10 = 6, \ y'(1) = 3C_1 + C_2 + 8 = 8 \Rightarrow C_1 = 2 \text{ y } C_2 = -6. \quad (1.936)$$

La solución que verifica las condiciones iniciales es entonces

$$y(x) = 2x^3 - 6x + 3(\log x)^2 + 8 \log x + 10. \quad (1.937)$$

■

Ejercicio 1.80 *Resuelva la ecuación diferencial*

$$y''(x) - y(x) = x^2 e^{2x} \quad (1.938)$$

usando métodos operacionales para el cálculo de una solución particular.

Solución.
Calculamos la solución general de la ecuación diferencial homogénea asociada

$$y''(x) - y(x) = 0. \quad (1.939)$$

Como su polinomio característico es $\chi(r) = r^2 - 1$, la solución general es

$$y_h(x) = C_1 e^x + C_2 e^{-x}. \tag{1.940}$$

Completemos con una solución particular. Tenemos que

$$L(D)[y(x)] = (D^2 - I)[y(x)] = x^2 e^{2x}, \tag{1.941}$$

con lo que

$$y_p(x) = \frac{1}{(D+I)(D-I)}[x^2 e^{2x}] = \frac{1}{D+I}\left[\frac{1}{D-I}[x^2 e^{2x}]\right]. \tag{1.942}$$

Aplicando la fórmula (1.50) tenemos

$$\frac{1}{D-I}[x^2 e^{2x}] = e^x \int e^{-x} e^{2x} x^2 dx =$$
$$= e^x \int e^x x^2 dx = x^2 e^{2x} - 2x e^{2x} + 2e^{2x}, \tag{1.943}$$

donde para la última igualdad el lector puede aplicar integración por partes. Así, continuamos la igualdad para tener

$$y_p(x) = \frac{1}{D+I}\left[\frac{1}{D-I}[x^2 e^{2x}]\right] = \frac{1}{D+I}\left[x^2 e^{2x} - 2x e^{2x} + 2e^{2x}\right] =$$
$$= \frac{1}{D+I}\left[(x^2 - 2x + 2)e^{2x}\right] = e^{-x} \int e^x ((x^2 - 2x + 2)e^{2x}) dx =$$
$$= e^{-x} \int (x^2 - 2x + 2) e^{3x} dx = \frac{e^{2x}}{27}(9x^2 - 24x + 26), \tag{1.944}$$

como el lector puede comprobar de nuevo usando integración por partes. La solución general es entonces

$$y(x) = C_1 e^x + C_2 e^{-x} + \frac{e^{2x}}{27}(9x^2 - 24x + 26). \tag{1.945}$$

Veamos cómo determinar de nuevo una solución particular pero en esta ocasión con otras fórmulas. Usamos la fórmula de desplazamiento exponencial (1.56) en dos ocasiones para tener

$$y_p(x) = \frac{1}{(D+I)(D-I)}[e^{2x} x^2] = \frac{1}{D+I}\left[\frac{1}{D-I}[e^{2x} x^2]\right] =$$
$$= \frac{1}{D+I}[e^{2x}]\frac{1}{D+2I-I}[x^2] = e^{2x}\frac{1}{D+2I+I}\left[\frac{1}{D+I}[x^2]\right] =$$
$$= e^{2x}\frac{1}{D+3I}\left[\frac{1}{D+I}[x^2]\right] = e^{2x}\frac{1}{D^2+4D+3I}[x^2]. \tag{1.946}$$

Si desarrollamos formalmente en serie de potencias[12] tenemos que

$$
\begin{array}{l|l}
1 & D^2+4D+3I \\ \cline{2-2}
-1-\frac{4}{3}D-\frac{1}{3}D^2 & \frac{1}{3}I-\frac{4}{9}D+\frac{13}{27}D^2+\dots \\ \hline
-\frac{4}{3}D-\frac{1}{3}D^2 & \\
+\frac{4}{3}D+\frac{16}{9}D^2+\frac{4}{9}D^3 & \\ \hline
+\frac{13}{9}D^2+\frac{4}{9}D^3 & \\
-\frac{13}{9}D^2 &
\end{array}
$$

y así

$$
\begin{aligned}
y_p(x) &= e^{2x}\frac{1}{D^2+4D+3I}[x^2] = e^{2x}\left(\frac{1}{3}I-\frac{4}{9}D+\frac{13}{27}D^2+\dots\right)[x^2] = \\
&= e^{2x}\left(\frac{1}{3}x^2-\frac{4}{9}2x+\frac{13}{27}2\right) = \frac{e^{2x}}{27}(9x^2-24x+26). \quad (1.947)
\end{aligned}
$$

■

Ejercicio 1.81 *Resuelva, mediante métodos operacionales, la ecuación diferencial*

$$y''(x)+y'(x)-y(x)=3x-x^4. \quad (1.948)$$

Solución.
La ecuación diferencial homogénea asociada

$$(D^2+D-I)[y(x)] = y''(x)+y'(x)-y(x)=0 \quad (1.949)$$

tiene por ecuación característica asociada a

$$\chi(r)=r^2+r-1=0. \quad (1.950)$$

Las raíces son $r=-\frac{1}{2}\pm\frac{\sqrt{5}}{2}$. De este modo, la solución general de la ecuación diferencial (1.949) es

$$y_h(x)=C_1e^{\left(-\frac{1}{2}+\frac{\sqrt{5}}{2}\right)x}+C_2e^{\left(-\frac{1}{2}-\frac{\sqrt{5}}{2}\right)x}. \quad (1.951)$$

[12] Sólo hasta grado 2, ya que las potencias superiores ya son nulas cuando se aplican a x^2.

Completamos con una solución particular de la ecuación diferencial completa, de modo que

$$y_p(x) = \frac{1}{D^2 + D - I}[3x - x^4]. \quad (1.952)$$

Desarrollaremos en serie de potencias, y para ello usamos que

$$\begin{array}{l|l}
1 & D^2 + D - I \\ \cline{2-2}
\underline{-1+D+D^2} & -I-D-2D^2-3D^3-5D^4-\ldots \\
\quad D + D^2 & \\
\quad \underline{-D + D^2 + D^3} & \\
\qquad 2D^2 + D^3 & \\
\qquad \underline{-2D^2 + 2D^3 + 2D^4} & \\
\qquad\quad 3D^3 + 2D^4 & \\
\qquad\quad \underline{-3D^3 + 3D^4 + 3D^5} & \\
\qquad\qquad 5D^4 + 3D^5 & \\
\qquad\qquad \underline{-5D^4 + 5D^5 + 5D^6} & \\
\qquad\qquad\quad 8D^5 + 5D^6 &
\end{array}$$

Tenemos así que la solución particular que proporciona el método es

$$\begin{gathered}
y_p(x) = (-I - D - 2D^2 - 3D^3 - 5D^4 - \ldots)[3x - x^4] = \\
= -3x+x^4-3+4x^3+24x^2+72x+120 = 117+69x+24x^2+4x^3+x^4. \quad (1.953)
\end{gathered}$$

La solución general es entonces

$$y(x) = y_h(x) + y_p(x). \quad (1.954)$$

∎

Ejercicio 1.82 *Resuelva la ecuación diferencial*

$$y'''(x) - y''(x) = 12x - 2, \quad (1.955)$$

con la ayuda de métodos operacionales.

Solución.

Calculemos en primer lugar la solución general de la ecuación diferencial homogénea asociada

$$L(D)(y(x)) = (D^3 - D^2)[y(x)] = y'''(x) - y''(x) = 0. \tag{1.956}$$

Como su polinomio característico es $\chi(r) = r^3 - r^2$, con raíces 0 doble y 1 simple, tenemos que

$$y_h(x) = C_1 + C_2 x + C_2 e^x. \tag{1.957}$$

Determinemos una solución particular que añadida a $y_h(x)$ nos lleve a la solución general de la ecuación diferencial. De este modo

$$\begin{aligned} y_p(x) &= \frac{1}{L(D)}[12x - 2] = \frac{1}{D^3 - D^2}[12x - 2] = \\ &= \frac{1}{D - I}\left[\frac{1}{D^2}[12x - 2]\right] = \frac{1}{D - I}\left[\frac{1}{D}[6x^2 - 2x]\right] = \frac{1}{D - I}[2x^3 - x^2]. \end{aligned} \tag{1.958}$$

Desarrollamos hasta orden 3, ya que los demás anulan a $2x^3 - x^2$, para tener

$$\begin{array}{l|l} 1 & D - I \\ \hline \underline{-1 + D} & -I - D - D^2 - D^3 - \ldots \\ \quad D & \\ \quad \underline{-D + D^2} & \\ \qquad D^2 & \\ \qquad \underline{-D^2 + D^3} & \\ \qquad\quad D^3 & \end{array}$$

es decir,

$$\frac{1}{D - I} = -I - D - D^2 - D^3 - \ldots \tag{1.959}$$

y por tanto

$$\begin{aligned} y_p(x) &= \frac{1}{D - I}[2x^3 - x^2] = (-I - D - D^2 - D^3 - \ldots)[2x^3 - x^2] = \\ &= -2x^3 + x^2 - 6x^2 + 2x - 12x + 2 - 12 = -2x^3 - 5x^2 - 10x - 10. \end{aligned} \tag{1.960}$$

La solución general es entonces

$$y(x) = y_h(x) + y_p(x) = C_1 + C_2 x + C_2 e^x - 2x^3 - 5x^2 - 10x - 10, \tag{1.961}$$

donde podemos suprimir $-10x - 10$ por ser solución de la ecuación diferencial homogénea asociada. ∎

Ejercicio 1.83 *Resuelva la ecuación diferencial, con las condiciones iniciales dadas,*

$$y''(x) - 4y'(x) + 4y(x) = e^{2x} \operatorname{sen} x, \ \ y(0) = 1, \ \ y'(0) = 0. \tag{1.962}$$

Solución.
La ecuación característica asociada a la ecuación diferencial homogénea

$$L(D)[y(x)] = (D - 2I)^2[y(x)] = y''(x) - 4y'(x) + 4y(x) = 0 \tag{1.963}$$

es $\chi(r) = (r-2)^2 = 0$. La solución general de esta ecuación es así

$$y_h(x) = C_1 e^{2x} + C_2 x e^{2x}. \tag{1.964}$$

El método operacional proporciona, usando la regla de desplazamiento exponencial (1.56),

$$\begin{aligned} y_p(x) &= \frac{1}{(D-2I)^2}[e^{2x} \operatorname{sen} x] = e^{2x} \frac{1}{(D+2I-2I)^2}[\operatorname{sen} x] = \\ &= e^{2x} \frac{1}{D^2}[\operatorname{sen} x] = e^{2x} \frac{1}{D}[-\cos x] = -e^{2x} \operatorname{sen} x. \end{aligned} \tag{1.965}$$

La solución general de la ecuación diferencial es entonces

$$y(x) = C_1 e^{2x} + C_2 x e^{2x} - e^{2x} \operatorname{sen} x. \tag{1.966}$$

Imponemos las condiciones iniciales, que como

$$\begin{aligned} y'(x) &= 2C_1 e^{2x} + C_2 e^{2x} + 2C_2 x e^{2x} - 2e^{2x} \operatorname{sen} x - e^{2x} \cos x = \\ &= (2C_1 + C_2)e^{2x} + 2C_2 x e^{2x} - e^{2x}(2 \operatorname{sen} x + \cos x), \end{aligned} \tag{1.967}$$

deducimos que

$$y(0) = C_1 = 1, \ \ y'(0) = 2C_1 + C_2 - 1 = 0 \Rightarrow C_1 = 1, \ C_2 = -1. \tag{1.968}$$

La solución que verifica las condiciones iniciales es (Figura 1.13)

$$y(x) = e^{2x} - xe^{2x} - e^{2x} \operatorname{sen} x = e^{2x}(1 - x - \operatorname{sen} x). \tag{1.969}$$

∎

Ejercicio 1.84 *Resuelva la ecuación diferencial*

$$y^{vi)}(x) - y(x) = x^{10}. \tag{1.970}$$

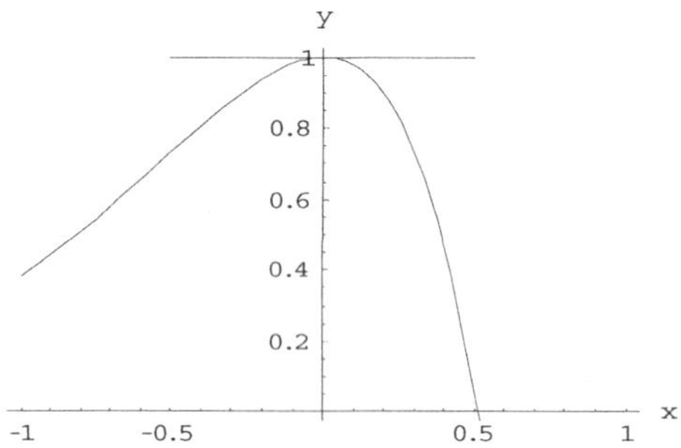

Figura 1.13: Gráfica de la solución (1.969) junto con la tangente en $(0, 1)$.

Solución.
La ecuación característica que debemos factorizar es

$$\chi(r) = r^6 - 1 = 0, \tag{1.971}$$

resultando

$$\chi(r) = (r-1)(r+1)(r^2 - r + 1)(r^2 + r + 1) = 0. \tag{1.972}$$

Las raíces son entonces 1, -1, $\dfrac{-1 \pm \sqrt{3}i}{2}$ y $\dfrac{1 \pm \sqrt{3}i}{2}$, y la solución general es así de la forma

$$y(x) = C_1 e^x + C_2 e^{-x} + C_3 e^{x/2} \cos\left(\frac{\sqrt{3}}{2}x\right) + C_4 e^{x/2} \operatorname{sen}\left(\frac{\sqrt{3}}{2}x\right) +$$

$$+ C_5 e^{-x/2} \cos\left(\frac{\sqrt{3}}{2}x\right) + C_6 e^{-x/2} \operatorname{sen}\left(\frac{\sqrt{3}}{2}x\right) + y_p(x). \tag{1.973}$$

El método operacional proporcionará $y_p(x)$ mediante

$$y_p(x) = \frac{1}{D^6 - I}[x^{10}]. \tag{1.974}$$

Como

$$\begin{array}{l|l}
1 & D^6 - I \\ \cline{2-2}
\underline{-1 + D^6} & -I - D^6 - D^{12} - \dots \\
\quad D^6 & \\
\quad \underline{-D^6 + D^{12}} & \\
\qquad D^{12} &
\end{array}$$

tenemos

$$y_p(x) = (-I - D^6 - D^{12} - \ldots)[x^{10}] = -x^{10} - 10 \cdot 9 \cdot 8 \cdot 7 \cdot 6 \cdot 5 \cdot x^4 = \\ = -x^{10} - 151200\, x^4. \quad (1.975)$$

■

Ejercicio 1.85 *La ecuación diferencial*

$$YIy^{iv)}(x) = k, \ y(0) = 0, \ y(L) = 0, \ y''(0) = 0, \ y''(L) = 0, \quad (1.976)$$

modeliza la flexión de una viga de longitud L apoyada en sus extremos, soportando una carga constante k distribuida uniformemente, con I momento de inercia e Y el módulo de Young. Determine la flexión $y(x)$, así como su valor máximo (flexión máxima).

Solución.
Integrando cuatro veces tenemos la solución general

$$y(x) = \frac{k}{24IY}x^4 + c_1x^3 + c_2x^2 + c_3x + c_4. \quad (1.977)$$

La derivada segunda, para imponer luego las condiciones iniciales, es

$$y''(x) = \frac{k}{2IY}x^2 + 6c_1x + 2c_2. \quad (1.978)$$

Imponemos las condiciones iniciales para tener

$$y(0) = c_4 = 0, \quad (1.979)$$

$$y(L) = \frac{k}{24IY}L^4 + c_1L^3 + c_2L^2 + c_3L + c_4 = 0, \quad (1.980)$$

$$y''(0) = 2c_2 = 0, \quad (1.981)$$

$$y''(L) = \frac{k}{2IY}L^2 + 6c_1L + 2c_2 = 0. \quad (1.982)$$

Determinamos las constantes c_i, $i = 1, 2, 3, 4$, que resultan ser

$$c_1 = -\frac{kL}{12IY}, \ c_2 = 0, \ c_3 = \frac{kL^3}{24IY}, \ c_4 = 0, \quad (1.983)$$

con lo que la solución del problema es

$$y(x) = \frac{k}{24IY}x^4 - \frac{kL}{12IY}x^3 + \frac{kL^3}{24IY}x = \frac{k}{24IY}(x^4 - 2Lx^3 + L^3x). \quad (1.984)$$

Veamos la flexión máxima. La derivada de esta solución es

$$y'(x) = \frac{k}{24IY}(4x^3 - 6Lx^2 + L^3) \tag{1.985}$$

con raíces

$$y'(x) = 0 \Rightarrow x_1 = \frac{L}{2},\ x_2 = \frac{L}{2}(1 - \sqrt{3}),\ x_3 = \frac{L}{2}(1 + \sqrt{3}). \tag{1.986}$$

La raíz x_2 es negativa, donde no hay viga, mientras que x_3 supera L. Confirmemos que la flexión máxima se alcanza en la mitad de la viga. La derivada segunda de $y(x)$ es

$$y''(x) = \frac{kx(x-L)}{2IY} \tag{1.987}$$

con

$$y''\left(\frac{L}{2}\right) = -\frac{kL^2}{8IY} < 0. \tag{1.988}$$

Se trata efectivamente de un máximo, y la flexión máxima es

$$y\left(\frac{L}{2}\right) = \frac{5kL^4}{384IY}. \tag{1.989}$$

■

Ejercicio 1.86 *Resuelva la ecuación de Euler*

$$(x-1)^2y'' - (x-1)y' + y = (x-1)^3,\ x > 1. \tag{1.990}$$

Solución.
Mediante el cambio de variable $x - 1 = e^t$ tenemos

$$\frac{dy}{dx} = \frac{dy}{dt}\frac{dt}{dx} = e^{-t}\frac{dy}{dt}, \tag{1.991}$$

$$\frac{d^2y}{dx^2} = \frac{d}{dx}\left(e^{-t}\frac{dy}{dt}\right) = e^{-2t}\left(\frac{d^2y}{dt^2} - \frac{dy}{dt}\right). \tag{1.992}$$

Si sustituimos en la ecuación inicial

$$e^{2t}e^{-2t}\left(\frac{d^2y}{dt^2} - \frac{dy}{dt}\right) - e^te^{-t}\frac{dy}{dt} + y = e^{3t}, \tag{1.993}$$

es decir, la ecuación diferencial nos queda en la forma

$$\frac{d^2y}{dt^2} - 2\frac{dy}{dt} + y = e^{3t}. \tag{1.994}$$

La ecuación característica es en este caso

$$\lambda^2 - 2\lambda + 1 = (\lambda - 1)^2 = 0. \tag{1.995}$$

Como $\lambda = 1$ es raíz doble, la solución general de la ecuación diferencial homogénea asociada es

$$y_h = Ate^t + Be^t = A(x-1)\ln(x-1) + B(x-1). \tag{1.996}$$

Una solución particular de la ecuación diferencial completa, en la variable t, será de la forma $y_p = Ce^{3t}$. Como $y_p' = 3Ce^{3t}$, e $y_p'' = 9Ce^{3t}$, sustituyendo tenemos

$$9Ce^{3t} - 2 \cdot 3Ce^{3t} + Ce^{3t} = e^{3t}, \tag{1.997}$$

luego $4C = 1$ y por tanto

$$y_p(t) = \frac{1}{4}e^{3t}. \tag{1.998}$$

Así la solución general de la ecuación será

$$y(x) = A(x-1)\ln(x-1) + B(x-1) + \frac{1}{4}(x-1)^3. \tag{1.999}$$

■

Ejercicio 1.87 *Resuelva la ecuación de Euler*

$$(x+1)^3 y''' + 5(x+1)y' - 5y = 0, \; x > 0. \tag{1.1000}$$

Solución.
Mediante el cambio de variable $x + 1 = e^t$ tenemos

$$\frac{dy}{dx} = \frac{dy}{dt}\frac{dt}{dx} = e^{-t}\frac{dy}{dt}, \tag{1.1001}$$

$$\frac{d^2y}{dx^2} = \frac{d}{dx}\left(e^{-t}\frac{dy}{dt}\right) = e^{-2t}\left(\frac{d^2y}{dt^2} - \frac{dy}{dt}\right), \tag{1.1002}$$

$$\frac{d^3y}{dx^3} = \frac{d}{dx}\left(e^{-2t}\left(\frac{d^2y}{dt^2} - \frac{dy}{dt}\right)\right) =$$

$$= e^{-t}\frac{d}{dt}\left(e^{-2t}\left(\frac{d^2y}{dt^2} - \frac{dy}{dt}\right)\right) = e^{-3t}\frac{d^3y}{dt^3} - 3e^{-3t}\frac{d^2y}{dt^2} + 2e^{-3t}\frac{dy}{dt}. \tag{1.1003}$$

Sustituyendo en la ecuación nos queda, en la variable t,

$$e^{3t}e^{-3t}(y''' - 3y'' + 2y') + 5e^t e^{-t}y' - 5y = y''' - 3y'' + 7y' - 5y = 0, \tag{1.1004}$$

cuya ecuación característica,

$$\lambda^3 - 3\lambda^2 + 7\lambda - 5 = (\lambda - 1)(\lambda^2 - 2\lambda + 5) = 0, \tag{1.1005}$$

tiene por raíces $\lambda_1 = 1$, $\lambda_2 = 1 + 2i$, $\lambda_3 = 1 - 2i$. Así, la solución general de la ecuación diferencial es de la forma

$$y(t) = Ae^t + Be^t \cos 2t + Ce^t \operatorname{sen} 2t, \tag{1.1006}$$

es decir,

$$y(x) = A(x+1) + B(x+1)\cos(2\ln(x+1)) + C(x+1)\operatorname{sen}(2\ln(x+1)). \tag{1.1007}$$

■

1.3 Ejercicios propuestos

Ejercicio 1.88 *Las curvas $y = kx$, $k \in \mathbb{R}$, son ortogonales a la familia de curvas*

a) $y = rx^2$, $r \in \mathbb{R}$.

b) $x^2 + y^2 = r^2$, $r \in \mathbb{R}$, $r > 0$.

c) $x = ry^2$, $r \in \mathbb{R}$.

d) $y + x = r$, $r \in \mathbb{R}$.

Ejercicio 1.89 *Las rectas $y = x \pm 1$ son envolventes de la familia de curvas*

a) $(x+k)^2 + (y-k)^2 = 1$, $k \in \mathbb{R}$.

b) $(x-2k)^2 + y^2 = 1$, $k \in \mathbb{R}$.

c) $x^2 + (y-k)^2 = 1$, $k \in \mathbb{R}$.

d) $(x+1)^2 + (y-1)^2 = k^2$, $k \in \mathbb{R}$, $k > 0$.

Ejercicio 1.90 *Asociado al problema de Cauchy $y' = f(x,y)$, $y(x_0) = y_0$, tenemos la transformación integral*

a) $y = x_0 + \int_{y_0}^{x} f(t,y)dt$.

b) $y = y_0 + \int_{x_0}^{x} f(t,y)dt$.

c) $y = y_0 + \int_x^{x_0} f(y,t)dt.$

d) Ninguna de las anteriores.

Ejercicio 1.91 *Resuelva la ecuación diferencial*

$$y^{v)} - \frac{1}{x}y^{iv)} = 0. \tag{1.1008}$$

Ejercicio 1.92 *Resuelva la ecuación diferencial*

$$y = a(y')^2 + b(y')^3, \;\; a, b \in \mathbb{R}. \tag{1.1009}$$

Ejercicio 1.93 *Resuelva la ecuación diferencial*

$$y^2 + (y')^2 = 1. \tag{1.1010}$$

Ejercicio 1.94 *Resuelva la ecuación diferencial*

$$x = e^{y'} + y'. \tag{1.1011}$$

Ejercicio 1.95 *Resuelva las ecuaciones diferenciales*

1. $(y')^3 - 2(y')^2 + 6y' - 8 = 0.$
2. $-(y')^4 - (y')^3 + (y')^2 - 2y' + 5 = 0.$

Ejercicio 1.96 *Resuelva la ecuación diferencial*

$$x + (y')^4 = 2 - 6y'. \tag{1.1012}$$

Ejercicio 1.97 *Definiendo* $y' = t$, *resuelva las ecuaciones diferenciales*

$$y = 2(y')^3 - 6y' + 5, \quad y = (y')^2 - 6y'. \tag{1.1013}$$

Ejercicio 1.98 *Resuelva la ecuación diferencial*

$$yy'' - (y')^2 = 0. \tag{1.1014}$$

Ejercicio 1.99 *Resuelva el problema de valor inicial*

$$xy'' = (y-1)y', \;\; y(0) = y'(0) = 1. \tag{1.1015}$$

Indicación: derive el producto xy'.

Ejercicio 1.100 *Resuelva la ecuación diferencial*

$$yy'' - (y')^2 = 6xy^2. \tag{1.1016}$$

Ejercicio 1.101 *Conocida la solución particular* $y_p(x) = x$ *de la ecuación diferencial*

$$xy'' - xy' + y = 0, \tag{1.1017}$$

demuestre que la solución general es

$$y(x) = Ax \int \frac{e^x}{x^2} dx + Bx. \tag{1.1018}$$

Ejercicio 1.102 *Resuelva el problema de valor inicial*

$$y''(t) - 2y'(t) + 5y(t) = -8e^t, \;\; y(0) = 2, \;\; y'(0) = 12. \tag{1.1019}$$

Ejercicio 1.103 *Resuelva la ecuación diferencial*

$$y'''(x) - 2y''(x) - 3y'(x) = 0, \tag{1.1020}$$

reduciendo previamente su orden.

Ejercicio 1.104 *Resuelva la ecuación diferencial*

$$y'''(x) - 2y''(x) - y'(x) + 2y(x) = 2x^2 - 2x - 4. \tag{1.1021}$$

Ejercicio 1.105 *Resuelva la ecuación diferencial*

$$y^{iv)}(x) + 4k^4 y(x) = 0, \;\; k > 0. \tag{1.1022}$$

Ejercicio 1.106 *Resuelva las siguientes ecuaciones diferenciales*

a) $x^3y''' - 2x^2y'' + 3xy' - 3y = 0.$

b) $2x^2y'' + xy' - 15y = 0.$

c) $x^3y''' + 6x^2y'' + 7xy' + y = 0.$

Ejercicio 1.107 *Halle la solución general de la ecuación diferencial*

$$x^3y''' - 3x^2y'' + 6xy' - 6y = x^2 + 6. \tag{1.1023}$$

Ejercicio 1.108 *Resuelva la ecuación diferencial anterior con las condiciones iniciales*

$$y(1) = 0, \;\; y'(1) = 0, \;\; y''(1) = 0. \tag{1.1024}$$

Ejercicio 1.109 *Resuelva de nuevo la ecuación diferencial (1.85) con la ayuda de la expresión (1.2).*

Ejercicio 1.110 *Resuelva, usando el método de Lagrange o de variación de las constantes, la ecuación diferencial*

$$y''' + y' = \operatorname{cosec} x, \ \ y(\pi/2) = y'(\pi/2) = 0. \tag{1.1025}$$

Ejercicio 1.111 *Resuelva las siguientes ecuaciones diferenciales de Euler*

a) $(2x+3)^3y'' + 2(2x+3)^2y' - 4(2x+3)y = (2x+3)^2$.

b) $(x+1)^3y''' + 3(x+1)^2y'' + (x+1)y' = \log^2(x+1)$.

Ejercicio 1.112 *La ecuación diferencial* $y'''(t) - 3y''(t) + 4y(t) = e^{2t} + te^t$ *admite como solución particular a una expresión de la forma*

a) $ae^{2t} + (bt+c)te^t$.

b) $at^2e^{2t} + (bt+c)e^t$.

c) $ate^{2t} + bte^t$.

d) $ae^{2t} + bte^t + ce^t$.

Ejercicio 1.113 *Resuelva la ecuación diferencial*

$$4y''(x) + 36y(x) = \operatorname{cosec} x. \tag{1.1026}$$

Ejercicio 1.114 *Halle la solución general de la ecuación diferencial*

$$y''(x) + y'(x) = \operatorname{cosec} x. \tag{1.1027}$$

Ejercicio 1.115 *Resuelva el problema con condición inicial*

$$(1+xy^2)xyy' = 1, \ \ y(1) = 0. \tag{1.1028}$$

Ejercicio 1.116 *Dada la ecuación diferencial*

$$4xy''(x) + 2y'(x) + y(x) = 0, \tag{1.1029}$$

pruebe, usando el método de Frobenius, que la solución general es

$$y(x) = C_1y_1(x) + C_2y_2(x), \tag{1.1030}$$

donde

$$y_1(x) = |x|^{1/2}\sum_{n=0}^{\infty}\frac{(-1)^nx^n}{(2n+1)!}, \ \ y_2(x) = \sum_{n=0}^{\infty}\frac{(-1)^nx^n}{(2n)!}. \tag{1.1031}$$

Ejercicio 1.117 *Resuelva las ecuaciones diferenciales*

1. $y^{iv)} - 5y'' = 36y$.

2. $y^{v)} = y'$.

3. $y^{vi)} - 2y^{v)} + 3y^{iv)} + 3y'' - 2y' + y = 4y'''$.

Ejercicio 1.118 *Dada la ecuación diferencial que gobierna las vibraciones de cierto resorte envejecido*

$$y''(t) + e^{-\epsilon t}y(t) = 0, \; y(0) = 1, \; y'(0) = 0, \tag{1.1032}$$

demuestre que su solución puede expresarse de la forma

$$y(t) = 1 - \frac{1}{2}t^2 + \frac{\epsilon}{6}t^3 + \frac{1}{24}(1-\epsilon^2)t^4 + \frac{\epsilon}{120}(\epsilon^2-4)t^5 - \frac{1}{720}(1-11\epsilon^2+\epsilon^4)t^6 + \dots \tag{1.1033}$$

Ejercicio 1.119 *Las funciones* $\operatorname{sen} t$, $\operatorname{sen}(t+\pi)$ *y* $\operatorname{sen}(t-\pi)$, *son*

a) *Linealmente independientes.*

b) *Linealmente dependientes.*

c) *Constantes.*

d) *Ninguna de las anteriores.*

Ejercicio 1.120 *Un sistema fundamental de soluciones de la ecuación diferencial* $y''(x) - 2y'(x) + y(x) = 0$ *es*

a) $\{1, x, x^2\}$.

b) $\{e^x, \pi x e^x\}$.

c) $\{1, e^x\}$.

d) $\{e^x, e^{x^2}\}$.

Ejercicio 1.121 *Dada una familia de funciones* $\{y_i(x)\}$, $i = 1, \dots, n$, *definidas en* $[a, b]$, *se define el determinante de Gram como*

$$G(y_1(x), \dots, y_n(x)) := \left| (\langle y_i(x) | y_j(x) \rangle)_{i,j=1,\dots,n} \right|, \tag{1.1034}$$

donde

$$\langle y_i(x) | y_j(x) \rangle := \int_a^b y_i(x) y_j(x) dx, \; i, j = 1, \dots, n. \tag{1.1035}$$

Se tiene entonces que $\{y_i(x)\}$, $i = 1, \dots, n$, *es un conjunto linealmente independiente de funciones si, y sólo si, su determinante de Gram es nulo. Analice, con este criterio, la dependencia lineal de las siguientes funciones:*

1. $\{1, x, 2x\}$.

2. $\{\operatorname{sen} x, \cos x, \operatorname{sen}(2x)\}$.

3. $\{1, \operatorname{sen} x\}$.

4. $\{1, \operatorname{senh} x, \cosh x\}$.

Sol: los determinantes que resultan son

$$G(1, x, 2x) = 0,\ G(\operatorname{sen} x, \cos x, \operatorname{sen}(2x)) = \pi^3,\ G(1, \operatorname{sen} x) = 2\pi^2,$$
$$G(1, \operatorname{senh} x, \cosh x) = -\frac{1}{2}\left(4\operatorname{senh}^2 1 - \operatorname{senh} 2 - 2\right)(\operatorname{senh} 2 - 2). \quad (1.1036)$$

Ejercicio 1.122 *La ecuación diferencial* $(y'(x) + 2)' = 0$ *tiene por solución*

a) $y(x) = 2x + ax + b$.

b) $y(x) = 2 + ax + bx^2$.

c) $y(x) = (a - 2)x + b$.

d) $y(x) = 2x + ax^2 + b$.

Ejercicio 1.123 *Después del cambio de variable* $y(x) = x + u(x)$, *la ecuación diferencial* $y'(x) - y(x) = 1 - x$ *se convierte en*

a) $u'(x) - u(x) = 1$.

b) $u'(x) - u(x) = 0$.

c) $u'(x) + u(x) = x$.

d) $u'(x) + u(x) = -1$.

Ejercicio 1.124 *Un sistema fundamental de soluciones asociado a la ecuación diferencial* $y''(x) - 2y'(x) + y(x) = 0$ *es*

a) $\{1, x, x^2\}$.

b) $\{e^x, \pi x e^x\}$.

c) $\{1, e^x\}$.

d) $\{e^x, e^{x^2}\}$.

Ejercicio 1.125 *Las funciones* t^2 *y* $t|t|$, *en* $t \in [-1, 1]$, *son*

a) Linealmente independientes.

b) Linealmente dependientes.

c) Constantes.

d) Ninguna de las anteriores.

Ejercicio 1.126 *En una capa plana de plasma, la ecuación del movimiento de los electrones que lo componen es*

$$\frac{d^2x}{dt^2} + \frac{e^2 n_0}{m\epsilon_0} x = 0, \tag{1.1037}$$

donde m *es la masa del electrón,* e *su carga,* n_0 *la concentración de electrones y* e_0 *la constante dieléctrica. Demuestre que los electrones efectúan oscilaciones armónicas libres de frecuencia cíclica*

$$\omega = e\sqrt{\frac{n_0}{m\epsilon_0}}, \tag{1.1038}$$

que recibe el nombre de frecuencia de plasma o de Langmuir.

Ejercicio 1.127 *Un electrón libre sometido a campo eléctrico* $E\,\mathrm{sen}(\omega t)$ *experimenta una fuerza* $eE\,\mathrm{sen}(\omega t)$ *y la ecuación del movimiento es entonces*

$$m\frac{d^2x}{dt^2} = eE\,\mathrm{sen}(\omega t). \tag{1.1039}$$

Demuestre que el desplazamiento del electrón viene dado por

$$x = -\frac{eE}{m\omega^2}\,\mathrm{sen}(\omega t), \tag{1.1040}$$

imponiendo las condiciones iniciales necesarias.

Ejercicio 1.128 *Resuelva, usando el método del Ejercicio 1.50 para determinar una solución particular, la ecuación diferencial*

$$y''(x) - 6y'(x) + 9y(x) = \frac{e^{3x}}{x^2}. \tag{1.1041}$$

Ejercicio 1.129 *La ecuación diferencial* $y'' - 5y' + 4y = 5x^2\,\mathrm{sen}(4x)$ *tiene alguna solución particular del tipo:*

a) $(ax^2 + bx + c)\,\mathrm{sen}(4x)$.

b) $ax^2e^x\,\mathrm{sen}(4x) + bx^2e^{4x}\cos(4x)$.

c) $(ax^2 + bx + c)\,\mathrm{sen}(4x) + (dx^2 + ex + f)\cos(4x) + 9e^{4x}$.

d) $ax^2 \operatorname{sen}(4x)$.

Ejercicio 1.130 *Halle todas las soluciones posibles del problema*

$$y''(x) + \lambda y(x) = 0, \ y(0) = 0 = y(L), \tag{1.1042}$$

para cada valor de λ. *¿Se tiene existencia y unicidad de soluciones como en el caso del problema de Cauchy?*

Ejercicio 1.131 *Consideremos la ecuación diferencial de Euler*

$$t^2y''(t) + pty'(t) + qy(t) = 0, \ t > 0, \ p, q \in \mathbb{R}. \tag{1.1043}$$

Si $r = a + bi$ *es raíz compleja de*

$$Q(r) = r^2 + (p-1)r + q = 0, \tag{1.1044}$$

demuestre que

$$\mathcal{S} = \{y_1(t), y_2(t)\}, \ y_1 = t^a \cos(b \log t), \ y_2(t) = t^a \operatorname{sen}(b \log t) \tag{1.1045}$$

es un conjunto fundamental de soluciones de la ecuación diferencial. Sugerencia: tenga en cuenta que $t^{a+bi} = e^{(a+bi)\log t}$.

Ejercicio 1.132 *Calcule la ecuación indicial y los índices de la singularidad especificada de las ecuaciones diferenciales*

a) $x^2y'' - 2xy' - 10y = 0$ *en* $x_0 = 0$.

b) $(x^2-1)^2y'' - (x-1)y' - 3y = 0$ *en* $x_0 = 1$.

Ejercicio 1.133 *Encuentre los cinco primeros términos no nulos del desarrollo en serie de potencias en torno a* $x_0 = 0$ *de una solución de la ecuación diferencial*

$$xy'' + y' - 4y = 0, \ x > 0, \tag{1.1046}$$

usando el método de Frobenius.

Ejercicio 1.134 *Dada la ecuación diferencial*

$$y''(x) + xy'(x) + y(x) = 0, \tag{1.1047}$$

calcule su solución general en la forma

$$y(x) = ay_1(x) + by_2(x), \tag{1.1048}$$

con $y_i(x)$, $i = 1, 2$, *series de potencias.*

Ejercicio 1.135 *Halle la solución general de la ecuación diferencial*

$$y''(x) - y(x) = 0 \tag{1.1049}$$

buscando soluciones definidas mediante series de potencias. Calcule su solución para $y(0) = y'(0) = 1$.

Ejercicio 1.136 *Resuelva las ecuaciones diferenciales*

a) $yy' - y'y'' = 0$.

b) $y'y'' = 0$.

c) $y''y^{iv)} = 0$.

Ejercicio 1.137 *Resuelva el problema de Cauchy*

$$y'' + 4y = 5xe^x, \; y(0) = 1, \; y'(0) = 3. \tag{1.1050}$$

Ejercicio 1.138 *Resuelva el problema de Cauchy*

$$y'' + 5y' + 4y = 3 - 2x, \; y(0) = \frac{11}{8}, \; y'(0) = -\frac{1}{2}, \tag{1.1051}$$

comprobando así que su solución es

$$y = \frac{1}{8}(11 - 4x). \tag{1.1052}$$

Ejercicio 1.139 *Resuelva la ecuación diferencial*

$$y^{iv)} - 4y''' + 5y'' - 4y' + 4y = 0. \tag{1.1053}$$

Ejercicio 1.140 *Demuestre, con el método de los coeficientes indeterminados para la determinación de una solución particular, que la solución de las ecuaciones diferenciales siguientes es la que se indica*

1. $y''(x)+y'(x) = e^x \operatorname{sen} x$, $y(x) = Ae^x \operatorname{sen} x+Be^x \cos x+\frac{1}{10}e^x \operatorname{sen} x-\frac{3}{10}e^x \cos x$.

2. $\theta''(t) + \theta'(t) = t - 2, \;\; \theta(t) = C_1 + C_2e^{-t} - 3t + \frac{1}{2}t^2$.

3. $y''(x) - y'(x) = e^x \operatorname{sen} x, \;\; y(x) = K_1 + K_2e^x - \frac{e^x}{2}(\operatorname{sen} x + \cos x)$.

Ejercicio 1.141 *Halle la solución de la ecuación diferencial*

$$y^{iv)} + 2y'' + y = 0 \tag{1.1054}$$

que verifique $y(0) = y'(0) = 0$, $y''(0) = 6$ *y* $y'''(0) = -2$.

Ejercicio 1.142 *Resuelva la ecuación de movimiento de las vibraciones amortiguadas*

$$x''(t) + \frac{c}{m}x'(t) + \frac{k}{m}x(t) = 0, \tag{1.1055}$$

distinguiendo casos según el signo del discriminante de la ecuación característica.

Ejercicio 1.143 *Halle la solución general de la ecuación diferencial*

$$x^3y''' - 3x^2y'' + 6xy' - 6y = x^2 + 6. \tag{1.1056}$$

Ejercicio 1.144 *Resuelva la ecuación diferencial*

$$y^{iv)} - 2y''' - 3y'' = e^{-x} + e^{2x} + \operatorname{sen} x. \tag{1.1057}$$

Ejercicio 1.145 *Resuelva la ecuacion diferencial*

$$y'' - y = \frac{1}{x}, \ y(1) = y'(1) = 1 \tag{1.1058}$$

con el método de variación de las constantes, expresando la solución en función de las llamadas "integrales exponenciales", integrales de la forma $\int_1^x \frac{1}{t}e^{\pm t}dt$.

Ejercicio 1.146 *Resuelva la ecuación diferencial*

$$9x^2y'' + 3xy' - 8y = \frac{1}{x\sqrt{x}} + 5. \tag{1.1059}$$

Ejercicio 1.147 *Demuestre que el cambio de variable* $z = \log y$ *convierte la ecuación diferencial*

$$y' + P(x)y = Q(x)y\log y \tag{1.1060}$$

en una ecuación diferencial lineal. Aplique este cambio de variable para resolver

$$xy' - 2x^2y - y\log y = 0, \ y(1) = e. \tag{1.1061}$$

Ejercicio 1.148 *Resuelva de nuevo el Ejercicio 1.85 pero con las condiciones de contorno*

$$y(0) = 0, \ y(L) = 0, \ y'(0) = 0, \ y'(L) = 0, \tag{1.1062}$$

que modeliza la viga con los extremos fijos.

Capítulo 2

SISTEMAS DE ECUACIONES DIFERENCIALES ORDINARIAS

2.1 Resultados teóricos

2.1.1 Definiciones y principales resultados

Un *sistema de ecuaciones diferenciales ordinarias de primer orden*, SED, es un sistema de ecuaciones de la forma

$$\frac{dy_i(t)}{dt} = f_i(t, y_1(t), y_2(t), \ldots, y_n(t)), \quad 1 \leq i \leq n, \tag{2.1}$$

donde a las funciones f_i se les exigirán ciertas condiciones (continuidad y verificar la condición de Lipschitz) para poder asegurar la existencia y unicidad de soluciones, es decir, la existencia y unicidad de n funciones $y_i(t)$ verificando condiciones iniciales del tipo de Cauchy.

Nos centraremos en los sistemas de ecuaciones diferenciales *lineales* de primer orden, aunque recomendamos enérgicamente la lectura de consideraciones sobre los no lineales, como por ejemplo, la aproximación cualitativa a la teoría del caos con la ayuda de sistemas informáticos como *Mathematica*.

Formalmente, un sistema de ecuaciones diferenciales lineal de primer orden[1], abreviado en ocasiones como SED, tiene la forma

$$\underbrace{\begin{pmatrix} y_1'(t) \\ y_2'(t) \\ \vdots \\ y_n'(t) \end{pmatrix}}_{Y'(t)} = \underbrace{\begin{pmatrix} a_{11}(t) & a_{12}(t) & \cdots & a_{1n}(t) \\ a_{21}(t) & a_{22}(t) & \cdots & a_{2n}(t) \\ \vdots & \vdots & \ddots & \vdots \\ a_{n1}(t) & a_{n2}(t) & \cdots & a_{nn}(t) \end{pmatrix}}_{A(t)} \underbrace{\begin{pmatrix} y_1(t) \\ y_2(t) \\ \vdots \\ y_n(t) \end{pmatrix}}_{Y(t)} + \underbrace{\begin{pmatrix} b_1(t) \\ b_2(t) \\ \vdots \\ b_n(t) \end{pmatrix}}_{B(t)}, \qquad (2.2)$$

que puede presentarse en la forma

$$Y'(t) = A(t)Y(t) + B(t). \qquad (2.3)$$

Si $B(t) \equiv 0$, estaremos ante un SED lineal *homogéneo*, SEDLH, y en caso contrario *no homogéneo*. Si $A(t)$ es una matriz constante, hablaremos de SED lineal de *coeficientes constantes*. El problema de Cauchy o de condiciones iniciales es en este caso de la forma

$$Y'(t) = A(t)Y(t) + B(t), \; Y(t_0) = Y_0, \; t_0 \in I \subset \mathbb{R}, \; Y_0 \in \mathbb{R}^n. \qquad (2.4)$$

Para asegurar existencia y unicidad basta con exigir continuidad a las funciones de las matrices $A(t)$ y $B(t)$, y la solución es entonces derivable.

Proposición 2.1 *Las soluciones de un SED lineal homogéneo forman un espacio vectorial n-dimensional.*

En ocasiones, se puede reducir un SED a una ecuación diferencial de orden n, y aplicar los métodos expuestos en el capítulo anterior.

Centrándonos en los SED lineales, será básico en lo que sigue la definición de *matriz solución* de un SED lineal homogéneo: matriz de orden n cuyas columnas son vectores solución del mismo, y *matriz fundamental*, cuando además son linealmente independientes.

Proposición 2.2 *Si Q es una matriz constante e inversible de orden n y $\Phi(t)$ es una matriz fundamental de un SEDLH, entonces $\Phi(t)Q$ es también una matriz fundamental del sistema. Si $\Phi_1(t)$ y $\Phi_2(t)$ son dos matrices fundamentales de dicho sistema, existe entonces una matriz constante e inversible Q tal que $\Phi_2(t) = \Phi_1(t)Q$.*

Proposición 2.3 *Si $\Phi(t)$ es una matriz solución de un SED lineal homogéneo, entonces son equivalentes*

i. *$\Phi(t)$ es una matriz fundamental.*

[1]Un sistema de ecuaciones diferenciales de orden superior se puede reducir a un sistema de primer orden introduciendo nuevas variables (funciones).

ii. Existe un $t_0 \in I$ *tal que* $|\Phi(t_0)| \neq 0$.

iii. $|\Phi(t)| \neq 0$ *para todo* $t \in I$.

Proposición 2.4 *Si* $\Phi(t) = (y_1(t)|y_2(t)|\cdots|y_n(t))$ *es una matriz fundamental de un SED lineal homogéneo, entonces la solución general de dicho sistema es*

$$Y(t) = \Phi(t)C, \text{ con } C = \begin{pmatrix} C_1 \\ C_2 \\ \vdots \\ C_n \end{pmatrix}. \tag{2.5}$$

Si además tenemos la condición inicial $Y(t_0) = Y_0$, *entonces* $Y(t_0) = \Phi(t_0)C$ *de donde* $C = \Phi^{-1}(t_0)Y_0$ *y la solución es*

$$Y(t) = \Phi(t)\Phi^{-1}(t_0)Y_0. \tag{2.6}$$

Proposición 2.5 *Si* $\Phi(t)$ *es una matriz fundamental del sistema de ecuaciones diferenciales lineal homogéneo* $Y'(t) = A(t)Y(t)$, *y* $Y_h(t)$ *una solución del mismo verificando la condición inicial* $Y_h(t_0) = Y_0$, *entonces la solución del sistema de ecuaciones diferenciales lineal no homogéneo* $Y'(t) = A(t)Y(t) + B(t)$ *verificando* $Y(t_0) = Y_0$ *es*

$$Y(t) = Y_h(t) + \overbrace{\Phi(t)\int_{t_0}^{t}\Phi^{-1}(s)B(s)ds}^{Y_p(t)}, \tag{2.7}$$

o bien

$$Y(t) = \Phi(t)\overbrace{\Phi(t_0)^{-1}Y_0}^{C} + \Phi(t)\int_{t_0}^{t}\Phi^{-1}(s)B(s)ds, \tag{2.8}$$

obtenidas con la ayuda del método de Lagrange o de variación de las constantes (Ejercicio 2.88).

Se deben tener en este momento presentes las técnicas desarrolladas en el texto [4, Cap. 4] sobre el cálculo de la *forma canónica de Jordan* y en especial la *exponencial de una matriz*. El uso de la matriz exponencial será muy importante en lo que sigue. No obstante, presentaremos diversos métodos de resolución ya que, en ocasiones, el cálculo de la matriz exponencial se hace tedioso. Los dos siguientes resultados justifican su importancia.

Teorema 2.6 *Sea* $M(t)$ *una matriz de funciones definidas en un intervalo* I. *Si* $M(t)$ *es derivable (sus funciones) y su derivada* $M'(t)$ *es continua en* I, *entonces* $e^{M(t)}$ *es derivable. Además, si* $[M(t), M'(t)] = 0$, *es decir, si* $M(t)M'(t) - M'(t)M(t) = 0$, *entonces*

$$\frac{d}{dt}e^{M(t)} = M'(t)e^{M(t)}. \tag{2.9}$$

Corolario 2.7 *Consideremos el SED lineal homogéneo $Y'(t) = A(t)Y(t)$, con $A(t)$ continua en I. Sea $R(t)$ una primitiva de $A(t)$. Si $[A(t), R(t)] = 0$, entonces*

$$\Phi(t) = e^{R(t)} \tag{2.10}$$

es una matriz fundamental del sistema.

2.1.2 SED lineales de coeficientes constantes

Corolario 2.8 *Para el sistema de ecuaciones diferenciales lineal homogéneo de coeficientes constantes $Y'(t) = AY(t)$, la matriz exponencial e^{tA} es una matriz fundamental del sistema*[2].

En este caso, las fórmulas que proporcionan la solución del sistema de ecuaciones diferenciales $Y'(t) = AY(t) + B(t)$ son

$$Y(t) = e^{(t-t_0)A}Y_0 + e^{tA}\int_{t_0}^{t} e^{-sA}B(s)ds, \tag{2.11}$$

o bien

$$Y(t) = e^{tA}C + e^{tA}\int e^{-tA}B(t)dt, \tag{2.12}$$

dependiendo si se consideran condiciones iniciales $Y(t_0) = Y_0$ o no. Esta expresión debe recordar sin duda a la fórmula

$$x(t) = ce^{at} + e^{at}\int e^{-at}f(t)dt, \tag{2.13}$$

solución general de la ecuación (escalar) no homogénea y de primer orden $x'(t) = ax(t) + f(t)$, dado que una solución de la ecuación homogénea asociada es e^{at}.

Nota 2.9 *Como en todo el libro, trabajaremos por columnas. Este hecho debería resultar para el lector una simple anécdota, aunque desde luego mencionable, dado que se reparten casi por igual los textos clásicos que optan por trabajar por filas y los que lo hacen por columnas, a lo que hay que acostumbrarse.*

Nota 2.10 *El cálculo de la matriz exponencial de tA se reduce, como se mostró en [4], al producto*

$$e^{tA} = Pe^{tJ}P^{-1}, \tag{2.14}$$

[2]El lector advertirá, fácilmente, que no es necesario exigir que la primitiva elegida conmute con la matriz de coeficientes A.

donde P es una matriz de paso que conduce a la forma canónica de Jordan J asociada a la matriz A. Como esta matriz de paso es inversible, usamos la Proposición 2.2 para afirmar que una matriz fundamental del sistema es también

$$e^{tA}P = Pe^{tJ}, \tag{2.15}$$

lo que simplifica el cálculo práctico ya que no es necesario determinar P^{-1}.

Proposición 2.11 *Sea $Y'(t) = AY(t)$ un SED lineal homogéneo de coeficientes constantes y $p(\lambda)$ el polinomio característico asociado a la matriz constante A.*

1. *Supongamos que λ_i, $i = 1, 2, \ldots, k$, son los $k \leq n$ autovalores reales distintos de A, raíces del polinomio característico, y denotemos por $\{v_{ij}\}$, $j = 1, \ldots, m_i$, $m_i > 1$, el conjunto de vectores propios linealmente independiente asociado a cada raíz λ_i. Entonces*

$$\{v_{11}e^{\lambda_1 t}, v_{12}e^{\lambda_1 t}, \ldots, v_{1m_1}e^{\lambda_1 t}, v_{21}e^{\lambda_2 t}, v_{22}e^{\lambda_2 t}, \ldots, v_{2m_2}e^{\lambda_2 t}, \ldots, \\ v_{k1}e^{\lambda_k t}, v_{k2}e^{\lambda_k t}, \ldots, v_{km_k}e^{\lambda_k t}\} \tag{2.16}$$

es un conjunto linealmente independiente de soluciones. Si $\sum_{i=1}^{k} m_i = n$, entonces A es diagonalizable ([4]), y podemos obtener una matriz fundamental del sistema en la que las columnas son los vectores $v_{ij}e^{\lambda_i t}$ anteriores.

2. *Si $\alpha + \beta i$ es raíz del polinomio característico, entonces*

$$ve^{(\alpha+\beta i)t} = (v_1 + iv_2)e^{\alpha t}(\cos(\beta t) + i\,\mathrm{sen}(\beta t)) \tag{2.17}$$

es solución del SED, donde v es vector propio asociado a $\alpha + \beta i$. De este modo, son soluciones reales del SED

$$e^{\alpha t}(v_1\cos(\beta t) - v_2\,\mathrm{sen}(\beta t)), \quad e^{\alpha t}(v_2\cos(\beta t) + v_1\,\mathrm{sen}(\beta t)). \tag{2.18}$$

Nota 2.12 *Para el caso de raíces múltiples, se recomienda el uso de la matriz exponencial, ya que la anterior proposición no es sino un caso particular.*

Para obtener soluciones particulares que completen la solución de la parte homogénea, nos podemos valer de nuevo del *método de los coeficientes indeterminados.* La única novedad, además de trabajar con vectores, es que en el caso de raíces múltiples no sólo multiplicamos por x^s, sino por un polinomio de grado s.

También se puede resolver el sistema de ecuaciones diferenciales que nos ocupa mediante la introducción del operador $D = \dfrac{d}{dt}$ y utilizar sus propiedades algebraicas, método que se conoce como de *eliminación u operacional.* Básicamente, se reemplaza el sistema por uno en términos de polinomios en D. De este modo, por métodos de eliminación de sistemas lineales, se obtienen ecuaciones diferenciales cuya solución permitirá construir la solución del sistema. Si denotamos por L el operador

$$L = a_n D^n + a_{n-1} D^{n-1} + \ldots + a_1 D + a_0 I_n, \tag{2.19}$$

tenemos, como los coeficientes son constantes, que se multiplican como si fuesen simples polinomios. Por tanto, si L_1 y L_2 son dos de tales operadores, se tiene que $[L_1, L_2][x(t)] = 0$, es decir, $L_1 L_2[x(t)] = L_2 L_1[x(t)]$. Un sistema de ecuaciones diferenciales en dos variables (por ejemplo), de cualquier orden, puede escribirse en la forma

$$\begin{aligned} L_1[x(t)] + L_2[y(t)] &= f_1(t), \\ L_3[x(t)] + L_4[y(t)] &= f_2(t). \end{aligned} \tag{2.20}$$

Operando con L_4 y con L_2 en primer lugar, y con L_3 y L_1 en segundo, tenemos

$$\begin{vmatrix} L_1 & L_2 \\ L_3 & L_4 \end{vmatrix} [x(t)] = \begin{vmatrix} f_1(t) & L_2 \\ f_2(t) & L_4 \end{vmatrix}, \quad \begin{vmatrix} L_1 & L_2 \\ L_3 & L_4 \end{vmatrix} [y(t)] = \begin{vmatrix} L_1 & f_1(t) \\ L_3 & f_2(t) \end{vmatrix}, \tag{2.21}$$

que nos permite resolver el problema en $x(t)$ e $y(t)$ por separado. Especial atención debe tenerse a la aparición de constantes superfluas. El determinante

$$\triangle = \begin{vmatrix} L_1 & L_2 \\ L_3 & L_4 \end{vmatrix} \tag{2.22}$$

se conoce como *determinante operacional*, y si es nulo, se dice que el sistema de ecuaciones diferenciales es *degenerado*. En este caso, el SED sólo puede tener infinitas soluciones o ninguna.

Podemos asociar un sistema de ecuaciones diferenciales de primer orden a una ecuación diferencial lineal. Por ejemplo, si escribimos

$$\frac{d^n}{dt^n} y(t) + a_1(t) \frac{d^{n-1}}{dt^{n-1}} y(t) + \ldots + a_n(t) y(t) = 0 \tag{2.23}$$

para el caso homogéneo, podemos definir

$$x_1(t) := y(t), \; x_2(t) := y'(t), \ldots, x_n(t) := y^{n-1)}(t) \tag{2.24}$$

que al derivar conduce al sistema con matriz

$$M(t) = \begin{pmatrix} 0 & 1 & 0 & \cdots & 0 \\ 0 & 0 & 1 & \cdots & 0 \\ \vdots & \cdots & \vdots & \ddots & \vdots \\ -a_n(t) & -a_{n-1}(t) & -a_{n-2}(t) & \cdots & -a_1(t) \end{pmatrix}. \tag{2.25}$$

De este modo podemos intercambiar resultados entre los sistemas y las ecuaciones.

Forma canónica de Jordan real

Cuando no sea posible obtener la forma canónica de Jordan en el cuerpo de los números complejos, no porque no exista, desde luego, sino porque, por ejemplo, la matriz original represente un endomorfismo real, se puede obtener en su lugar la conocida como *forma canónica de Jordan real.* Es cierto, sin embargo, que su determinación pasa por ciertos cálculos en el cuerpo complejo: autovalores, vectores propios y la forma canónica de Jordan habitual, pero quedarán minimizados.

Supongamos que una matriz $A \in \mathcal{M}_n(\mathbb{R})$ tiene el autovalor complejo

$$\lambda = a + bi \tag{2.26}$$

(y su conjugado) con subespacio propio asociado

$$\mathcal{P}_\lambda = \langle u + iv \rangle. \tag{2.27}$$

Si el bloque elemental de Jordan asociado ([4, pág. 149]) es de orden 1, junto con el del conjugado, la aportación de este autovalor, y del conjugado, a la forma canónica de Jordan (en $\mathbb{C}$) es

$$\begin{pmatrix} a+bi & 0 \\ 0 & a-bi \end{pmatrix}, \tag{2.28}$$

en la base (o parte de la base) $\{u + vi, u - vi\}$. Si cambiamos estos vectores de la base (complejos en general) por $\{u, v\}$, es decir, parte real e imaginaria de los autovectores, respectivamente, la matriz del endomorfismo con respecto a esta nueva base será de la forma

$$\begin{pmatrix} a & b \\ -b & a \end{pmatrix}. \tag{2.29}$$

Esta matriz la podemos escribir como

$$\begin{pmatrix} a & b \\ -b & a \end{pmatrix} = aI_2 + bS,\ S := \begin{pmatrix} 0 & 1 \\ -1 & 0 \end{pmatrix},\ S^2 = -I_2. \tag{2.30}$$

Para bloques de Jordan de orden 2, es decir, para matrices del tipo

$$\begin{pmatrix} a+bi & 1 & 0 & 0 \\ 0 & a+bi & 0 & 0 \\ 0 & 0 & a-bi & 1 \\ 0 & 0 & 0 & a-bi \end{pmatrix} \tag{2.31}$$

el procedimiento es similar y obtenemos la matriz, o el bloque,

$$\begin{pmatrix} aI_2+bS & I_2 \\ 0 & aI_2+bS \end{pmatrix}, \tag{2.32}$$

y en general

$$\begin{pmatrix} aI_2 + bS & I_2 & 0 & \cdots \\ 0 & aI_2 + bS & I_2 & \\ 0 & 0 & aI_2 + bS & \\ \vdots & \vdots & & \ddots \end{pmatrix} \tag{2.33}$$

conocida, la unión de estos bloques, como *forma canónica de Jordan real.*

El cálculo de la matriz exponencial de estas matrices se reduce, como es habitual, al cálculo por bloques, acudiendo entonces a fórmulas para su determinación como las de la siguiente proposición.

Proposición 2.13 *Dada las matrices*

$$A = \begin{pmatrix} a & b \\ -b & a \end{pmatrix} \tag{2.34}$$

y

$$B = \begin{pmatrix} A & I_2 \\ 0 & A \end{pmatrix} = \begin{pmatrix} a & b & 1 & 0 \\ -b & a & 0 & 1 \\ 0 & 0 & a & b \\ 0 & 0 & -b & a \end{pmatrix} \tag{2.35}$$

se tiene que sus exponenciales matriciales son

$$e^A = e^a \begin{pmatrix} \cos b & \operatorname{sen} b \\ -\operatorname{sen} b & \cos b \end{pmatrix} \tag{2.36}$$

y

$$e^B = \begin{pmatrix} e^A & e^A \\ 0 & e^A \end{pmatrix} = e^a \begin{pmatrix} \cos b & \operatorname{sen} b & \cos b & \operatorname{sen} b \\ -\operatorname{sen} b & \cos b & -\operatorname{sen} b & \cos b \\ 0 & 0 & \cos b & \operatorname{sen} b \\ 0 & 0 & -\operatorname{sen} b & \cos b \end{pmatrix}. \tag{2.37}$$

Es importante recalcar que estas fórmulas simplifican el cálculo de la exponencial de una matriz cuando posee autovalores complejos y hemos determinado la forma canónica de Jordan real. Dicho de otro modo, la exponencial de una matriz es siempre la misma (real si era real) independientemente de si determinamos su forma canónica de Jordan en $\mathbb{C}$ y tomamos exponencial entonces, o si determinamos su forma canónica de Jordan real y usamos las fórmulas anteriores a continuación.

El polinomio de Lagrange-Sylvester para el cálculo de la matriz exponencial

Como hemos visto, el cálculo de la matriz exponencial es extremadamente útil para la resolución de sistemas de ecuaciones diferenciales, en particular aquellos de coeficientes constantes. Si bien disponemos de un proceso claro, directo y eficaz para su determinación ([4]), es también cierto que requiere el cálculo paralelo de una matriz de paso, aunque no es nada despreciable la posibilidad de eliminar su inversa de la expresión para obtener así otra matriz fundamental del sistema (Nota 2.10).

En esta sección veremos un método para evitar la determinación de una matriz de paso para obtener la exponencial de una matriz cuadrada. Entenderemos que si la matriz es real y en el caso de raíces complejas, la forma canónica de Jordan asociada será la real vista en la sección anterior.

El método que aquí se presenta se basa en la determinación del conocido como *polinomio interpolador de Lagrange-Sylvester* asociado a la exponencial: dada una matriz cuadrada A, se define dicho polinomio $q(x)$ como aquel de grado uno menos que el polinomio mínimo $m(x)$, vea [4, pág. 148], y que coincide con la exponencial, y sus derivadas, en cada elemento λ del espectro de A (autovalor) hasta orden uno menos que la multiplicidad m_λ en $m(x)$. Es decir, $q(x)$ viene dado por las ecuaciones

$$q(\lambda) = e^\lambda,\ q'(\lambda) = e^\lambda,\ q''(\lambda) = e^\lambda,\ \ldots, q^{m_\lambda - 1)}(\lambda) = e^\lambda,\ \forall\lambda \in \text{Spec}(A). \quad (2.38)$$

De este modo, la exponencial de A se obtiene evaluando el polinomio interpolador en A, es decir,

$$e^A = q(A). \quad (2.39)$$

Para matrices con autovalores complejos se recomienda aplicar las fórmulas de la sección anterior.

2.1.3 Aplicaciones físicas

Numerosas situaciones físicas se modelizan usando sistemas de ecuaciones diferenciales. Como ejemplo clásico, consideremos dos masas sobre una superficie horizontal unidas entre sí por un muelle de constante k_2; una de ellas m_1 sujeta a una pared mediante otro muelle de constante k_1 y la otra m_2 sometida a la acción de una fuerza externa dada $f(t)$. Denotemos con $x(t)$ el desplazamiento hacia la derecha de la masa m_1 a partir de su posición estática (cuando el sistema está inmóvil, en equilibrio y $f(t) = 0$), y mediante $y(t)$ el desplazamiento de la masa m_2 a partir de su posición estática. De modo que los dos muelles no están estirados ni comprimidos cuando x e y son cero.

Aplicando las ecuaciones de Newton resulta el sistema de ecuaciones diferenciales

$$m_1 \frac{d^2x(t)}{dt^2} = -k_1 x(t) + k_2(y(t) - x(t))$$

$$m_2 \frac{d^2y(t)}{dt^2} = -k_2(y(t) - x(t)) + f(t)$$

que deben satisfacer las funciones de posición $x(t)$ e $y(t)$.

Otros ejemplos aparecerán en los ejercicios, como las ecuaciones del movimiento de una partícula cargada bajo la influencia de un campo magnético (Ejercicio 2.6).

2.2 Ejercicios resueltos

Ejercicio 2.1 *Resuelva el sistema de ecuaciones diferenciales*

$$\begin{cases} x'(t) = y(t), \\ y'(t) = x(t). \end{cases} \tag{2.40}$$

Solución.
Derivando la primera ecuación tenemos

$$x''(t) = y'(t) = x(t), \tag{2.41}$$

y por tanto resolvemos $x''(t) = x(t)$ para determinar $x(t)$. La ecuación característica asociada a esta ecuación diferencial homogénea es $r^2 - 1 = 0$, con raíces ± 1. La solución general es entonces

$$x(t) = C_1 e^t + C_2 e^{-t}. \tag{2.42}$$

Por otro lado,

$$y(t) = x'(t) = C_1 e^t - C_2 e^{-t}. \tag{2.43}$$

Conviene comentar la aparición de una constante de integración si hubiésemos integrado la segunda ecuación diferencial conocida la solución para $x(t)$. Dicha constante, para que se verifique la primera ecuación diferencial, debe ser cero.

Podemos, para afianzar la notación presentada en la teoría, reescribir la solución en la forma

$$\begin{pmatrix} x(t) \\ y(t) \end{pmatrix} = C_1 \begin{pmatrix} e^t \\ e^t \end{pmatrix} + C_2 \begin{pmatrix} e^{-t} \\ -e^{-t} \end{pmatrix} = \underbrace{\begin{pmatrix} e^t & e^{-t} \\ e^t & -e^{-t} \end{pmatrix}}_{\Phi(t)} \begin{pmatrix} C_1 \\ C_2 \end{pmatrix} = \begin{pmatrix} C_1 e^t + C_2 e^{-t} \\ C_1 e^t - C_2 e^{-t} \end{pmatrix}. \tag{2.44}$$

■

Ejercicio 2.2 *Resuelva el sistema de ecuaciones diferenciales*

$$\begin{cases} x''(t) &= & & - & x(t), \\ y'(t) &= & z(t) & - & y(t), \\ z'(t) &= & y(t) & + & z(t). \end{cases} \tag{2.45}$$

Solución.

La primera ecuación diferencial de este sistema de ecuaciones diferenciales lineal se puede integrar por separado. Se trata de una ecuación diferencial lineal homogénea con coeficientes constantes. La ecuación característica asociada es

$$r^2 + 1 = 0 \Rightarrow r = \pm i, \tag{2.46}$$

y la solución es por tanto

$$x(t) = A\cos t + B\,\mathrm{sen}\, t. \tag{2.47}$$

Para las otras dos ecuaciones tenemos, derivando la segunda de ellas junto con la primera,

$$z''(t) = y'(t)+z'(t) = z(t)-y(t)+z'(t) = z(t)-z'(t)+z(t)+z'(t) = 2z(t). \tag{2.48}$$

Tenemos entonces la ecuación diferencial

$$z''(t) - 2z(t) = 0, \tag{2.49}$$

cuya solución es

$$z(t) = Ce^{\sqrt{2}t} + De^{-\sqrt{2}t}, \tag{2.50}$$

ya que la ecuación característica asociada es $r^2-2=0$ con raíces $\pm\sqrt{2}$. Finalmente

$$y(t) = z'(t) - z(t) = C(\sqrt{2}-1)e^{\sqrt{2}t} - D(\sqrt{2}+1)e^{-\sqrt{2}t}. \tag{2.51}$$

■

Ejercicio 2.3 *Resuelva el sistema de ecuaciones diferenciales*

$$\begin{cases} x'(\theta) = y(\theta) + \mathrm{sen}\,\theta, \\ y'(\theta) = -x(\theta) + \cos\theta, \end{cases} \tag{2.52}$$

con las condiciones iniciales $x(0) = 0$, $y(0) = 0$.

Solución.

Derivando la primera ecuación diferencial tenemos

$$x''(\theta) = y'(\theta) + \cos\theta = -x(\theta) + 2\cos\theta, \tag{2.53}$$

donde hemos usado la segunda. Resolvamos entonces la ecuación diferencial

$$x''(\theta) + x(\theta) = 2\cos\theta. \tag{2.54}$$

La parte homogénea tiene por solución general

$$x_h(\theta) = C_1\cos\theta + C_2\operatorname{sen}\theta, \tag{2.55}$$

debido a que la ecuación característica asociada, $r^2 + 1 = 0$, tiene por raíces $\pm i$. Completemos con una solución particular. Para ello, partimos de

$$x_p(\theta) = \theta(A\cos\theta + B\operatorname{sen}\theta), \tag{2.56}$$

ya que el término no homogéneo está incluido en la solución general de la parte homogénea, siendo i raíz simple. Como

$$x_p'(\theta) = A\cos\theta + B\operatorname{sen}\theta - A\theta\operatorname{sen}\theta + B\theta\cos\theta, \tag{2.57}$$

$$x_p''(\theta) = 2B\cos\theta - A\theta\cos\theta - 2A\operatorname{sen}\theta - B\theta\operatorname{sen}\theta, \tag{2.58}$$

una simple sustitución en la ecuación diferencial completa conduce a

$$2B\cos\theta - 2A\operatorname{sen}\theta = 2\cos\theta \Rightarrow A = 0,\ B = 1. \tag{2.59}$$

La solución particular obtenida es entonces $x_p(\theta) = \theta\operatorname{sen}\theta$, para tener la solución para $x(\theta)$

$$x(\theta) = C_1\cos\theta + C_2\operatorname{sen}\theta + \theta\operatorname{sen}\theta, \tag{2.60}$$

y entonces

$$\begin{aligned} y(\theta) = x'(\theta) - \operatorname{sen}\theta &= -C_1\operatorname{sen}\theta + C_2\cos\theta + \operatorname{sen}\theta + \theta\cos\theta - \operatorname{sen}\theta = \\ &= -C_1\operatorname{sen}\theta + C_2\cos\theta + \theta\cos\theta. \end{aligned} \tag{2.61}$$

Si hacemos $x(0) = y(0) = 0$, tenemos $C_1 = C_2 = 0$, y la solución al problema de Cauchy es

$$x(\theta) = \theta\operatorname{sen}\theta,\ y(\theta) = \theta\cos\theta, \tag{2.62}$$

que puede reescribirse en la forma $\rho = \theta$, usando coordenadas polares. En la Figura 2.1 puede verse una representación de esta solución, identificando $x(\theta)$ e $y(\theta)$ con las coordenadas x e y de una trayectoria. ■

Ejercicio 2.4 *Resuelva el sistema de ecuaciones diferenciales*

$$\begin{cases} y'(x) + 2z'(x) = x, \\ y''(x) - 2z(x) = e^{-x}. \end{cases} \tag{2.63}$$

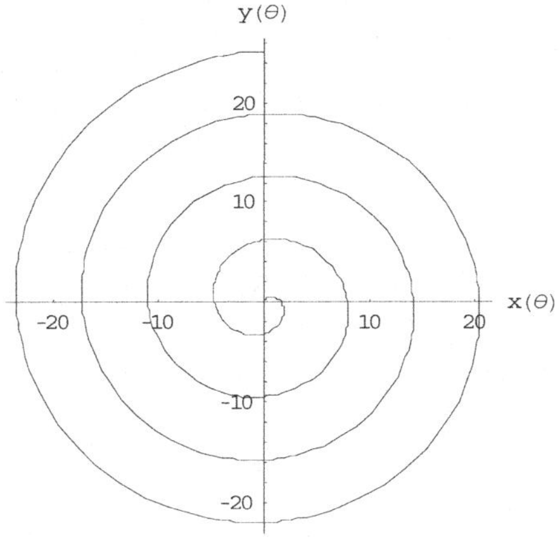

Figura 2.1: Representación de la solución del Ejercicio 2.3.

Solución.

Derivamos la primera ecuación diferencial y cambiamos de signo la segunda para tener

$$\begin{cases} y''(x) + 2z''(x) = 1, \\ -y''(x) + 2z(x) = -e^{-x}, \end{cases} \tag{2.64}$$

que sumadas conducen a la ecuación diferencial en $z(x)$

$$2z''(x) + 2z(x) = 1 - e^{-x}. \tag{2.65}$$

La ecuación característica asociada es $r^2 + 1 = 0$, con raíces $\pm i$. De este modo, el sistema fundamental asociado es

$$\mathcal{S} = \{\cos x, \operatorname{sen} x\}, \tag{2.66}$$

y la solución general de la parte homogénea es

$$z_h(x) = C_1 \cos x + C_2 \operatorname{sen} x. \tag{2.67}$$

Completamos esta solución general con una particular que buscaremos de la forma

$$z_p(x) = A + Be^{-x}. \tag{2.68}$$

De este modo, como $z_p'(x) = -Be^{-x}$ y $z_p''(x) = Be^{-x}$ resulta, después de sustituir, que

$$2A + 4Be^{-x} = 1 - e^{-x} \Rightarrow A = \frac{1}{2},\ B = -\frac{1}{4}. \tag{2.69}$$

Tenemos entonces la solución particular

$$z_p(x) = \frac{1}{2} - \frac{1}{4}e^{-x}, \tag{2.70}$$

y la solución general para $z(x)$ es

$$z(x) = C_1 \cos x + C_2 \operatorname{sen} x + \frac{1}{2} - \frac{1}{4}e^{-x}. \tag{2.71}$$

Para finalizar, como $y'(x) = x - 2z'(x)$, tenemos que

$$\begin{aligned} y'(x) &= x - 2\left(-C_1 \operatorname{sen} x + C_2 \cos x + \frac{1}{4}e^{-x}\right) = \\ &= x + 2C_1 \operatorname{sen} x - 2C_2 \cos x - \frac{1}{2}e^{-x}, \end{aligned} \tag{2.72}$$

e integrando

$$y(x) = -2C_1 \cos x - 2C_2 \operatorname{sen} x + \frac{x^2}{2} + \frac{1}{2}e^{-x} + C_3. \tag{2.73}$$

■

Ejercicio 2.5 *Resuelva el sistema de ecuaciones diferenciales*

$$\left\{ \begin{array}{l} x'(t) + y(t) = e^t, \\ y'(t) + x(t) = e^{-t}, \end{array} \right. \tag{2.74}$$

con las condiciones iniciales $x(0) = y(0) = 0$.

Solución.
Derivando la primera ecuación diferencial tenemos $x''(t) + y'(t) = e^t$, y como $y'(t) = e^{-t} - x(t)$ tenemos la ecuación diferencial

$$x''(t) - x(t) = e^t - e^{-t}, \tag{2.75}$$

para $x(t)$. La ecuación característica asociada tiene por raíces ± 1, y la solución general de la parte homogénea es

$$x_h(t) = C_1 e^t + C_2 e^{-t}. \tag{2.76}$$

Como el término no homogéneo es solución de la parte homogénea, con raíz asociada de multiplicidad 1 cada sumando, completamos esta solución general con una particular de la forma

$$x_p(t) = t(Ae^t + Be^{-t}). \tag{2.77}$$

Como

$$x_p'(t) = Ae^t + Ate^t + Be^{-t} - Bte^{-t} \tag{2.78}$$

y

$$x_p''(t) = 2Ae^t + Ate^t - 2Be^{-t} + Bte^{-t}, \tag{2.79}$$

tenemos, sustituyendo, que

$$2Ae^t - 2Be^{-t} = e^t - e^{-t} \Rightarrow A = B = \frac{1}{2}. \tag{2.80}$$

La solución general es entonces

$$x(t) = \overbrace{C_1e^t + C_2e^{-t}}^{x_h(t)} + \overbrace{\frac{t}{2}(e^t + e^{-t})}^{x_p(t)}. \tag{2.81}$$

Como $y(t) = e^t - x'(t)$, tenemos que

$$\begin{aligned} y(t) &= e^t - C_1e^t + C_2e^{-t} - \frac{1}{2}(e^t + e^{-t}) - \frac{t}{2}(e^t - e^{-t}) = \\ &= -C_1e^t + C_2e^{-t} + \frac{1}{2}(e^t - e^{-t}) - \frac{t}{2}(e^t - e^{-t}). \end{aligned} \tag{2.82}$$

Imponiendo las condiciones iniciales tenemos que $C_1 = C_2 = 0$, y la solución que verifica $x(0) = y(0) = 0$ es

$$x(t) = \frac{t}{2}(e^t + e^{-t}) = t\cosh t, \tag{2.83}$$

$$y(t) = \frac{1}{2}(e^t - e^{-t}) - \frac{t}{2}(e^t - e^{-t}) = (1-t)\operatorname{senh} t. \tag{2.84}$$

■

Ejercicio 2.6 *Las ecuaciones del movimiento para una partícula de masa m y carga eléctrica q bajo la influencia de un campo magnético uniforme $\vec{B} = B\vec{k}$ son*

$$\begin{cases} mx''(t) = qBy'(t), \\ my''(t) = -qBx'(t). \end{cases} \tag{2.85}$$

Suponiendo que las condiciones iniciales son $x(0) = r_0$, $y(0) = 0$, $x'(0) = 0$, $y'(0) = \omega r_0$, con $\omega = \frac{qB}{m}$, demuestre que la trayectoria de la partícula es una circunferencia de radio r_0 con centro $(2r_0, 0)$.

Solución.

Derivando la primera ecuación diferencial del sistema, y usando la segunda, tenemos

$$mx'''(t) = qBy''(t) = qB\left(-\frac{qB}{m}\right)x'(t) \Rightarrow m^2x'''(t) + q^2B^2x'(t) = 0. \quad (2.86)$$

La ecuación característica asociada es

$$m^2r^3 + q^2B^2r = 0, \quad (2.87)$$

con raíces $r = 0$ y $r = \pm\frac{qB}{m}i$. La solución general para $x(t)$ es entonces

$$x(t) = C_1 + C_2\cos(\omega t) + C_3\operatorname{sen}(\omega t), \; \omega = \frac{qB}{m}. \quad (2.88)$$

Como

$$y'(t) = \frac{m}{qB}x''(t) = \frac{m}{qB}(-\omega^2C_2\cos(\omega t) - \omega^2C_3\operatorname{sen}(\omega t)), \quad (2.89)$$

tenemos

$$y(t) = -C_2\operatorname{sen}(\omega t) + C_3\cos(\omega t) + C_4. \quad (2.90)$$

Imponiendo las condiciones iniciales tenemos

$$C_1 = 2r_0, \; C_2 = -r_0, \; C_3 = C_4 = 0, \quad (2.91)$$

y la solución es entonces

$$x(t) = 2r_0 - r_0\cos(\omega t), \quad y(t) = r_0\operatorname{sen}(\omega t), \quad (2.92)$$

verificando

$$(x(t) - 2r_0)^2 + y(t)^2 = r_0^2, \quad (2.93)$$

circunferencia de centro $(2r_0, 0)$ y radio r_0. ∎

Ejercicio 2.7 *¿Para qué valores de k puede ser una matriz fundamental de soluciones la matriz de soluciones*

$$\Phi(t) = \begin{pmatrix} t^2 & e^t & t^2 + e^t \\ 4 & 0 & 4 \\ t & 0 & kt \end{pmatrix} \quad (2.94)$$

asociada a cierto sistema de ecuaciones diferenciales lineales?

Solución.
El determinante de la matriz es

$$|\Phi(t)| = \begin{vmatrix} t^2 & e^t & t^2+e^t \\ 4 & 0 & 4 \\ t & 0 & kt \end{vmatrix} = 4t(1-k)e^t. \qquad (2.95)$$

Para que no sea nulo tenemos $k \neq 1$ y $t \neq 0$. De este modo, en cualquier intervalo I que no contenga el punto $t = 0$ se tiene que la matriz es una matriz fundamental siempre que $k \neq 1$. ∎

Ejercicio 2.8 *Resuelva el sistema de ecuaciones diferenciales* ($\omega \neq 0$)

$$\begin{pmatrix} y_1'(t) \\ y_2'(t) \end{pmatrix} = \begin{pmatrix} 0 & 1 \\ -\omega^2 & 0 \end{pmatrix} \begin{pmatrix} y_1(t) \\ y_2(t) \end{pmatrix} + \begin{pmatrix} \operatorname{sen}(\omega t) \\ \omega\cos(\omega t) \end{pmatrix}, \qquad (2.96)$$

con las condiciones iniciales $y_1(0) = 1$, $y_2(0) = 0$.

Solución.
Resolvamos en primer lugar el sistema homogéneo asociado

$$\begin{pmatrix} y_1'(t) \\ y_2'(t) \end{pmatrix} = \begin{pmatrix} 0 & 1 \\ -\omega^2 & 0 \end{pmatrix} \begin{pmatrix} y_1(t) \\ y_2(t) \end{pmatrix} \Leftrightarrow \begin{cases} y_1'(t) = y_2(t), \\ y_2'(t) = -\omega^2 y_1(t). \end{cases} \qquad (2.97)$$

Derivando la primera ecuación diferencial tenemos $y_1''(t) = y_2'(t)$, que con la ayuda de la segunda, conduce a

$$y_1''(t) + \omega^2 y_1'(t) = 0. \qquad (2.98)$$

La ecuación característica asociada a esta ecuación diferencial homogénea es $r^2 + \omega^2 = 0$, con raíces $\pm\omega i$. La solución general es entonces

$$y_1^h(t) = A\cos(\omega t) + B\operatorname{sen}(\omega t), \qquad (2.99)$$

y entonces

$$y_2^h(t) = (y_1^h(t))' = -\omega A\operatorname{sen}(\omega t) + \omega B\cos(\omega t). \qquad (2.100)$$

Una matriz fundamental asociada al sistema es entonces

$$\Phi(t) = \begin{pmatrix} \cos(\omega t) & \operatorname{sen}(\omega t) \\ -\omega\operatorname{sen}(\omega t) & \omega\cos(\omega t) \end{pmatrix}. \qquad (2.101)$$

La solución general, verificando $Y(0) = \begin{pmatrix} y_1(0) \\ y_2(0) \end{pmatrix} = \begin{pmatrix} 1 \\ 0 \end{pmatrix} = Y_0$ es

$$Y(t) = \Phi(t)\Phi(0)^{-1}Y_0 + \Phi(t)\int_0^t \Phi^{-1}(s)B(s)ds =$$
$$= \begin{pmatrix} \cos(\omega t) & \operatorname{sen}(\omega t) \\ -\omega\operatorname{sen}(\omega t) & \omega\cos(\omega t) \end{pmatrix} \begin{pmatrix} 1 & 0 \\ 0 & \omega \end{pmatrix}^{-1} \begin{pmatrix} 1 \\ 0 \end{pmatrix} +$$
$$+\begin{pmatrix} \cos(\omega t) & \operatorname{sen}(\omega t) \\ -\omega\operatorname{sen}(\omega t) & \omega\cos(\omega t) \end{pmatrix} \int_0^t \begin{pmatrix} \cos(\omega s) & \operatorname{sen}(\omega s) \\ -\omega\operatorname{sen}(\omega s) & \omega\cos(\omega s) \end{pmatrix}^{-1} \begin{pmatrix} \operatorname{sen}(\omega s) \\ \omega\cos(\omega s) \end{pmatrix} ds. \qquad (2.102)$$

Invitamos al lector a que confirme que

$$\begin{pmatrix} \cos(\omega t) & \operatorname{sen}(\omega t) \\ -\omega \operatorname{sen}(\omega t) & \omega \cos(\omega t) \end{pmatrix} \begin{pmatrix} 1 & 0 \\ 0 & \omega \end{pmatrix}^{-1} \begin{pmatrix} 1 \\ 0 \end{pmatrix} = \begin{pmatrix} \cos(\omega t) \\ -\omega \operatorname{sen}(\omega t) \end{pmatrix} \tag{2.103}$$

y que

$$\begin{pmatrix} \cos(\omega t) & \operatorname{sen}(\omega t) \\ -\omega \operatorname{sen}(\omega t) & \omega \cos(\omega t) \end{pmatrix} \int_0^t \begin{pmatrix} \cos(\omega s) & \operatorname{sen}(\omega s) \\ -\omega \operatorname{sen}(\omega s) & \omega \cos(\omega s) \end{pmatrix}^{-1} \begin{pmatrix} \operatorname{sen}(\omega s) \\ \omega \cos(\omega s) \end{pmatrix} ds = \\ = \begin{pmatrix} t \operatorname{sen}(\omega t) \\ t\omega \cos(\omega t) \end{pmatrix}. \tag{2.104}$$

De este modo

$$Y(t) = \begin{pmatrix} y_1(t) \\ y_2(t) \end{pmatrix} = \begin{pmatrix} \cos(\omega t) + t \operatorname{sen}(\omega t) \\ -\omega \operatorname{sen}(\omega t) + t\omega \cos(\omega t) \end{pmatrix}, \tag{2.105}$$

y así

$$y_1(t) = \cos(\omega t) + t \operatorname{sen}(\omega t), \quad y_2(t) = -\omega \operatorname{sen}(\omega t) + t\omega \cos(\omega t). \tag{2.106}$$

Veamos, no obstante, otra forma de resolver el ejercicio. Las ecuaciones diferenciales del sistema son

$$y_1'(t) = y_2(t) + \operatorname{sen}(\omega t), \; y_2'(t) = -\omega^2 y_1(t) + \omega \cos(\omega t), \; y_1(0) = 1, \; y_2(0) = 0. \tag{2.107}$$

Derivando la primera de ellas y usando la segunda tenemos la ecuación diferencial

$$y_1''(t) + \omega^2 y_1(t) = 2\omega \cos(\omega t), \tag{2.108}$$

que pasamos a resolver. Como ya hemos visto, la solución general de la ecuación diferencial homogénea asociada es de la forma

$$y_1^h(t) = a \cos(\omega t) + b \operatorname{sen}(\omega t). \tag{2.109}$$

Como el término no homogéneo pertenece al espacio de soluciones de la ecuación diferencial homogénea, buscamos una solución particular de la forma

$$y_1^p(t) = \alpha t \operatorname{sen}(\omega t) + \beta t \cos(\omega t). \tag{2.110}$$

Las derivadas primera y segunda son

$$(y_1^p(t))' = (\alpha - \beta\omega t) \operatorname{sen}(\omega t) + (\alpha\omega t + \beta) \cos(\omega t), \tag{2.111}$$

$$(y_1^p(t))'' = (-2\beta\omega - \alpha\omega^2 t) \operatorname{sen}(\omega t) + (2\alpha\omega - \beta\omega^2 t) \cos(\omega t). \tag{2.112}$$

Como debe ser solución de la ecuación diferencial completa, se tiene

$$(y_1^p(t))'' + \omega^2 y_1^p(t) = 2\omega\cos(\omega t) \Rightarrow \alpha = 1,\ \beta = 0, \tag{2.113}$$

y la solución particular obtenida es así

$$y_1^p(t) = t\,\mathrm{sen}(\omega t). \tag{2.114}$$

La solución general es entonces

$$y_1(t) = a\cos(\omega t) + b\,\mathrm{sen}(\omega t) + t\,\mathrm{sen}(\omega t). \tag{2.115}$$

Como $y_1(0) = 1$, tenemos que $a = 1$. Además

$$y_2(t) = y_1'(t) - \mathrm{sen}(\omega t) = -\omega\,\mathrm{sen}(\omega t) + (b+t)\omega\cos(\omega t), \tag{2.116}$$

y como $y_2(0) = b\omega = 0$, entonces $b = 0$, y la solución final es

$$y_1(t) = \cos(\omega t) + t\,\mathrm{sen}(\omega t),\ y_2(t) = -\omega\,\mathrm{sen}(\omega t) + t\omega\cos(\omega t), \tag{2.117}$$

coincidiendo con la solución obtenida previamente. ∎

Ejercicio 2.9 *Resuelva el sistema de ecuaciones diferenciales*

$$x'(t) = -x(t),\ y'(t) = tx(t) - y(t), \tag{2.118}$$

con la ayuda de la matriz exponencial.

Solución.
En forma matricial, el sistema de ecuaciones diferenciales es

$$\begin{pmatrix} x'(t) \\ y'(t) \end{pmatrix} = \underbrace{\begin{pmatrix} -1 & 0 \\ t & -1 \end{pmatrix}}_{A(t)} \begin{pmatrix} x(t) \\ y(t) \end{pmatrix}. \tag{2.119}$$

Una primitiva de $A(t)$ es

$$R(t) = \begin{pmatrix} -t & 0 \\ t^2/2 & -t \end{pmatrix}. \tag{2.120}$$

Como

$$[A(t), R(t)] = \left[\begin{pmatrix} -1 & 0 \\ t & -1 \end{pmatrix}, \begin{pmatrix} -t & 0 \\ t^2/2 & -t \end{pmatrix}\right] = \begin{pmatrix} 0 & 0 \\ 0 & 0 \end{pmatrix}, \tag{2.121}$$

tenemos que la matriz exponencial $e^{R(t)}$ es una matriz fundamental del sistema. Así tenemos[3]

$$\Phi(t) = e^{R(t)} = e^{\begin{pmatrix} -t & 0 \\ 0 & -t \end{pmatrix} + \begin{pmatrix} 0 & 0 \\ t^2/2 & 0 \end{pmatrix}} =$$

$$= e^{-t}\left[\begin{pmatrix} 1 & 0 \\ 0 & 1 \end{pmatrix} + \begin{pmatrix} 0 & 0 \\ t^2/2 & 0 \end{pmatrix} + \frac{1}{2!}\underbrace{\begin{pmatrix} 0 & 0 \\ t^2/2 & 0 \end{pmatrix}^2}_{0} + \ldots\right] =$$

$$= \begin{pmatrix} e^{-t} & 0 \\ t^2e^{-t}/2 & e^{-t} \end{pmatrix}. \qquad (2.122)$$

La solución general del sistema de ecuaciones diferenciales es entonces

$$\begin{pmatrix} x(t) \\ y(t) \end{pmatrix} = \Phi(t)\begin{pmatrix} C_1 \\ C_2 \end{pmatrix} = \begin{pmatrix} e^{-t} & 0 \\ t^2e^{-t}/2 & e^{-t} \end{pmatrix}\begin{pmatrix} C_1 \\ C_2 \end{pmatrix} =$$

$$= C_1\begin{pmatrix} e^{-t} \\ t^2e^{-t}/2 \end{pmatrix} + C_2\begin{pmatrix} 0 \\ e^{-t} \end{pmatrix}, \qquad (2.123)$$

y así

$$x(t) = C_1e^{-t}, \quad y(t) = \frac{C_1}{2}t^2e^{-t} + C_2e^{-t}. \qquad (2.124)$$

■

Ejercicio 2.10 *Compruebe que para el sistema de ecuaciones diferenciales*

$$x'(t) = x(t) + ty(t), \; y'(t) = -y(t) \qquad (2.125)$$

la matriz exponencial de la primitiva

$$R(t) = \begin{pmatrix} t & t^2/2 \\ 0 & -t \end{pmatrix} \qquad (2.126)$$

no proporciona una matriz fundamental del sistema. ¿Por qué? Resuélvalo sin su ayuda.

Solución.
La matriz $R(t)$ es en efecto una primitiva de

$$A(t) = \begin{pmatrix} 1 & t \\ 0 & -1 \end{pmatrix} \qquad (2.127)$$

[3]Las matrices siguientes conmutan.

ya que $R'(t) = A(t)$. Como tenemos las potencias

$$R(t)^2 = \begin{pmatrix} t^2 & 0 \\ 0 & t^2 \end{pmatrix}, \; R(t)^3 = \begin{pmatrix} t^3 & t^4/2 \\ 0 & -t^3 \end{pmatrix}, \; R(t)^4 = \begin{pmatrix} t^4 & 0 \\ 0 & t^4 \end{pmatrix}, \tag{2.128}$$

$$R(t)^5 = \begin{pmatrix} t^5 & t^6/2 \\ 0 & -t^5 \end{pmatrix}, \; R(t)^6 = \begin{pmatrix} t^6 & 0 \\ 0 & t^6 \end{pmatrix}, \; \cdots \tag{2.129}$$

el lector puede comprobar que

$$e^{R(t)} = I + R(t) + \frac{1}{2!}R(t)^2 + \frac{1}{3!}R(t)^3 + \frac{1}{4!}R(t)^4 + \ldots =$$

$$= \begin{pmatrix} \displaystyle\sum_{k=0}^{\infty} \frac{1}{k!}t^k & \displaystyle\frac{1}{4}\sum_{k=0}^{\infty} \frac{t^{k+1} - (-1)^k t^{k+1}}{k!} \\ 0 & \displaystyle\sum_{k=0}^{\infty} \frac{(-1)^k}{k!}t^k \end{pmatrix} = \begin{pmatrix} e^t & \frac{1}{4}te^t - \frac{1}{4}te^{-t} \\ 0 & e^{-t} \end{pmatrix}. \tag{2.130}$$

Para este cálculo, no hemos podido usar una descomposición similar a la empleada en el ejercicio anterior ya que las matrices implicadas no conmutan. El lector puede comprobar por simple sustitución que la matriz exponencial obtenida no es una matriz fundamental. El motivo es el hecho de que

$$[A(t), R(t)] \neq 0. \tag{2.131}$$

Para resolver el sistema integramos la segunda ecuación para tener

$$y(t) = C_1 e^{-t}. \tag{2.132}$$

Para determinar $x(t)$ usamos la primera ecuación y así

$$x'(t) = x(t) + tC_1 e^{-t}. \tag{2.133}$$

La solución de la ecuación diferencial homogénea asociada, $x'(t) = x(t)$, es simplemente $x_h(t) = C_2 e^t$. Buscamos entonces una solución particular de la forma

$$x_p(t) = (A + Bt)e^{-t}. \tag{2.134}$$

Tenemos entonces que

$$x_p'(t) = Be^{-t} - (A + Bt)e^{-t}, \tag{2.135}$$

y una simple sustitución en la ecuación diferencial completa conduce a

$$(B - 2A)e^{-t} - 2Bte^{-t} = C_1 te^{-t}. \tag{2.136}$$

Tenemos entonces que $A = -\frac{1}{4}C_1$ y $B = -\frac{1}{2}C_1$ y así la solución particular obtenida es

$$x_p(t) = \left(-\frac{1}{4}C_1 - \frac{1}{2}C_1 t\right) e^{-t}. \tag{2.137}$$

De este modo, la solución para $x(t)$ es

$$x(t) = x_h(t) + x_p(t) = C_2 e^t + \left(-\frac{1}{4}C_1 - \frac{1}{2}C_1 t\right) e^{-t}. \tag{2.138}$$

∎

Ejercicio 2.11 *Resuelva el sistema de ecuaciones diferenciales*

$$\begin{pmatrix} x'(t) \\ y'(t) \end{pmatrix} = A \begin{pmatrix} x(t) \\ y(t) \end{pmatrix} = \begin{pmatrix} -1 & 1 \\ 0 & -1 \end{pmatrix} \begin{pmatrix} x(t) \\ y(t) \end{pmatrix}, \tag{2.139}$$

con la ayuda de la matriz exponencial, verificando las condiciones iniciales $x(0) = y(0) = 1$.

Solución.
Una matriz fundamental asociada al sistema de ecuaciones diferenciales es

$$\Phi(t) = e^{tA} = e^{-tI + \begin{pmatrix} 0 & t \\ 0 & 0 \end{pmatrix}} = e^{-t} \begin{pmatrix} 1 & t \\ 0 & 1 \end{pmatrix} = \begin{pmatrix} e^{-t} & te^{-t} \\ 0 & e^{-t} \end{pmatrix}. \tag{2.140}$$

La solución del sistema de ecuaciones diferenciales es entonces[4]

$$\begin{pmatrix} x(t) \\ y(t) \end{pmatrix} = e^{tA} \begin{pmatrix} 1 \\ 1 \end{pmatrix} = \begin{pmatrix} e^{-t} + te^{-t} \\ e^{-t} \end{pmatrix}, \tag{2.141}$$

es decir,

$$x(t) = e^{-t} + te^{-t}, \qquad y(t) = e^{-t}. \tag{2.142}$$

∎

Ejercicio 2.12 *Resuelva el sistema de ecuaciones diferenciales*

$$\begin{pmatrix} x'(t) \\ y'(t) \end{pmatrix} = \begin{pmatrix} 0 & -1 \\ -1 & 0 \end{pmatrix} \begin{pmatrix} x(t) \\ y(t) \end{pmatrix} + \begin{pmatrix} e^t \\ e^{-t} \end{pmatrix}, \tag{2.143}$$

con la ayuda de la matriz exponencial.

---

[4] $\left(e^{tA}\right)^{-1}|_{t=0} = I$.

Solución.

El polinomio característico asociado a la matriz $A = \begin{pmatrix} 0 & -1 \\ -1 & 0 \end{pmatrix}$ es

$$p(\lambda) = \begin{vmatrix} -\lambda & -1 \\ -1 & -\lambda \end{vmatrix} = \lambda^2 - 1, \tag{2.144}$$

de modo que los valores propios asociados son ± 1. La matriz es diagonalizable[5] y entonces la forma canónica de Jordan asociada es la matriz diagonal

$$J = \begin{pmatrix} 1 & 0 \\ 0 & -1 \end{pmatrix}. \tag{2.145}$$

El espacio propio asociado al autovalor 1 es

$$\mathcal{P}_1 = \ker(A - I) = \left\{ (x, y) \in \mathbb{R}^2 : \begin{pmatrix} -1 & -1 \\ -1 & -1 \end{pmatrix} \begin{pmatrix} x \\ y \end{pmatrix} = \begin{pmatrix} 0 \\ 0 \end{pmatrix} \right\} = \langle \begin{pmatrix} 1 \\ -1 \end{pmatrix} \rangle. \tag{2.146}$$

Del mismo modo, o utilizando que A representa un endomorfismo autoadjunto [4, pág. 215], tenemos que

$$\mathcal{P}_{-1} = \langle \begin{pmatrix} 1 \\ 1 \end{pmatrix} \rangle. \tag{2.147}$$

De este modo una matriz de paso asociada es[6]

$$P = \begin{pmatrix} 1 & 1 \\ -1 & 1 \end{pmatrix}. \tag{2.148}$$

Una matriz fundamental del sistema es entonces

$$Pe^{tJ} = \begin{pmatrix} 1 & 1 \\ -1 & 1 \end{pmatrix} \begin{pmatrix} e^t & 0 \\ 0 & e^{-t} \end{pmatrix} = \begin{pmatrix} e^t & e^{-t} \\ -e^t & e^{-t} \end{pmatrix}, \tag{2.149}$$

y la solución del sistema homogéneo asociado es (vea la Nota 2.10)

$$Pe^{tJ}C = \begin{pmatrix} e^t & e^{-t} \\ -e^t & e^{-t} \end{pmatrix} \begin{pmatrix} C_1 \\ C_2 \end{pmatrix} = \begin{pmatrix} C_1 e^t + C_2 e^{-t} \\ -C_1 e^t + C_2 e^{-t} \end{pmatrix}, \tag{2.150}$$

es decir,

$$x_h(t) = C_1 e^t + C_2 e^{-t}, \quad y_h(t) = -C_1 e^t + C_2 e^{-t}. \tag{2.151}$$

Para construir una solución particular que lleve a la solución general del sistema completo, acudimos a la expresión

$$\begin{pmatrix} x_p(t) \\ y_p(t) \end{pmatrix} = \Phi(t) \int \Phi(t)^{-1} B(t) dt, \tag{2.152}$$

[5]Era de esperar ya que la matriz es simétrica ([4, Teo. 5.35, pág. 216]).

[6]Recuerde que estamos trabajando por columnas.

donde en este caso $\Phi(t) = Pe^{tJ}$. El lector puede verificar que

$$\Phi(t)^{-1}B(t) = \frac{1}{2}\begin{pmatrix} 1-e^{-2t} \\ 1+e^{2t} \end{pmatrix} \tag{2.153}$$

y que por tanto

$$\begin{pmatrix} x_p(t) \\ y_p(t) \end{pmatrix} = \begin{pmatrix} e^t & e^{-t} \\ -e^t & e^{-t} \end{pmatrix} \int \frac{1}{2}\begin{pmatrix} 1-e^{-2t} \\ 1+e^{2t} \end{pmatrix} dt = \begin{pmatrix} \left(t+\frac{1}{2}\right)\cosh t \\ \left(\frac{1}{2}-t\right)\operatorname{senh} t \end{pmatrix}, \tag{2.154}$$

donde hemos usado las igualdades

$$\operatorname{senh} t = \frac{e^t - e^{-t}}{2}, \quad \cosh t = \frac{e^t + e^{-t}}{2}. \tag{2.155}$$

La solución general del sistema de ecuaciones diferenciales es entonces

$$x(t) = \overbrace{C_1e^t + C_2e^{-t}}^{x_h(t)} + \overbrace{\left(t+\frac{1}{2}\right)\cosh t}^{x_p(t)}, \tag{2.156}$$

$$y(t) = \underbrace{-C_1e^t + C_2e^{-t}}_{y_h(t)} + \underbrace{\left(\frac{1}{2}-t\right)\operatorname{senh} t}_{y_p(t)}. \tag{2.157}$$

■

Ejercicio 2.13 *Resuelva el sistema de ecuaciones diferenciales*

$$\begin{pmatrix} y_1'(t) \\ y_2'(t) \end{pmatrix} = \begin{pmatrix} 4 & 2 \\ 3 & -1 \end{pmatrix}\begin{pmatrix} y_1(t) \\ y_2(t) \end{pmatrix}, \tag{2.158}$$

con la ayuda de vectores propios, verificando las condiciones iniciales $y_1(0) = 1$ *e* $y_2(0) = -1$.

Solución.

El polinomio característico asociado a la matriz de coeficientes $A = \begin{pmatrix} 4 & 2 \\ 3 & -1 \end{pmatrix}$ es

$$p(\lambda) = \begin{vmatrix} 4-\lambda & 2 \\ 3 & -1-\lambda \end{vmatrix} = (\lambda-5)(\lambda+2), \tag{2.159}$$

con raíces distintas 5 y −2. Los subespacios propios asociados son

$$\mathcal{P}_5 = \langle \begin{pmatrix} 2 \\ 1 \end{pmatrix} \rangle \text{ y } \mathcal{P}_{-2} = \langle \begin{pmatrix} 1 \\ -3 \end{pmatrix} \rangle, \tag{2.160}$$

y por tanto tenemos las dos soluciones independientes

$$\begin{pmatrix} 2 \\ 1 \end{pmatrix} e^{5t} \text{ y } \begin{pmatrix} 1 \\ -3 \end{pmatrix} e^{-2t}. \tag{2.161}$$

La matriz fundamental asociada no es sino

$$\Phi(t) = \begin{pmatrix} 2e^{5t} & e^{-2t} \\ e^{5t} & -3e^{-2t} \end{pmatrix} \tag{2.162}$$

y la solución general

$$y_1(t) = 2C_1e^{5t} + C_2e^{-2t}, \quad y_2(t) = C_1e^{5t} - 3C_2e^{-2t}. \tag{2.163}$$

Imponemos las condiciones iniciales para tener

$$y_1(0) = 2C_1 + C_2 = 1, \ y_2(0) = C_1 - 3C_2 = -1, \tag{2.164}$$

que tiene por solución $C_1 = 2/7$ y $C_2 = 3/7$, y así la solución del problema es finalmente[7]

$$y_1(t) = \frac{4}{7}e^{5t} + \frac{3}{7}e^{-2t}, \quad y_2(t) = \frac{2}{7}e^{5t} - \frac{9}{7}e^{-2t}. \tag{2.165}$$

■

Ejercicio 2.14 *Resuelva los siguientes sistemas de ecuaciones diferenciales matricialmente:*

a) $x'(t) = x(t) + 2y(t)$, $y'(t) = 3x(t) + 2y(t)$.

b) $x'(t) = x(t) + 2z(t)$, $y'(t) = x(t) + y(t)$, $z'(t) = -x(t) - z(t)$.

Solución.
a) El sistema de ecuaciones diferenciales escrito matricialmente es

$$\begin{pmatrix} x'(t) \\ y'(t) \end{pmatrix} = \underbrace{\begin{pmatrix} 1 & 2 \\ 3 & 2 \end{pmatrix}}_{A} \begin{pmatrix} x(t) \\ y(t) \end{pmatrix}. \tag{2.166}$$

---

[7]Este cálculo es más directo que finalizar realizando $\Phi(t)\Phi^{-1}(0)\begin{pmatrix} 1 \\ -1 \end{pmatrix}$, ya que la matriz fundamental no es una exponencial.

El polinomio característico asociado a la matriz A es

$$p(\lambda) = |A - \lambda I_2| = (\lambda + 1)(\lambda - 4), \tag{2.167}$$

con dos raíces reales distintas, -1 y 4. El lector puede confirmar que

$$\mathcal{P}_{-1} = \ker(A + I_2) = \langle \begin{pmatrix} -1 \\ 1 \end{pmatrix} \rangle, \tag{2.168}$$

$$\mathcal{P}_4 = \ker(A - 4I_2) = \langle \begin{pmatrix} 2 \\ 3 \end{pmatrix} \rangle, \tag{2.169}$$

y por tanto, el siguiente conjunto está formado por soluciones independientes del sistema de ecuaciones diferenciales

$$\left\{ \begin{pmatrix} -1 \\ 1 \end{pmatrix} e^{-t}, \begin{pmatrix} 2 \\ 3 \end{pmatrix} e^{4t} \right\}. \tag{2.170}$$

La matriz fundamental asociada es entonces

$$\Phi(t) = \begin{pmatrix} -e^{-t} & 2e^{4t} \\ e^{-t} & 3e^{4t} \end{pmatrix} \tag{2.171}$$

y así la solución del sistema es

$$\begin{pmatrix} x(t) \\ y(t) \end{pmatrix} = \begin{pmatrix} -e^{-t} & 2e^{4t} \\ e^{-t} & 3e^{4t} \end{pmatrix} \begin{pmatrix} C_1 \\ C_2 \end{pmatrix} = \begin{pmatrix} -C_1 e^{-t} + 2C_2 e^{4t} \\ C_1 e^{-t} + 3C_2 e^{4t} \end{pmatrix}, \tag{2.172}$$

es decir,

$$x(t) = -C_1 e^{-t} + 2C_2 e^{4t}, \quad y(t) = C_1 e^{-t} + 3C_2 e^{4t}. \tag{2.173}$$

b) En este caso tenemos la ecuación matricial

$$\begin{pmatrix} x'(t) \\ y'(t) \\ z'(t) \end{pmatrix} = \underbrace{\begin{pmatrix} 1 & 0 & 2 \\ 1 & 1 & 0 \\ -1 & 0 & -1 \end{pmatrix}}_{B} \begin{pmatrix} x(t) \\ y(t) \\ z(t) \end{pmatrix}, \tag{2.174}$$

y el polinomio característico asociado,

$$p(\lambda) = |B - \lambda I_3| = -\lambda^3 + \lambda^2 - \lambda + 1, \tag{2.175}$$

tiene por raíces 1 y $\pm i$. El espacio propio asociado a la raíz 1 es

$$\mathcal{P}_1 = \ker(B - I_3) = \langle \begin{pmatrix} 0 \\ 1 \\ 0 \end{pmatrix} \rangle, \tag{2.176}$$

que aporta la solución

$$\begin{pmatrix} 0 \\ 1 \\ 0 \end{pmatrix} e^t. \tag{2.177}$$

Veamos la pareja de raíces complejas conjugadas. Para ello determinamos el espacio propio asociado a una de ellas, por ejemplo i, para tener, después de algún cálculo,

$$\mathcal{P}_i = \ker(B - iI_3) = \langle \begin{pmatrix} -1-i \\ i \\ 1 \end{pmatrix} \rangle. \tag{2.178}$$

La solución (compleja) que aporta esta raíz es

$$\begin{pmatrix} -1-i \\ i \\ 1 \end{pmatrix} e^{it} = \left[\begin{pmatrix} -1 \\ 0 \\ 1 \end{pmatrix} + i \begin{pmatrix} -1 \\ 1 \\ 0 \end{pmatrix} \right] (\cos t + i \operatorname{sen} t), \tag{2.179}$$

que después de separar parte real e imaginaria proporcionan las dos soluciones reales independientes:

$$\begin{pmatrix} -1 \\ 0 \\ 1 \end{pmatrix} \cos t - \begin{pmatrix} -1 \\ 1 \\ 0 \end{pmatrix} \operatorname{sen} t \tag{2.180}$$

y

$$\begin{pmatrix} -1 \\ 1 \\ 0 \end{pmatrix} \cos t + \begin{pmatrix} -1 \\ 0 \\ 1 \end{pmatrix} \operatorname{sen} t. \tag{2.181}$$

La matriz fundamental es entonces

$$\Phi(t) = \begin{pmatrix} 0 & \operatorname{sen} t - \cos t & -\cos t - \operatorname{sen} t \\ e^t & -\operatorname{sen} t & \cos t \\ 0 & \cos t & \operatorname{sen} t \end{pmatrix}, \tag{2.182}$$

y así la solución es

$$x(t) = C_2(\operatorname{sen} t - \cos t) - C_3(\operatorname{sen} t + \cos t), \tag{2.183}$$

$$y(t) = C_1 e^t - C_2 \operatorname{sen} t + C_3 \cos t, \tag{2.184}$$

$$z(t) = C_2 \cos t + C_3 \operatorname{sen} t. \tag{2.185}$$

∎

Ejercicio 2.15 *Resuelva los siguientes sistemas de ecuaciones diferenciales con la ayuda de la matriz exponencial y del método de variación de las constantes (cuando sea necesario):*

a) $Y'(t) = \begin{pmatrix} 1 & 2 \\ 2 & -2 \end{pmatrix} Y(t) + \begin{pmatrix} 3e^{2t} \\ 5t \end{pmatrix}.$

b) $\begin{pmatrix} x'(t) \\ y'(t) \\ z'(t) \end{pmatrix} = \begin{pmatrix} 2 & 0 & 0 \\ -7 & 9 & 7 \\ 0 & 0 & 2 \end{pmatrix} \begin{pmatrix} x(t) \\ y(t) \\ z(t) \end{pmatrix}.$

c) $\begin{pmatrix} x'(t) \\ y'(t) \\ z'(t) \end{pmatrix} = \begin{pmatrix} -1 & 0 & 1 \\ 0 & -1 & 1 \\ 1 & -1 & -1 \end{pmatrix} \begin{pmatrix} x(t) \\ y(t) \\ z(t) \end{pmatrix}.$

d) $\begin{pmatrix} x'(t) \\ y'(t) \\ z'(t) \\ u'(t) \end{pmatrix} = \begin{pmatrix} 2 & 1 & 0 & 0 \\ 0 & 2 & 0 & 0 \\ 0 & 0 & 2 & 1 \\ 0 & 0 & 0 & 2 \end{pmatrix} \begin{pmatrix} x(t) \\ y(t) \\ z(t) \\ u(t) \end{pmatrix}.$

e) $Y'(t) = \begin{pmatrix} 1 & 1 & 0 \\ 0 & 1 & 1 \\ 0 & 0 & 1 \end{pmatrix} Y(t) + \begin{pmatrix} 6 \\ 12 \\ 24 \end{pmatrix} te^t.$

Solución.
a) La matriz de coeficientes es

$$A = \begin{pmatrix} 1 & 2 \\ 2 & -2 \end{pmatrix}, \tag{2.186}$$

con polinomio característico $p(\lambda) = \lambda^2 + \lambda - 6$. Sus raíces son 2 y -3, con espacios propios

$$\mathcal{P}_2 = \langle \begin{pmatrix} 2 \\ 1 \end{pmatrix} \rangle \qquad \text{y} \qquad \mathcal{P}_{-3} = \langle \begin{pmatrix} -1 \\ 2 \end{pmatrix} \rangle. \tag{2.187}$$

La matriz es desde luego diagonalizable, con

$$P = \begin{pmatrix} 2 & -1 \\ 1 & 2 \end{pmatrix} \qquad \text{y} \qquad J = \begin{pmatrix} 2 & 0 \\ 0 & -3 \end{pmatrix}. \tag{2.188}$$

Una matriz fundamental del sistema es entonces

$$\Phi(t) = Pe^{tJ} = P \begin{pmatrix} e^{2t} & 0 \\ 0 & e^{-3t} \end{pmatrix} = \begin{pmatrix} 2e^{2t} & -e^{-3t} \\ e^{2t} & 2e^{-3t} \end{pmatrix}. \tag{2.189}$$

La solución general de la parte homogénea es entonces

$$Y_h(t) = \begin{pmatrix} y_1(t) \\ y_2(t) \end{pmatrix} = \Phi(t) \begin{pmatrix} C_1 \\ C_2 \end{pmatrix} = \begin{pmatrix} 2C_1 e^{2t} - C_2 e^{-3t} \\ C_1 e^{2t} + 2C_2 e^{-3t} \end{pmatrix}. \tag{2.190}$$

Completamos con la solución particular

$$\Phi(t)\int \Phi(t)^{-1}\begin{pmatrix}3e^{2t}\\5t\end{pmatrix}dt, \tag{2.191}$$

que el lector puede confirmar que es

$$\Phi(t)\int \Phi(t)^{-1}\begin{pmatrix}3e^{2t}\\5t\end{pmatrix}dt = \begin{pmatrix}\frac{3}{25}e^{2t}(20t+1)-\frac{5}{18}(6t+1)\\ \frac{6}{25}e^{2t}(5t-1)+\frac{5}{36}(6t-5)\end{pmatrix}. \tag{2.192}$$

b) En este caso tenemos

$$A=\begin{pmatrix}2&0&0\\-7&9&7\\0&0&2\end{pmatrix}, \tag{2.193}$$

con polinomio característico $p(\lambda)=-\lambda^3+13\lambda^2-40\lambda+36$. Sus raíces son 2 doble y 9 simple. La dimensión del espacio propio asociado a la raíz 2 es dos, como el lector puede confirmar, con lo que la forma canónica de Jordan asociada a la matriz A es diagonal. Los espacios propios son

$$\mathcal{P}_2=\langle\begin{pmatrix}1\\0\\1\end{pmatrix},\begin{pmatrix}1\\1\\0\end{pmatrix}\rangle,\qquad \mathcal{P}_9=\langle\begin{pmatrix}0\\1\\0\end{pmatrix}\rangle, \tag{2.194}$$

y entonces

$$P=\begin{pmatrix}1&1&0\\0&1&1\\1&0&0\end{pmatrix}\qquad \text{y}\qquad J=\begin{pmatrix}2&0&0\\0&2&0\\0&0&9\end{pmatrix}. \tag{2.195}$$

Una matriz fundamental asociada al sistema de ecuaciones diferenciales es entonces

$$\Phi(t)=Pe^{tJ}=P\begin{pmatrix}e^{2t}&0&0\\0&e^{2t}&0\\0&0&e^{9t}\end{pmatrix}=\begin{pmatrix}e^{2t}&e^{2t}&0\\0&e^{2t}&e^{9t}\\e^{2t}&0&0\end{pmatrix}, \tag{2.196}$$

y así la solución general es

$$\begin{pmatrix}x(t)\\y(t)\\z(t)\end{pmatrix}=\Phi(t)\begin{pmatrix}C_1\\C_2\\C_3\end{pmatrix}=\begin{pmatrix}C_1e^{2t}+C_2e^{2t}\\C_2e^{2t}+C_3e^{9t}\\C_1e^{2t}\end{pmatrix}, \tag{2.197}$$

es decir,

$$x(t)=(C_1+C_2)e^{2t},\ y(t)=C_2e^{2t}+C_3e^{9t},\ z(t)=C_1e^{2t}. \tag{2.198}$$

c) En esta ocasión, el sistema de ecuaciones diferenciales es

$$\begin{pmatrix} x'(t) \\ y'(t) \\ z'(t) \end{pmatrix} = \underbrace{\begin{pmatrix} -1 & 0 & 1 \\ 0 & -1 & 1 \\ 1 & -1 & -1 \end{pmatrix}}_{A} \begin{pmatrix} x(t) \\ y(t) \\ z(t) \end{pmatrix}. \tag{2.199}$$

El polinomio característico es $p(\lambda) = -\lambda^3 - 3\lambda^2 - 3\lambda - 1$, con raíz -1 triple. Como

$$\operatorname{rang}(A + I_3) = \operatorname{rang} \begin{pmatrix} 0 & 0 & 1 \\ 0 & 0 & 1 \\ 1 & -1 & 0 \end{pmatrix} = 2, \tag{2.200}$$

la dimensión del espacio propio $\mathcal{P}_{-1}$ es 1, con lo que la forma canónica de Jordan es

$$J = \begin{pmatrix} -1 & 1 & 0 \\ 0 & -1 & 1 \\ 0 & 0 & -1 \end{pmatrix}. \tag{2.201}$$

Si $P = (v_1|v_2|v_3)$ es una matriz de paso asociada tenemos que

$$PJ = AP \Rightarrow (v_1|v_2|v_3) \begin{pmatrix} -1 & 1 & 0 \\ 0 & -1 & 1 \\ 0 & 0 & -1 \end{pmatrix} = A(v_1|v_2|v_3), \tag{2.202}$$

y tenemos las ecuaciones

$$(A + I_3)v_1 = 0, \ (A + I_3)v_2 = v_1, \ (A + I_3)v_3 = v_2, \tag{2.203}$$

asociadas a la cadena de inclusiones

$$\{0\} \subset \ker(A + I_3) \subset \ker(A + I_3)^2 \subset \ker(A + I_3)^3 = \mathbb{R}^3. \tag{2.204}$$

Como $v_3 \in \mathbb{R}^3 \setminus \ker(A + I_3)^2$, y además

$$\ker(A + I_3)^2 = \langle \begin{pmatrix} 0 \\ 0 \\ 1 \end{pmatrix}, \begin{pmatrix} 1 \\ 1 \\ 0 \end{pmatrix} \rangle, \tag{2.205}$$

tomamos $v_3 := \begin{pmatrix} 1 \\ 0 \\ 0 \end{pmatrix}$. De este modo

$$(A + I_3)e_1 = \begin{pmatrix} 0 \\ 0 \\ 1 \end{pmatrix} = v_2, \ (A + I_3) \begin{pmatrix} 0 \\ 0 \\ 1 \end{pmatrix} = \begin{pmatrix} 1 \\ 1 \\ 0 \end{pmatrix} = v_1. \tag{2.206}$$

Construimos así la matriz de paso

$$P = \begin{pmatrix} 1 & 0 & 1 \\ 1 & 0 & 0 \\ 0 & 1 & 0 \end{pmatrix}. \tag{2.207}$$

Una matriz fundamental es entonces $\Phi(t) = Pe^{tJ}$. Como

$$e^{tJ} = e^{-t} \begin{pmatrix} 1 & t & t^2/2 \\ 0 & 1 & t \\ 0 & 0 & 1 \end{pmatrix}, \tag{2.208}$$

tenemos que

$$\Phi(t) = Pe^{tJ} = e^{-t} \begin{pmatrix} 1 & t & 1+t^2/2 \\ 1 & t & t^2/2 \\ 0 & 1 & t \end{pmatrix}, \tag{2.209}$$

y la solución general es

$$\begin{pmatrix} x(t) \\ y(t) \\ z(t) \end{pmatrix} = \Phi(t) \begin{pmatrix} C_1 \\ C_2 \\ C_3 \end{pmatrix}, \tag{2.210}$$

y así

$$x(t) = e^{-t} \left(C_1 + C_2 t + C_3 \left(1 + \frac{t^2}{2} \right) \right), \tag{2.211}$$

$$y(t) = e^{-t} \left(C_1 + C_2 t + \frac{C_3}{2} t^2 \right), \tag{2.212}$$

$$z(t) = e^{-t}(C_2 + C_3 t). \tag{2.213}$$

d) La matriz de coeficientes es

$$J = \begin{pmatrix} 2 & 1 & 0 & 0 \\ 0 & 2 & 0 & 0 \\ 0 & 0 & 2 & 1 \\ 0 & 0 & 0 & 2 \end{pmatrix}, \tag{2.214}$$

y una matriz fundamental es simplemente

$$\Phi(t) = e^{tJ} = e^{2t} \begin{pmatrix} 1 & t & 0 & 0 \\ 0 & 1 & 0 & 0 \\ 0 & 0 & 1 & t \\ 0 & 0 & 0 & 1 \end{pmatrix}, \tag{2.215}$$

y la solución general es

$$\begin{pmatrix} x(t) \\ y(t) \\ z(t) \\ u(t) \end{pmatrix} = \Phi(t) \begin{pmatrix} C_1 \\ C_2 \\ C_3 \\ C_4 \end{pmatrix} = \begin{pmatrix} C_1e^{2t} + C_2te^{2t} \\ C_2e^{2t} \\ C_3e^{2t} + C_4te^{2t} \\ C_4e^{2t} \end{pmatrix}. \qquad (2.216)$$

e) El sistema de ecuaciones diferenciales es ahora

$$Y'(t) = \underbrace{\begin{pmatrix} 1 & 1 & 0 \\ 0 & 1 & 1 \\ 0 & 0 & 1 \end{pmatrix}}_{A} Y(t) + \underbrace{\begin{pmatrix} 6 \\ 12 \\ 24 \end{pmatrix} te^t}_{B(t)}. \qquad (2.217)$$

La matriz está, de nuevo, en forma canónica con lo que una matriz fundamental es

$$\Phi(t) = e^{tA} = e^t \begin{pmatrix} 1 & t & t^2/2 \\ 0 & 1 & t \\ 0 & 0 & 1 \end{pmatrix}. \qquad (2.218)$$

La solución general es entonces

$$Y(t) = \Phi(t)C + \Phi(t) \int \Phi(t)^{-1} B(t) dt. \qquad (2.219)$$

El lector puede verificar que

$$\Phi(t)^{-1} = \begin{pmatrix} e^{-t} & -te^{-t} & e^{-t}t^2/2 \\ 0 & e^{-t} & -te^{-t} \\ 0 & 0 & e^{-t} \end{pmatrix}, \qquad (2.220)$$

$$\Phi(t)^{-1}B(t) = \begin{pmatrix} 12t^3 - 12t^2 + 6t \\ 12t - 24t^2 \\ 24t \end{pmatrix}, \qquad (2.221)$$

$$\int \Phi(t)^{-1}B(t)dt = \begin{pmatrix} 3t^4 - 4t^3 + 3t^2 \\ 6t^2 - 8t^3 \\ 12t^2 \end{pmatrix}, \qquad (2.222)$$

$$\Phi(t) \int \Phi(t)^{-1}B(t)dt = \begin{pmatrix} e^t t^2(t^2 + 2t + 3) \\ 2e^t t^2(2t + 3) \\ 12e^t t^2 \end{pmatrix}, \qquad (2.223)$$

siendo ésta una solución particular. La solución general es entonces

$$Y(t) = \begin{pmatrix} y_1(t) \\ y_2(t) \\ y_3(t) \end{pmatrix} = e^t \begin{pmatrix} 1 & t & t^2/2 \\ 0 & 1 & t \\ 0 & 0 & 1 \end{pmatrix} \begin{pmatrix} C_1 \\ C_2 \\ C_3 \end{pmatrix} + \begin{pmatrix} e^t t^2(t^2 + 2t + 3) \\ 2e^t t^2(2t + 3) \\ 12e^t t^2 \end{pmatrix}, \qquad (2.224)$$

es decir,

$$y_1(t) = e^t(C_1 + C_2t + C_3t^2/2) + e^t t^2(t^2 + 2t + 3), \tag{2.225}$$
$$y_2(t) = e^t(C_2 + C_3t) + 2e^t t^2(2t + 3), \tag{2.226}$$
$$y_3(t) = C_3e^t + 12e^t t^2. \tag{2.227}$$

∎

Ejercicio 2.16 *Para el sistema de ecuaciones diferenciales $Y'(t) = AY(t)$, se tiene que*

a) Sólo tiene solución si A es inversible.

b) Su solución es e^{At}.

c) Si A es inversible, sólo tiene la solución nula.

d) Ninguna de las anteriores.

Solución.
La afirmación a) es falsa, ya que si $A = 0$, y por tanto no inversible, el sistema tiene solución. Una matriz fundamental es e^{At}, que permite construir la solución, pero no es la solución, con lo que la afirmación b) tampoco es correcta. Si A es la matriz identidad, el sistema de ecuaciones diferenciales tiene soluciones no nulas, con lo que c) tampoco es correcta. Nos decantamos inevitablemente por la respuesta del apartado d). ∎

Ejercicio 2.17 *Si $J = P^{-1}AP$ es la forma canónica de Jordan de la matriz de coeficientes A del sistema $Y'(t) = AY(t)$, ¿cuál de las siguientes afirmaciones es falsa?*

a) Una matriz fundamental del sistema es e^{tA}.

b) Una matriz fundamental del sistema es Pe^{tJ}.

c) Una matriz fundamental del sistema es $Pe^{tJ}P^{-1}$.

d) Una matriz fundamental del sistema es e^{tJ}.

Solución.
Sabemos que si $\Phi(t)$ es una matriz fundamental de un sistema de ecuaciones diferenciales lineal, entonces $\Phi(t)Q$ también si Q es inversible. De este modo, como e^{tA} es una matriz fundamental de soluciones, Pe^{tJ} también, ya que $Pe^{tJ} = e^{tA}P$. Por otro lado, $e^{tA} = Pe^{tJ}P^{-1}$, y también es una matriz fundamental. Sin embargo, en general e^{tJ} no es una matriz fundamental del sistema de ecuaciones diferenciales $Y'(t) = AY(t)$, y la afirmación falsa es la d). ∎

Ejercicio 2.18 *Si el determinante operacional asociado a un sistema de ecuaciones diferenciales de coeficientes constantes es cero, entonces*

a) El sistema tiene siempre solución.

b) El sistema no tiene nunca solución.

c) El sistema tiene siempre infinitas soluciones.

d) Ninguna de las anteriores.

Solución.
Si el determinante es cero, el sistema de ecuaciones diferenciales es degenerado. Puede no tener solución o tener infinitas, pero no se puede afirmar con rotundidad qué ocurre. Ninguna de las tres primeras afirmaciones tiene validez general, y por tanto la respuesta correcta es la d). ∎

Ejercicio 2.19 *Analice si los siguientes sistemas de ecuaciones diferenciales degenerados tienen infinitas soluciones o no tienen:*

$$a)\ \begin{cases} (D+I)[x(t)]+(D+I)[y(t)]=e^{-4t}, \\ (D+4I)[x(t)]+(D+4I)[y(t)]=e^{-t}. \end{cases}$$

$$b)\ \begin{cases} (D+I)[x(t)]+(D+I)[y(t)]=1, \\ (D+5I)[x(t)]+(D+5I)[y(t)]=\operatorname{sen} t. \end{cases}$$

Solución.
a) El sistema es degenerado ya que el determinante operacional es

$$\begin{vmatrix} D+I & D+I \\ D+4I & D+4I \end{vmatrix} = 0. \tag{2.228}$$

La ecuación diferencial para $x(t)$ es (página 156)

$$0 = \begin{vmatrix} e^{-4t} & D+I \\ e^{-t} & D+4I \end{vmatrix} = 0, \tag{2.229}$$

mientras que para $y(t)$ tendríamos la identidad

$$0 = \begin{vmatrix} D+I & e^{-4t} \\ D+4I & e^{-t} \end{vmatrix} = 0, \tag{2.230}$$

con lo que tenemos infinitas soluciones para el sistema.

b) El sistema es de nuevo degenerado ya que el determinante operacional es

$$\begin{vmatrix} D+I & D+I \\ D+5I & D+5I \end{vmatrix} = 0. \tag{2.231}$$

La ecuación diferencial para $x(t)$ es entonces (página 156)

$$0 = \begin{vmatrix} 1 & D+I \\ \operatorname{sen} t & D+5I \end{vmatrix} = 5 - \cos t - \operatorname{sen} t \not\equiv 0, \tag{2.232}$$

con lo que el sistema no tiene solución. ∎

Ejercicio 2.20 *Resuelva el siguiente sistema de ecuaciones diferenciales por eliminación, teniendo cuidado con el número de constantes arbitrarias que aparecen en la solución general:*

$$\begin{cases} (D^2+I)[x(t)] + D^2[y(t)] = 2e^{-t}, \\ (D^2-I)[x(t)] + D^2[y(t)] = 0. \end{cases} \tag{2.233}$$

Solución.
Para calcular $x(t)$ tenemos la ecuación diferencial separada (página 156)

$$\begin{vmatrix} D^2+I & D^2 \\ D^2-I & D^2 \end{vmatrix} [x(t)] = \begin{vmatrix} 2e^{-t} & D^2 \\ 0 & D^2 \end{vmatrix} \Leftrightarrow \tag{2.234}$$

$$(D^2(D^2+I) - D^2(D^2-I))[x(t)] = D^2[2e^{-t}] \Leftrightarrow x''(t) = e^{-t}, \tag{2.235}$$

que tiene solución

$$x(t) = e^{-t} + at + b. \tag{2.236}$$

De forma similar

$$2D^2[y(t)] = \begin{vmatrix} D^2+I & 2e^{-t} \\ D^2-I & 0 \end{vmatrix} =$$

$$= -(D^2-I)[2e^{-t}] = -2(D^2[e^{-t}] - e^{-t}) = 0, \tag{2.237}$$

con lo que

$$y''(t) = 0 \Rightarrow y(t) = ct + d. \tag{2.238}$$

En este momento tenemos que eliminar las constantes superfluas. Para ello sustituimos las soluciones obtenidas en el sistema original para tener que necesariamente $a = b = 0$, y la solución es finalmente

$$x(t) = e^{-t}, \quad y(t) = ct + d. \tag{2.239}$$

∎

Ejercicio 2.21 *Resuelva, construyendo una solución particular con el método de los coeficientes indeterminados para sistemas, los siguientes sistemas de ecuaciones diferenciales:*

a) $x'(t) = x(t) - y(t) + t$, $y'(t) = x(t) + y(t) - t + 1$.

b) $x'(t) = 2x(t) - y(t) + e^t$, $y'(t) = 3x(t) - 2y(t)$.

c) $x'(t) = x(t) + \operatorname{sen} t$, $y'(t) = z(t)$, $z'(t) = \cos t$.

Solución.

a) Resolvemos, en primer, lugar el sistema de ecuaciones diferenciales homogéneo asociado $x'(t) = x(t) - y(t)$, $y'(t) = x(t) + y(t)$. Para ello sumamos y tenemos que $x'(t) + y'(t) = 2x(t)$. De la primera ecuación tenemos que $y(t) = x(t) - x'(t)$, con lo que $y'(t) = x'(t) - x''(t)$. Sustituimos y concluimos que

$$x''(t) - 2x'(t) + 2x(t) = 0. \tag{2.240}$$

La ecuación característica asociada es $r^2 - 2r + 2 = 0$, cuyas raíces son $1 \pm i$. La solución general es entonces

$$x_h(t) = Ae^t \cos t + Be^t \operatorname{sen} t, \tag{2.241}$$

así como

$$y_h(t) = x_h(t) - x_h'(t) = Ae^t \operatorname{sen} t - Be^t \cos t. \tag{2.242}$$

Sólo resta completar con una solución particular. Como el sistema matricialmente es

$$\begin{pmatrix} x'(t) \\ y'(t) \end{pmatrix} = \begin{pmatrix} 1 & -1 \\ 1 & 1 \end{pmatrix} \begin{pmatrix} x(t) \\ y(t) \end{pmatrix} + \begin{pmatrix} t \\ 1-t \end{pmatrix}, \tag{2.243}$$

buscamos una solución particular de la forma

$$\begin{pmatrix} x_p(t) \\ y_p(t) \end{pmatrix} = \begin{pmatrix} a \\ b \end{pmatrix} t + \begin{pmatrix} c \\ d \end{pmatrix}. \tag{2.244}$$

Sustituyendo tenemos la igualdad

$$\begin{pmatrix} a \\ b \end{pmatrix} = \begin{pmatrix} 1 & -1 \\ 1 & 1 \end{pmatrix} \begin{pmatrix} at + c \\ bt + d \end{pmatrix} + \begin{pmatrix} t \\ 1-t \end{pmatrix}, \tag{2.245}$$

es decir, después de simplificar, el sistema

$$a = c - d, 0 = a - b + 1, b = c + d + 1, 0 = a + b - 1, \tag{2.246}$$

que conduce fácilmente a los valores

$$a = 0, \ b = 1, \ c = 0, \ d = 0. \tag{2.247}$$

Tenemos entonces la solución particular

$$\begin{pmatrix} x_p(t) \\ y_p(t) \end{pmatrix} = \begin{pmatrix} 0 \\ 1 \end{pmatrix} t = \begin{pmatrix} 0 \\ t \end{pmatrix}. \tag{2.248}$$

La solución general del sistema de ecuaciones diferenciales es entonces

$$\begin{pmatrix} x(t) \\ y(t) \end{pmatrix} = \begin{pmatrix} x_h(t) \\ y_h(t) \end{pmatrix} + \begin{pmatrix} x_p(t) \\ y_p(t) \end{pmatrix}, \tag{2.249}$$

es decir,

$$x(t) = Ae^t \cos t + Be^t \operatorname{sen} t, \; y(t) = Ae^t \operatorname{sen} t - Be^t \cos t + t. \tag{2.250}$$

b) Para el segundo sistema, derivamos la parte homogénea de la primera ecuación diferencial y usamos la segunda para así tener

$$\begin{aligned} x''(t) &= 2x'(t) - y'(t) = 2x'(t) - (3x(t) - 2y(t)) = \\ &= 2x'(t) - 3x(t) + 2(2x(t) - x'(t)) = x(t), \end{aligned} \tag{2.251}$$

donde hemos despejado $y(t)$ en la primera ecuación. La ecuación característica es $r^2 - 1 = 0$ y la solución general por tanto

$$x_h(t) = Ae^t + Be^{-t}. \tag{2.252}$$

Para $y(t)$ tenemos

$$y_h(t) = 2x_h(t) - x_h'(t) = Ae^t + 3Be^{-t}. \tag{2.253}$$

La diferencia en esta ocasión es que el término no homogéneo es solución del sistema homogéneo asociado. La solución particular buscada es entonces

$$\begin{pmatrix} x_p(t) \\ y_p(t) \end{pmatrix} = \left(\begin{pmatrix} a \\ b \end{pmatrix} t + \begin{pmatrix} c \\ d \end{pmatrix} \right) e^t. \tag{2.254}$$

Sustituyendo de nuevo en el sistema de ecuaciones diferenciales completo

$$\begin{pmatrix} x'(t) \\ y'(t) \end{pmatrix} = \begin{pmatrix} 2 & -1 \\ 3 & -2 \end{pmatrix} \begin{pmatrix} x(t) \\ y(t) \end{pmatrix} + \begin{pmatrix} e^t \\ 0 \end{pmatrix} \tag{2.255}$$

tenemos

$$\begin{aligned} &\begin{pmatrix} a \\ b \end{pmatrix} e^t + \left(\begin{pmatrix} a \\ b \end{pmatrix} t + \begin{pmatrix} c \\ d \end{pmatrix} \right) e^t = \\ &= \begin{pmatrix} 2 & -1 \\ 3 & -2 \end{pmatrix} \left(\begin{pmatrix} a \\ b \end{pmatrix} t + \begin{pmatrix} c \\ d \end{pmatrix} \right) e^t + \begin{pmatrix} e^t \\ 0 \end{pmatrix}. \end{aligned} \tag{2.256}$$

Desarrollando tenemos

$$\begin{pmatrix} at + a + c \\ bt + b + d \end{pmatrix} e^t = \begin{pmatrix} (2a - b)t + 2c - d \\ (3a - 2b)t + 3c - 2d \end{pmatrix} e^t + \begin{pmatrix} e^t \\ 0 \end{pmatrix}, \tag{2.257}$$

que conduce a la solución

$$a = b = \frac{3}{2}, \ c = d + \frac{1}{2}. \tag{2.258}$$

Tomando $d = 0$ tenemos la solución particular

$$\begin{pmatrix} x_p(t) \\ y_p(t) \end{pmatrix} = \left(\begin{pmatrix} 3/2 \\ 3/2 \end{pmatrix} t + \begin{pmatrix} 1/2 \\ 0 \end{pmatrix} \right) e^t. \tag{2.259}$$

La solución es entonces

$$x(t) = Ae^t + Be^{-t} + \frac{3}{2}te^t + \frac{1}{2}e^t, \tag{2.260}$$

$$y(t) = Ae^t + 3Be^{-t} + \frac{3}{2}te^t. \tag{2.261}$$

c) En esta ocasión, el sistema es

$$\begin{pmatrix} x'(t) \\ y'(t) \\ z'(t) \end{pmatrix} = \overbrace{\begin{pmatrix} 1 & 0 & 0 \\ 0 & 0 & 1 \\ 0 & 0 & 0 \end{pmatrix}}^{A} \begin{pmatrix} x(t) \\ y(t) \\ z(t) \end{pmatrix} + \begin{pmatrix} \operatorname{sen} t \\ 0 \\ \cos t \end{pmatrix}. \tag{2.262}$$

Como la matriz está ya en forma canónica de Jordan, el cálculo de la matriz exponencial es sencillamente

$$\Phi(t) = e^{tA} = \begin{pmatrix} e^t & 0 & 0 \\ 0 & 1 & t \\ 0 & 0 & 1 \end{pmatrix}, \tag{2.263}$$

y la solución de la parte homogénea es

$$\begin{pmatrix} x_h(t) \\ y_h(t) \\ z_h(t) \end{pmatrix} = \begin{pmatrix} e^t & 0 & 0 \\ 0 & 1 & t \\ 0 & 0 & 1 \end{pmatrix} \begin{pmatrix} C_1 \\ C_2 \\ C_3 \end{pmatrix}. \tag{2.264}$$

Completamos con una solución particular de la forma

$$\begin{pmatrix} x_p(t) \\ y_p(t) \\ z_p(t) \end{pmatrix} = \begin{pmatrix} a \\ b \\ c \end{pmatrix} \operatorname{sen} t + \begin{pmatrix} d \\ e \\ f \end{pmatrix} \cos t. \tag{2.265}$$

Sustituyendo tenemos

$$x_p'(t) = a \cos t - d \operatorname{sen} t = a \operatorname{sen} t + d \cos t + \operatorname{sen} t, \tag{2.266}$$

$$y_p'(t) = b \cos t - e \operatorname{sen} t = c \operatorname{sen} t + f \cos t, \tag{2.267}$$

$$z_p'(t) = c \cos t - f \operatorname{sen} t = \cos t. \tag{2.268}$$

De este modo

$$a = -\frac{1}{2} = d, \ c = 1, \ f = 0, \ e = -1, \ b = 0, \tag{2.269}$$

y la solución particular es

$$x_p(t) = -\frac{1}{2}\operatorname{sen} t - \frac{1}{2}\cos t, \ y_p(t) = -\cos t, \ z_p(t) = \operatorname{sen} t. \tag{2.270}$$

La solución general es entonces[8]

$$\begin{pmatrix} x(t) \\ y(t) \\ z(t) \end{pmatrix} = \begin{pmatrix} e^t & 0 & 0 \\ 0 & 1 & t \\ 0 & 0 & 1 \end{pmatrix} \begin{pmatrix} C_1 \\ C_2 \\ C_3 \end{pmatrix} + \begin{pmatrix} -\frac{1}{2}\operatorname{sen} t - \frac{1}{2}\cos t \\ -\cos t \\ \operatorname{sen} t \end{pmatrix}. \tag{2.271}$$

■

Ejercicio 2.22 *Supongamos que $Y'(t) = AY(t)$ tiene a $f(t)$ como solución.*

a) Compruebe que $tf(t)$ es solución del sistema $Y'(t) = AY(t) + f(t)$.

b) Resuelva de este modo el sistema de ecuaciones diferenciales

$$\begin{pmatrix} x'(t) \\ y'(t) \\ z'(t) \end{pmatrix} = \begin{pmatrix} 1 & -1 & 0 \\ 1 & 1 & -1 \\ 2 & 0 & -1 \end{pmatrix} \begin{pmatrix} x(t) \\ y(t) \\ z(t) \end{pmatrix} + \begin{pmatrix} e^t \\ 0 \\ e^t \end{pmatrix}. \tag{2.272}$$

Solución.
Para el primer apartado tenemos simplemente que

$$(tf(t))' = f(t) + tf'(t) = f(t) + tAf(t) = A(tf(t)) + f(t) \tag{2.273}$$

y por tanto $tf(t)$ es solución del sistema completo, si $f(t)$ lo es del homogéneo asociado. La utilidad de este apartado es que si en el sistema $Y'(t) = AY(t) + f(t)$ resulta que $f(t)$ es solución de $Y'(t) = AY(t)$, entonces $tf(t)$ es una solución particular del sistema completo. De este modo, sólo tenemos que resolver el sistema homogéneo asociado y sumarle a la solución general obtenida la particular $tf(t)$.

Como en nuestro caso (el lector puede comprobarlo) tenemos que

$$f(t) = \begin{pmatrix} e^t \\ 0 \\ e^t \end{pmatrix} \tag{2.274}$$

[8] La solución de este sistema se obtiene trivialmente resolviendo en $z(t)$ y $x(t)$ por separado, y luego en $y(t)$.

es solución de

$$\begin{pmatrix} x'(t) \\ y'(t) \\ z'(t) \end{pmatrix} = \begin{pmatrix} 1 & -1 & 0 \\ 1 & 1 & -1 \\ 2 & 0 & -1 \end{pmatrix} \begin{pmatrix} x(t) \\ y(t) \\ z(t) \end{pmatrix}, \tag{2.275}$$

sólo tenemos que resolver este sistema. Si

$$A = \begin{pmatrix} 1 & -1 & 0 \\ 1 & 1 & -1 \\ 2 & 0 & -1 \end{pmatrix} \tag{2.276}$$

el polinomio característico asociado es

$$p(\lambda) = \lambda^2 - \lambda^3, \tag{2.277}$$

con raíces 0 doble y 1 simple. El lector puede comprobar que la matriz no es diagonalizable y que las cadenas de inclusiones asociadas son

$$\{0\} \subset \mathcal{P}_0 \subset \ker A^2 = \ker A^3 = \dots, \tag{2.278}$$

$$\{0\} \subset \mathcal{P}_1 = \ker(A - I_3)^2 = \dots \tag{2.279}$$

donde

$$\mathcal{P}_0 = \langle \begin{pmatrix} 1 \\ 1 \\ 2 \end{pmatrix} \rangle, \ \mathcal{P}_1 = \langle \begin{pmatrix} 1 \\ 0 \\ 1 \end{pmatrix} \rangle, \ \ker A^2 = \langle \begin{pmatrix} 0 \\ 1 \\ 2 \end{pmatrix}, \begin{pmatrix} 1 \\ 0 \\ 0 \end{pmatrix} \rangle, \tag{2.280}$$

con forma canónica de Jordan

$$J = \begin{pmatrix} 0 & 1 & 0 \\ 0 & 0 & 0 \\ 0 & 0 & 1 \end{pmatrix}. \tag{2.281}$$

A partir de $J = P^{-1}AP$ tenemos que, si $P = (v_1|v_2|v_3)$,

$$v_1 \in \mathcal{P}_0, \ v_2 \in \ker A^2 \setminus \mathcal{P}_0, \ v_3 \in \mathcal{P}_1, \tag{2.282}$$

con lo que tomamos

$$P = (v_1|v_2|v_3) = \begin{pmatrix} 1 & 1 & 1 \\ 1 & 0 & 0 \\ 2 & 0 & 1 \end{pmatrix}. \tag{2.283}$$

Una matriz fundamental del sistema homogéneo es así

$$\Phi(t) = Pe^{tJ} = P \begin{pmatrix} 1 & t & 0 \\ 0 & 1 & 0 \\ 0 & 0 & e^t \end{pmatrix} = \begin{pmatrix} 1 & 1+t & e^t \\ 1 & t & 0 \\ 2 & 2t & e^t \end{pmatrix}. \tag{2.284}$$

La solución general del sistema completo es por tanto

$$\begin{pmatrix} x(t) \\ y(t) \\ z(t) \end{pmatrix} = C_1 \begin{pmatrix} 1 \\ 1 \\ 2 \end{pmatrix} + C_2 \begin{pmatrix} 1+t \\ t \\ 2t \end{pmatrix} + (C_3 + t) \begin{pmatrix} e^t \\ 0 \\ e^t \end{pmatrix}, \tag{2.285}$$

donde hemos sumado $f(t)$. ∎

Ejercicio 2.23 *Resuelva el sistema de ecuaciones diferenciales*

$$\begin{pmatrix} x'(t) \\ y'(t) \end{pmatrix} = \begin{pmatrix} -1+\cos t & 0 \\ \cos t & -1 \end{pmatrix} \begin{pmatrix} x(t) \\ y(t) \end{pmatrix}. \tag{2.286}$$

Solución.

El sistema de ecuaciones diferenciales asociado a la ecuación matricial del enunciado no es sino

$$x'(t) = (\cos t - 1)x(t), \quad y'(t) = x(t)\cos t - y(t). \tag{2.287}$$

Resolvemos la primera ecuación diferencial en la que no aparece $y(t)$:

$$\frac{d\,x(t)}{x(t)} = (\cos t - 1)dt \Rightarrow \log|x(t)| = \operatorname{sen} t - t + k \Rightarrow x(t) = Ce^{\operatorname{sen} t - t}. \tag{2.288}$$

Sustituimos esta expresión para $x(t)$ en la segunda ecuación diferencial

$$y'(t) + y(t) = C\cos t\, e^{\operatorname{sen} t - t}. \tag{2.289}$$

La solución de la parte homogénea es

$$y_h(t) = Ke^{-t}. \tag{2.290}$$

Suponemos que $K = K(t)$ y, después de sustituir en la ecuación diferencial completa, tenemos

$$K'e^{-t} - Ke^{-t} + Ke^{-t} = C\cos t\, e^{\operatorname{sen} t - t} \Rightarrow K' = C\cos t\, e^{\operatorname{sen} t} \Rightarrow \\ K(t) = Ce^{\operatorname{sen} t} + D, \tag{2.291}$$

y así la solución para $y(t)$ es

$$y(t) = K(t)e^{-t} = Ce^{\operatorname{sen} t - t} + De^{-t}. \tag{2.292}$$

∎

Ejercicio 2.24 *Resuelva el sistema de ecuaciones diferenciales*

$$\begin{aligned} x'(t) &= 3x(t) + 2y(t) - 3z(t), \\ y'(t) &= 4x(t) + 10y(t) - 12z(t), \\ z'(t) &= 3x(t) + 6y(t) - 7z(t), \end{aligned} \tag{2.293}$$

mediante el cálculo de una matriz fundamental con la ayuda de la matriz exponencial.

Solución.
Escribimos el sistema en forma matricial

$$\begin{pmatrix} x'(t) \\ y'(t) \\ z'(t) \end{pmatrix} = \underbrace{\begin{pmatrix} 3 & 2 & -3 \\ 4 & 10 & -12 \\ 3 & 6 & -7 \end{pmatrix}}_{A} \begin{pmatrix} x(t) \\ y(t) \\ z(t) \end{pmatrix}. \tag{2.294}$$

El polinomio característico es

$$p(\lambda) = -\lambda^3 + 6\lambda^2 - 12\lambda + 8, \tag{2.295}$$

con raíz 2 triple. La dimensión del espacio propio $\mathcal{P}_2$ es

$$\dim \mathcal{P}_2 = 3 - \operatorname{rang} \begin{pmatrix} 1 & 2 & -3 \\ 4 & 8 & -12 \\ 3 & 6 & -9 \end{pmatrix} = 3 - 1 = 2, \tag{2.296}$$

con lo que la forma canónica de Jordan es

$$J = \begin{pmatrix} 2 & 1 & 0 \\ 0 & 2 & 0 \\ 0 & 0 & 2 \end{pmatrix}. \tag{2.297}$$

Tenemos la cadena de inclusiones asociada

$$\{0\} \subset \ker(A - 2I) \subset \ker(A - 2I)^2 = \mathbb{R}^3, \tag{2.298}$$

donde el lector puede confirmar que

$$\mathcal{P}_2 = \ker(A - 2I) = \langle \begin{pmatrix} 3 \\ 0 \\ 1 \end{pmatrix}, \begin{pmatrix} -2 \\ 1 \\ 0 \end{pmatrix} \rangle. \tag{2.299}$$

Como $J = P^{-1}AP$, si $P = (v_1|v_2|v_3)$ tenemos

$$(v_1|v_2|v_3) \begin{pmatrix} 2 & 1 & 0 \\ 0 & 2 & 0 \\ 0 & 0 & 2 \end{pmatrix} = A(v_1|v_2|v_3), \tag{2.300}$$

que después de multiplicar conduce a

$$(A-2I)v_1=0,\ (A-2I)v_2=v_1,\ (A-2I)v_3=0, \tag{2.301}$$

y así tenemos las condiciones $v_2 \in \mathbb{R}^3 \setminus \ker(A-2I)$ y $v_3 \in \ker(A-2I)$. Si tomamos $v_2 := \begin{pmatrix} 1 \\ 0 \\ 0 \end{pmatrix}$, tenemos $(A-2I)v_2 = \begin{pmatrix} 1 \\ 4 \\ 3 \end{pmatrix} = v_1$, y definimos también $v_3 = \begin{pmatrix} 3 \\ 0 \\ 1 \end{pmatrix}$, y así

$$P = \begin{pmatrix} 1 & 1 & 3 \\ 4 & 0 & 0 \\ 3 & 0 & 1 \end{pmatrix}. \tag{2.302}$$

Una matriz fundamental del sistema es entonces

$$\Phi(t) = Pe^{tJ} = \begin{pmatrix} 1 & 1 & 3 \\ 4 & 0 & 0 \\ 3 & 0 & 1 \end{pmatrix} e^{t\begin{pmatrix} 2 & 1 & 0 \\ 0 & 2 & 0 \\ 0 & 0 & 2 \end{pmatrix}} =$$

$$= \begin{pmatrix} 1 & 1 & 3 \\ 4 & 0 & 0 \\ 3 & 0 & 1 \end{pmatrix} e^{2t} \begin{pmatrix} 1 & t & 0 \\ 0 & 1 & 0 \\ 0 & 0 & 1 \end{pmatrix} = e^{2t} \begin{pmatrix} 1 & 1+t & 3 \\ 4 & 4t & 0 \\ 3 & 3t & 1 \end{pmatrix}. \tag{2.303}$$

La solución es finalmente

$$\begin{pmatrix} x(t) \\ y(t) \\ z(t) \end{pmatrix} = \Phi(t) \begin{pmatrix} C_1 \\ C_2 \\ C_3 \end{pmatrix} = e^{2t} \begin{pmatrix} C_1 + (1+t)C_2 + 3C_3 \\ 4(C_1 + tC_2) \\ 3C_1 + 3tC_2 + C_3 \end{pmatrix}. \tag{2.304}$$

■

Ejercicio 2.25 *Resuelva el siguiente sistema de ecuaciones diferenciales*

$$x'(t) = y(t) + z(t),\ y'(t) = x(t) + z(t),\ z'(t) = x(t) + y(t), \tag{2.305}$$

con las condiciones iniciales $x(0) = a$, $y(0) = b$, $z(0) = c$, $a, b, c \in \mathbb{R}$.

Solución.
Despejamos la variable $z(t)$ de las dos primeras ecuaciones y tenemos

$$z(t) = x'(t) - y(t),\ z(t) = y'(t) - x(t), \tag{2.306}$$

con lo que

$$x'(t) - y(t) = y'(t) - x(t) \Rightarrow y'(t) - x'(t) = -(y(t) - x(t)) \Rightarrow y(t) - x(t) = K_1 e^{-t}. \tag{2.307}$$

De este modo, podemos eliminar una de las variables ya que

$$y(t) = x(t) + K_1 e^{-t}. \tag{2.308}$$

Sustituimos para tener

$$x'(t) = x(t) + z(t) + K_1 e^{-t}, \; z'(t) = 2x(t) + K_1 e^{-t}. \tag{2.309}$$

Derivamos la primera de estas ecuaciones para tener, usando la segunda, que

$$x''(t) = x'(t) + z'(t) - K_1 e^{-t} = x'(t) + 2x(t) + K_1 e^{-t} - K_1 e^{-t} = x'(t) + 2x(t). \tag{2.310}$$

La ecuación característica asociada a $x''(t) - x'(t) - 2x(t) = 0$ tiene por raíces -1 y 2, con lo que

$$x(t) = K_2 e^{-t} + K_3 e^{2t}, \tag{2.311}$$

así como

$$y(t) = (K_1 + K_2)e^{-t} + K_3 e^{2t}, \tag{2.312}$$

y por último

$$z(t) = x'(t) - x(t) - K_1 e^{-t} = -2K_2 e^{-t} + K_3 e^{2t} - K_1 e^{-t}. \tag{2.313}$$

Imponemos las condiciones iniciales para tener

$$x(0) = K_2 + K_3 = a, \; y(0) = K_1 + K_2 + K_3 = b, \; z(0) = -K_1 - 2K_2 + K_3 = c. \tag{2.314}$$

Este sistema lineal es fácil de resolver, y entonces

$$K_1 = b - a, \; K_2 = \frac{2a - b - c}{3}, \; K_3 = \frac{a + b + c}{3}. \tag{2.315}$$

Sólo resta sustituir estos valores de las constantes para obtener la solución particular pedida

$$x(t) = \frac{2a - b - c}{3} e^{-t} + \frac{a + b + c}{3} e^{2t}, \tag{2.316}$$

$$y(t) = \left(b - a + \frac{2a - b - c}{3} \right) e^{-t} + \frac{a + b + c}{3} e^{2t}, \tag{2.317}$$

$$z(t) = -2\frac{2a - b - c}{3} e^{-t} + \frac{a + b + c}{3} e^{2t} - (b - a)e^{-t}. \tag{2.318}$$

∎

Ejercicio 2.26 *Sume las ecuaciones diferenciales del siguiente sistema para eliminar una de las variables mediante una simple integración:*

$$x'(t) = -y(t) - z(t), \; y'(t) = z(t) - x(t), \; z'(t) = x(t) + y(t). \tag{2.319}$$

Resuelva a continuación el sistema[9].

[9] Se obtiene una *integral primera del sistema.*

Solución.
Sumamos las ecuaciones diferenciales para tener

$$x'(t)+y'(t)+z'(t)=(x(t)+y(t)+z(t))'=0 \Rightarrow x(t)+y(t)+z(t)=K_1, \quad (2.320)$$

y así eliminamos una de las variables

$$z(t)=K_1-x(t)-y(t). \quad (2.321)$$

Sustituyendo tenemos el sistema

$$x'(t)=x(t)-K_1,\ y'(t)=K_1-2x(t)-y(t). \quad (2.322)$$

La solución de la primera ecuación diferencial es

$$x(t)=K_1+K_2e^t, \quad (2.323)$$

y es fácil de obtener, después de sustituir en la otra, la solución para $y(t)$ siendo

$$y(t)=K_3e^{-t}-K_2e^t-K_1. \quad (2.324)$$

Finalizamos sustituyendo en $z(t)$ y así

$$z(t)=K_1-K_3e^{-t}. \quad (2.325)$$

■

Ejercicio 2.27 *Resuelva el sistema de ecuaciones diferenciales*

$$\begin{pmatrix} x'(t) \\ y'(t) \\ z'(t) \end{pmatrix} = \begin{pmatrix} 1 & 1 & 0 \\ 0 & 1 & 0 \\ 0 & 0 & 7 \end{pmatrix} \begin{pmatrix} x(t) \\ y(t) \\ z(t) \end{pmatrix} + \begin{pmatrix} 1 \\ 0 \\ -1 \end{pmatrix}. \quad (2.326)$$

Solución.
La matriz de coeficientes ya es una forma canónica de Jordan $A=J$, por tanto una matriz fundamental del sistema homogéneo asociado es

$$e^{tJ}=\begin{pmatrix} e^t & te^t & 0 \\ 0 & e^t & 0 \\ 0 & 0 & e^{7t} \end{pmatrix}. \quad (2.327)$$

La solución del sistema es entonces

$$\begin{pmatrix} x(t) \\ y(t) \\ z(t) \end{pmatrix} = e^{tJ}\begin{pmatrix} C_1 \\ C_2 \\ C_3 \end{pmatrix} + e^{tJ}\int e^{-tJ}\begin{pmatrix} 1 \\ 0 \\ -1 \end{pmatrix} dt. \quad (2.328)$$

Como

$$e^{-tJ}\begin{pmatrix}1\\0\\-1\end{pmatrix}=\begin{pmatrix}e^{-t}\\0\\-e^{-7t}\end{pmatrix}, \tag{2.329}$$

tenemos que

$$\begin{pmatrix}x(t)\\y(t)\\z(t)\end{pmatrix}=e^{tJ}\begin{pmatrix}C_1\\C_2\\C_3\end{pmatrix}+e^{tJ}\int\begin{pmatrix}e^{-t}\\0\\-e^{-7t}\end{pmatrix}dt=$$
$$=\begin{pmatrix}e^t & te^t & 0\\0 & e^t & 0\\0 & 0 & e^{7t}\end{pmatrix}\begin{pmatrix}C_1\\C_2\\C_3\end{pmatrix}+$$
$$+\begin{pmatrix}e^t & te^t & 0\\0 & e^t & 0\\0 & 0 & e^{7t}\end{pmatrix}\begin{pmatrix}-e^{-t}\\0\\e^{-7t}/7\end{pmatrix}=\begin{pmatrix}C_1e^t+C_2te^t-1\\C_2e^t\\C_3e^{7t}+\frac{1}{7}\end{pmatrix}, \tag{2.330}$$

es decir,

$$x(t)=C_1e^t+C_2te^t-1,\ y(t)=C_2e^t,\ z(t)=C_3e^{7t}+\frac{1}{7}. \tag{2.331}$$

■

Ejercicio 2.28 *Encuentre la forma canónica de Jordan real de la matriz*

$$A=\begin{pmatrix}-1 & -2\\1 & 1\end{pmatrix}. \tag{2.332}$$

Solución.
El polinomio característico asociado es

$$p(\lambda)=|A-\lambda I_2|=\lambda^2+1, \tag{2.333}$$

con raíces complejas conjugadas $\pm i$. Era de esperar según se puede comprobar con la ayuda del Ejercicio 2.72. La forma canónica pedida es sin más

$$J_R=\begin{pmatrix}0 & 1\\-1 & 0\end{pmatrix}. \tag{2.334}$$

Nos centramos en el espacio propio asociado al autovalor i que es

$$\mathcal{P}_i=\langle\begin{pmatrix}-1+i\\1\end{pmatrix}\rangle=\langle\begin{pmatrix}-1\\1\end{pmatrix}+i\begin{pmatrix}1\\0\end{pmatrix}\rangle \tag{2.335}$$

después de haber resuelto el sistema lineal correspondiente. En la base

$$\mathcal{B} = \{u, v\}, \; u = \begin{pmatrix} -1 \\ 1 \end{pmatrix}, \; v = \begin{pmatrix} 1 \\ 0 \end{pmatrix}, \tag{2.336}$$

la matriz resulta ser J_R, y por tanto la matriz de cambio de base es

$$P = \begin{pmatrix} -1 & 1 \\ 1 & 0 \end{pmatrix}, \tag{2.337}$$

teniéndose $J_R = P^{-1}AP$. ∎

Ejercicio 2.29 *Encuentre la forma canónica de Jordan real de la matriz*

$$A = \begin{pmatrix} 1 & 1 & 0 \\ -1 & 1 & -1 \\ 0 & 0 & 1 \end{pmatrix}. \tag{2.338}$$

Solución.
El polinomio característico es en este caso

$$p(\lambda) = |A - \lambda I_3| = -\lambda^3 + 3\lambda^2 - 4\lambda + 2, \tag{2.339}$$

que necesariamente debe tener, al menos, una raíz real. En este caso las raíces son 1 y la pareja $1 \pm i$. Como la forma canónica de Jordan (en $\mathbb{C}$) es

$$J = \begin{pmatrix} 1 & 0 & 0 \\ 0 & 1+i & 0 \\ 0 & 0 & 1-i \end{pmatrix}, \tag{2.340}$$

la forma canónica de Jordan real no es sino

$$J_R = \begin{pmatrix} 1 & 0 & 0 \\ 0 & 1 & 1 \\ 0 & -1 & 1 \end{pmatrix}. \tag{2.341}$$

Determinamos los espacios propios necesarios que son, como el lector puede verificar,

$$\mathcal{P}_1 = \langle \begin{pmatrix} -1 \\ 0 \\ 1 \end{pmatrix} \rangle, \; \mathcal{P}_{1+i} = \langle \begin{pmatrix} -i \\ 1 \\ 0 \end{pmatrix} \rangle = \langle \begin{pmatrix} 0 \\ 1 \\ 0 \end{pmatrix} + i \begin{pmatrix} -1 \\ 0 \\ 0 \end{pmatrix} \rangle. \tag{2.342}$$

Definimos entonces la base de $\mathbb{R}^3$

$$\mathcal{B} := \{ \begin{pmatrix} -1 \\ 0 \\ 1 \end{pmatrix}, \begin{pmatrix} 0 \\ 1 \\ 0 \end{pmatrix}, \begin{pmatrix} -1 \\ 0 \\ 0 \end{pmatrix} \} \tag{2.343}$$

donde para los dos últimos hemos tomado parte real e imaginaria de la base del espacio propio $\mathcal{P}_{1+i}$, respectivamente. Tenemos que una matriz de paso es

$$P = \begin{pmatrix} -1 & 0 & -1 \\ 0 & 1 & 0 \\ 1 & 0 & 0 \end{pmatrix}, \tag{2.344}$$

con lo que

$$P^{-1}AP = J_R. \tag{2.345}$$

■

Ejercicio 2.30 *Determine la forma canónica de Jordan real de la matriz*

$$A = \begin{pmatrix} -1 & 0 & 0 & 1 \\ 0 & -1 & -1 & 0 \\ 0 & 1 & -1 & 0 \\ -1 & 0 & 0 & -1 \end{pmatrix}. \tag{2.346}$$

Solución.
El polinomio característico en este caso es

$$p(\lambda) = |A - \lambda I_4| = \lambda^4 + 4\lambda^3 + 8\lambda^2 + 8\lambda + 4 = (\lambda^2 + 2\lambda + 2)^2, \tag{2.347}$$

con raíces dobles $-1+i$ y $-1-i$. Como la multiplicidad geométrica (dimensión del espacio propio) de cada autovalor es 2, como el lector puede comprobar, tenemos que la forma canónica de Jordan es

$$J = \begin{pmatrix} -1+i & 0 & 0 & 0 \\ 0 & -1+i & 0 & 0 \\ 0 & 0 & -1-i & 0 \\ 0 & 0 & 0 & -1-i \end{pmatrix} \tag{2.348}$$

con lo que la forma canónica de Jordan real es

$$J_R = \begin{pmatrix} -1 & 1 & 0 & 0 \\ -1 & -1 & 0 & 0 \\ 0 & 0 & -1 & 1 \\ 0 & 0 & -1 & -1 \end{pmatrix}. \tag{2.349}$$

Sólo necesitamos determinar un espacio propio, ya que tomando parte real e imaginaria completamos la base apropiada de $\mathbb{R}^4$. Tenemos entonces (compruébelo)

$$\mathcal{P}_{-1+i} = \langle \begin{pmatrix} -i \\ 0 \\ 0 \\ 1 \end{pmatrix}, \begin{pmatrix} 0 \\ i \\ 1 \\ 0 \end{pmatrix} \rangle = \langle \begin{pmatrix} 0 \\ 0 \\ 0 \\ 1 \end{pmatrix} + i \begin{pmatrix} -1 \\ 0 \\ 0 \\ 0 \end{pmatrix}, \begin{pmatrix} 0 \\ 0 \\ 1 \\ 0 \end{pmatrix} + i \begin{pmatrix} 0 \\ 1 \\ 0 \\ 0 \end{pmatrix} \rangle. \tag{2.350}$$

La base que tomamos es entonces la formada por las partes real e imaginaria de estos vectores, quedando la matriz de paso

$$Q = \begin{pmatrix} 0 & -1 & 0 & 0 \\ 0 & 0 & 0 & 1 \\ 0 & 0 & 1 & 0 \\ 1 & 0 & 0 & 0 \end{pmatrix}, \tag{2.351}$$

y así

$$Q^{-1}AQ = \begin{pmatrix} -1 & 1 & 0 & 0 \\ -1 & -1 & 0 & 0 \\ 0 & 0 & -1 & 1 \\ 0 & 0 & -1 & -1 \end{pmatrix} = J_R. \tag{2.352}$$

■

Ejercicio 2.31 *Determine la forma canónica de Jordan real de la matriz*

$$B = \begin{pmatrix} 1 & 0 & 0 & 1 \\ 0 & 0 & -1 & 1 \\ 1 & 2 & 2 & -1 \\ -1 & 0 & 0 & 1 \end{pmatrix}. \tag{2.353}$$

Solución.

El polinomio característico es

$$p(\lambda) = |B - \lambda I_4| = \lambda^4 - 4\lambda^3 + 8\lambda^2 - 8\lambda + 4 = (\lambda^2 - 2\lambda + 2)^2, \tag{2.354}$$

con raíces dobles $1 + i$ y $1 - i$. Como la multiplicidad geométrica de las raíces es 1, la forma canónica de Jordan es

$$J = \begin{pmatrix} 1+i & 1 & 0 & 0 \\ 0 & 1+i & 0 & 0 \\ 0 & 0 & 1-i & 1 \\ 0 & 0 & 0 & 1-i \end{pmatrix}, \tag{2.355}$$

y la forma canónica de Jordan real es por tanto

$$J_R = \begin{pmatrix} 1 & 1 & 1 & 0 \\ -1 & 1 & 0 & 1 \\ 0 & 0 & 1 & 1 \\ 0 & 0 & -1 & 1 \end{pmatrix}. \tag{2.356}$$

Tal y como se muestra en [4], tenemos que $P = (u|v|w|z)$ y $PJ = BP$, es decir,

$$(u|v|w|z)\begin{pmatrix} 1+i & 1 & 0 & 0 \\ 0 & 1+i & 0 & 0 \\ 0 & 0 & 1-i & 1 \\ 0 & 0 & 0 & 1-i \end{pmatrix} = B(u|v|w|z). \tag{2.357}$$

Por tanto

$$\begin{cases} (1+i)u = Bu, \\ u + (1+i)v = Bv, \end{cases} \Rightarrow \begin{cases} (B-(1+i)I_4)u = 0, \\ (B-(1+i)I_4)v = u, \end{cases} \tag{2.358}$$

y así $(B-(1+i)I_4)^2 v = 0$. Analicemos la cadena de inclusiones

$$\{0\} \subset \mathcal{P}_{1+i} \subset \ker(B-(1+i)I_4)^2 \subset \mathbb{C}^4, \tag{2.359}$$

necesitando determinar dos vectores u y v con

$$v \in \ker(B-(1+i)I_4)^2 \setminus \mathcal{P}_{1+i} \ \text{ y } \ (B-(1+i)I_4)v = u \in \mathcal{P}_{1+i}. \tag{2.360}$$

Después de algunos cálculos tenemos

$$\mathcal{P}_{1+i} = \langle \begin{pmatrix} 0 \\ -1+i \\ 2 \\ 0 \end{pmatrix} \rangle \tag{2.361}$$

y

$$\ker(B-(1+i)I_4)^2 = \langle \begin{pmatrix} -i \\ 0 \\ 0 \\ 1 \end{pmatrix}, \begin{pmatrix} 0 \\ -1+i \\ 2 \\ 0 \end{pmatrix} \rangle. \tag{2.362}$$

De este modo

$$v := \begin{pmatrix} -i \\ 0 \\ 0 \\ 1 \end{pmatrix} \Rightarrow (B-(1+i)I_4)v = \begin{pmatrix} 0 \\ 1 \\ -1-i \\ 0 \end{pmatrix} =: u. \tag{2.363}$$

Tomando partes real e imaginaria construimos la matriz de paso

$$Q = \begin{pmatrix} 0 & 0 & 0 & -1 \\ 1 & 0 & 0 & 0 \\ -1 & -1 & 0 & 0 \\ 0 & 0 & 1 & 0 \end{pmatrix} \tag{2.364}$$

para que así

$$Q^{-1}BQ = \begin{pmatrix} 1 & 1 & 1 & 0 \\ -1 & 1 & 0 & 1 \\ 0 & 0 & 1 & 1 \\ 0 & 0 & -1 & 1 \end{pmatrix} = J_R. \tag{2.365}$$

∎

Ejercicio 2.32 *Demuestre la Proposición 2.13.*

Solución.

Apliquemos en primer lugar la definición de exponencial de una matriz. Como es habitual, tenemos que[10]

$$e^A = e^{\begin{pmatrix} a & b \\ -b & a \end{pmatrix}} = e^{aI_2 + \begin{pmatrix} 0 & b \\ -b & 0 \end{pmatrix}} = e^a e^{\overbrace{\begin{pmatrix} 0 & b \\ -b & 0 \end{pmatrix}}^{M}}. \tag{2.366}$$

Y de este modo, aplicando la definición de matriz exponencial ([4, pág. 149])

$$e^A = e^a \left(I_2 + M + \frac{1}{2!}M^2 + \frac{1}{3!}M^3 + \dots \right) =$$

$$= e^a \left(I_2 + \begin{pmatrix} 0 & b \\ -b & 0 \end{pmatrix} + \frac{1}{2!} \begin{pmatrix} -b^2 & 0 \\ 0 & -b^2 \end{pmatrix} + \frac{1}{3!} \begin{pmatrix} 0 & -b^3 \\ b^3 & 0 \end{pmatrix} + \dots \right) =$$

$$= e^a \begin{pmatrix} \displaystyle\sum_{n=0}^{\infty} \frac{(-1)^n b^{2n}}{(2n)!} & \displaystyle\sum_{n=0}^{\infty} \frac{(-1)^n b^{2n+1}}{(2n+1)!} \\ \displaystyle -\sum_{n=0}^{\infty} \frac{(-1)^n b^{2n+1}}{(2n+1)!} & \displaystyle\sum_{n=0}^{\infty} \frac{(-1)^n b^{2n}}{(2n)!} \end{pmatrix} = e^a \begin{pmatrix} \cos b & \operatorname{sen} b \\ -\operatorname{sen} b & \cos b \end{pmatrix}, \tag{2.367}$$

conociendo los desarrollos en serie de potencias de las funciones seno y coseno ([5, pág. 130]) válidas para todo valor del número real b.

Veamos la exponencial de B. Una descomposición similar conduce a

$$e^B = e^a \left(I_4 + \begin{pmatrix} 0 & b & 1 & 0 \\ -b & 0 & 0 & 1 \\ 0 & 0 & 0 & b \\ 0 & 0 & -b & 0 \end{pmatrix} + \frac{1}{2!} \begin{pmatrix} 0 & b & 1 & 0 \\ -b & 0 & 0 & 1 \\ 0 & 0 & 0 & b \\ 0 & 0 & -b & 0 \end{pmatrix}^2 + \right.$$

$$\left. + \frac{1}{3!} \begin{pmatrix} 0 & b & 1 & 0 \\ -b & 0 & 0 & 1 \\ 0 & 0 & 0 & b \\ 0 & 0 & -b & 0 \end{pmatrix}^3 + \frac{1}{4!} \begin{pmatrix} 0 & b & 1 & 0 \\ -b & 0 & 0 & 1 \\ 0 & 0 & 0 & b \\ 0 & 0 & -b & 0 \end{pmatrix}^4 + \dots \right) =$$

[10]Como puede verse en [4].

$$= e^a \left(I_4 + \begin{pmatrix} 0 & b & 1 & 0 \\ -b & 0 & 0 & 1 \\ 0 & 0 & 0 & b \\ 0 & 0 & -b & 0 \end{pmatrix} + \frac{1}{2!} \begin{pmatrix} -b^2 & 0 & 0 & 2b \\ 0 & -b^2 & -2b & 0 \\ 0 & 0 & -b^2 & 0 \\ 0 & 0 & 0 & -b^2 \end{pmatrix} + \right.$$

$$\left. + \frac{1}{3!} \begin{pmatrix} 0 & -b^3 & -3b^2 & 0 \\ b^3 & 0 & 0 & -3b^2 \\ 0 & 0 & 0 & -b^3 \\ 0 & 0 & b^3 & 0 \end{pmatrix} + \frac{1}{4!} \begin{pmatrix} b^4 & 0 & 0 & -4b^3 \\ 0 & b^4 & 4b^3 & 0 \\ 0 & 0 & b^4 & 0 \\ 0 & 0 & 0 & b^4 \end{pmatrix} + \ldots \right) =$$

$$= e^a \begin{pmatrix} G & G \\ 0 & G \end{pmatrix}, \quad (2.368)$$

con

$$G = \begin{pmatrix} \sum_{n=0}^{\infty} \frac{(-1)^n b^{2n}}{(2n)!} & \sum_{n=0}^{\infty} \frac{(-1)^n b^{2n+1}}{(2n+1)!} \\ -\sum_{n=0}^{\infty} \frac{(-1)^n b^{2n+1}}{(2n+1)!} & \sum_{n=0}^{\infty} \frac{(-1)^n b^{2n}}{(2n)!} \end{pmatrix}, \quad (2.369)$$

es decir,

$$e^B = \begin{pmatrix} e^A & e^A \\ 0 & e^A \end{pmatrix} = e^a \begin{pmatrix} \cos b & \operatorname{sen} b & \cos b & \operatorname{sen} b \\ -\operatorname{sen} b & \cos b & -\operatorname{sen} b & \cos b \\ 0 & 0 & \cos b & \operatorname{sen} b \\ 0 & 0 & -\operatorname{sen} b & \cos b \end{pmatrix}. \quad (2.370)$$

■

Ejercicio 2.33 *Determine la matriz exponencial de la matriz*

$$A = \begin{pmatrix} 2 & 0 & 0 \\ 2+\pi & -\pi & -2\pi \\ -\pi & \pi & \pi \end{pmatrix}. \quad (2.371)$$

Solución.

Determinemos en primer lugar la forma canónica de Jordan (real si sus autovalores son complejos). De este modo factorizaremos la matriz como $A = PJ_RP^{-1}$ y la exponencial pedida será $Pe^{J_R}P^{-1}$.

El polinomio característico es

$$p(\lambda) = |A - \lambda I_3| = (2-\lambda)(\lambda^2 + \pi^2), \quad (2.372)$$

y por tanto sus raíces son 2 y $\pm\pi i$, siendo su forma canónica de Jordan real J_R

$$J_R = \begin{pmatrix} 2 & 0 & 0 \\ 0 & 0 & \pi \\ 0 & -\pi & 0 \end{pmatrix}. \quad (2.373)$$

Los espacios propios asociados a 2 y a πi son

$$\mathcal{P}_2 = \langle \begin{pmatrix} 1 \\ 1 \\ 0 \end{pmatrix} \rangle \tag{2.374}$$

y

$$\mathcal{P}_{\pi i} = \langle \begin{pmatrix} 0 \\ -1+i \\ 1 \end{pmatrix} \rangle = \langle \begin{pmatrix} 0 \\ -1 \\ 1 \end{pmatrix} + i \begin{pmatrix} 0 \\ 1 \\ 0 \end{pmatrix} \rangle. \tag{2.375}$$

Entonces la matriz de paso

$$P = \begin{pmatrix} 1 & 0 & 0 \\ 1 & -1 & 1 \\ 0 & 1 & 0 \end{pmatrix} \tag{2.376}$$

conduce a la factorización indicada previamente y la exponencial es entonces (usando la fórmula (2.36) de la Proposición 2.13)

$$e^A = Pe^{J_R}P^{-1} = P \begin{pmatrix} e^2 & 0 & 0 \\ 0 & \cos\pi & \operatorname{sen}\pi \\ 0 & -\operatorname{sen}\pi & \cos\pi \end{pmatrix} P^{-1} =$$

$$= P \begin{pmatrix} e^2 & 0 & 0 \\ 0 & -1 & 0 \\ 0 & 0 & -1 \end{pmatrix} P^{-1} = \begin{pmatrix} e^2 & 0 & 0 \\ 1+e^2 & -1 & 0 \\ 0 & 0 & -1 \end{pmatrix}. \tag{2.377}$$

■

Ejercicio 2.34 *Determine, con la ayuda del polinomio interpolador de Lagrange-Sylvester, la matriz exponencial de las siguientes matrices*

a) $A = \begin{pmatrix} 1 & 1 \\ 0 & 1 \end{pmatrix}$.

b) $B = \begin{pmatrix} 0 & -1 & 0 \\ 1 & 2 & 0 \\ -1 & -1 & 1 \end{pmatrix}$.

c) $C = \begin{pmatrix} 1 & -1 & 0 \\ 1 & 3 & 0 \\ -1 & -2 & 2 \end{pmatrix}$.

d) $D = \begin{pmatrix} 0 & 0 & 0 \\ 0 & 1 & 0 \\ -1 & -1 & 1 \end{pmatrix}$.

Solución.

a) La matriz es un bloque elemental de Jordan y por tanto su polinomio mínimo coincide con el característico, es decir, $m(x) = (x-1)^2$. El polinomio interpolador es de grado uno menos y por tanto

$$q(x) = ax + b. \tag{2.378}$$

Las condiciones (2.38) para determinar los coeficientes a y b se traducen en este caso en

$$q(1) = e^1,\ q'(1) = e^1 \Rightarrow a + b = e,\ a = e \Rightarrow a = e,\ b = 0. \tag{2.379}$$

El polinomio interpolador en este caso es entonces $q(x) = ex$ y así la matriz exponencial es

$$q(A) = eA = \begin{pmatrix} e & e \\ 0 & e \end{pmatrix}, \tag{2.380}$$

como el lector puede comprobar usando la definición o con la ayuda de algún software informático ([1]).

b) El polinomio característico asociado a B es

$$p(x) = |B - xI_3| = -(x-1)^3, \tag{2.381}$$

con una única raíz, 1, triple. Como el rango de la matriz

$$B - I_3 = \begin{pmatrix} -1 & -1 & 0 \\ 1 & 1 & 0 \\ -1 & -1 & 0 \end{pmatrix} \tag{2.382}$$

es 1, la multiplicidad geométrica (número de cajas asociadas al autovalor) es 2, y así la forma canónica de Jordan es

$$J = \begin{pmatrix} 1 & 0 & 0 \\ 0 & 1 & 1 \\ 0 & 0 & 1 \end{pmatrix} \tag{2.383}$$

y $m(x) = (x-1)^2$ su polinomio mínimo.

El polinomio interpolador es de orden 1, $q(x) = ax+b$, y las condiciones (2.38) son de nuevo

$$q(1) = e^1,\ q'(1) = e^1 \Rightarrow a + b = e,\ a = e \Rightarrow a = e,\ b = 0 \Rightarrow q(x) = ex. \tag{2.384}$$

La matriz exponencial pedida es

$$e^B = q(B) = eB = \begin{pmatrix} 0 & -e & 0 \\ e & 2e & 0 \\ -e & -e & e \end{pmatrix}. \tag{2.385}$$

Es importante resaltar lo sencillo del cálculo frente al tradicional, en el que se hace necesaria la determinación de una matriz de paso.

c) El polinomio característico es

$$p(x) = |C - xI_3| = -(x-2)^3 \tag{2.386}$$

con raíz triple 2. La multiplicidad geométrica de 2 (número de cajas asociadas al autovalor) es $3 - \text{rang}(C - 2I_3) = 3 - 2 = 1$. Concluimos que la forma canónica de Jordan es

$$J = \begin{pmatrix} 2 & 1 & 0 \\ 0 & 2 & 1 \\ 0 & 0 & 2 \end{pmatrix}, \tag{2.387}$$

con polinomio mínimo $m(x) = (x-2)^3$.

El polinomio interpolador es en este caso de orden 2, uno menos que el grado del mínimo, y por tanto

$$q(x) = ax^2 + bx + c. \tag{2.388}$$

Las condiciones (2.38) son

$$q(2) = e^2,\ q'(2) = e^2,\ q''(2) = e^2 \Rightarrow 4a+2b+c = e^2,\ 4a+b = e^2,\ 2a = e^2 \tag{2.389}$$

con solución

$$a = \frac{e^2}{2},\ b = -e^2,\ c = e^2, \tag{2.390}$$

y de este modo el polinomio interpolador

$$q(x) = \frac{e^2}{2}x^2 - e^2 x + e^2. \tag{2.391}$$

La matriz exponencial es entonces

$$e^C = q(C) = \frac{e^2}{2}C^2 - e^2 C + e^2 I_3 = \begin{pmatrix} 0 & -e^2 & 0 \\ e^2 & 2e^2 & 0 \\ -3e^2/2 & -5e^2/2 & e^2 \end{pmatrix}. \tag{2.392}$$

d) El polinomio característico asociado a la matriz D es

$$p(x) = -x(x-1)^2, \tag{2.393}$$

y como la dimensión del espacio propio asociado al autovalor 1 es 1 (compruébelo), la forma canónica de Jordan es

$$J = \begin{pmatrix} 0 & 0 & 0 \\ 0 & 1 & 1 \\ 0 & 0 & 1 \end{pmatrix} \tag{2.394}$$

con polinomio mínimo $m(x) = x(x-1)^2$. El polinomio interpolador es de grado 2 de la forma

$$q(x) = ax^2 + bx + c. \tag{2.395}$$

Las condiciones (2.38) son

$$q(0) = e^0 = 1,\ q(1) = e^1,\ q'(1) = e^1 \Rightarrow c = 1,\ a+b+c = e,\ 2a+b = e, \tag{2.396}$$

con solución

$$a = c = 1,\ b = e-2 \Rightarrow q(x) = x^2 + (e-2)x + 1. \tag{2.397}$$

La matriz exponencial es entonces

$$e^D = q(D) = D^2 + (e-2)D + I_3 = \begin{pmatrix} 1 & 0 & 0 \\ 0 & e & 0 \\ 1-e & -e & e \end{pmatrix}. \tag{2.398}$$

Nótese de nuevo que no ha sido necesario el cálculo de ninguna matriz de paso. ∎

Ejercicio 2.35 *Determine, con la ayuda del polinomio interpolador de Lagrange-Sylvester, la exponencial de las matrices*

$$A = \frac{1}{2}\begin{pmatrix} 2 & -1 & -1 & 1 \\ 0 & 1 & -1 & 1 \\ 0 & 0 & 2 & 0 \\ 0 & -1 & 1 & 3 \end{pmatrix} \quad y \quad B = \frac{1}{2}\begin{pmatrix} 0 & -1 & -1 & 1 \\ 0 & -1 & -1 & 1 \\ 0 & 0 & 0 & 0 \\ 0 & -1 & 1 & 1 \end{pmatrix}. \tag{2.399}$$

Solución.
El polinomio característico asociado a la matriz A es

$$p_A(x) = |A - xI_4| = x^4 - 4x^3 + 6x^2 - 4x + 1 = (x-1)^4, \tag{2.400}$$

con raíz 1 de orden 4. Un simple cálculo prueba que $(A-I_4)^3 = 0$ y $(A-I_4)^2 \neq 0$, con lo que el polinomio mínimo es $m(x) = (x-1)^3$. El polinomio interpolador asociado a la exponencial es por tanto de la forma

$$q(x) = ax^2 + bx + c \tag{2.401}$$

y verifica las condiciones

$$q(1) = e,\ q'(1) = e,\ q''(1) = e \Rightarrow a+b+c = e,\ 2a+b = e,\ 2a = e \Rightarrow a = \frac{e}{2},\ b = 0,\ c = \frac{e}{2}, \tag{2.402}$$

y el polinomio queda

$$q(x) = \frac{e}{2}(x^2+1). \tag{2.403}$$

La matriz exponencial es entonces

$$e^A = q(A) = \frac{e}{2}(A^2 + I_4) = \frac{e}{4}\begin{pmatrix} 4 & -2 & -1 & 2 \\ 0 & 2 & -1 & 2 \\ 0 & 0 & 4 & 0 \\ 0 & -2 & 3 & 6 \end{pmatrix}. \tag{2.404}$$

Veamos el cálculo para la segunda matriz. El polinomio característico en este caso es

$$p_B(x) = |B - xI_4| = x^4, \tag{2.405}$$

y como $B^2 \neq 0$ y $B^3 = 0$, el mínimo es $m(x) = x^3$. El polinomio interpolador es de nuevo de segundo grado

$$q(x) = ax^2 + bx + c. \tag{2.406}$$

Las condiciones (2.38) se traducen en este caso en

$$q(0) = e^0 = 1,\ q'(0) = 1,\ q''(0) = 1 \Rightarrow c = 1,\ b = 1,\ 2a = 1 \Rightarrow a = \frac{1}{2},\ b = c = 1, \tag{2.407}$$

y el polinomio queda

$$q(x) = \frac{1}{2}x^2 + x + 1. \tag{2.408}$$

La matriz exponencial es simplemente

$$e^B = q(B) = \frac{1}{2}B^2 + B + I_4 = \frac{1}{4}\begin{pmatrix} 4 & -2 & -1 & 2 \\ 0 & 2 & -1 & 2 \\ 0 & 0 & 4 & 0 \\ 0 & -2 & 3 & 6 \end{pmatrix}. \tag{2.409}$$

■

Ejercicio 2.36 *Dada la matriz* $A = \begin{pmatrix} 0 & 1 \\ -1 & 2 \end{pmatrix}$,

a) Determine el polinomio interpolador de Lagrange-Sylvester asociado a la exponencial de tA.

b) Calcule con su ayuda la exponencial de tA.

c) Resuelva de este modo el sistema $\begin{pmatrix} x'(t) \\ y'(t) \end{pmatrix} = A\begin{pmatrix} x(t) \\ y(t) \end{pmatrix}$.

Solución.

En primer lugar conviene recordar ([4, Prop. 4.10, pág. 147]) que si λ es un autovalor de A, entonces $t\lambda$ lo es de tA. Los autovalores de A son

$$|A - \lambda I_2| = 0 \Rightarrow \lambda = 1, \text{ doble,} \tag{2.410}$$

luego el de tA es t doble. Como el rango de $A - I_2$ es 1, y por tanto también el de $tA - tI_2$, la forma canónica de Jordan tiene un único bloque elemental y el polinomio mínimo, ya de tA, será

$$m(x) = (x - t)^2. \tag{2.411}$$

El polinomio interpolador será de orden 1, es decir, de la forma

$$q(x) = ax + b, \tag{2.412}$$

y las condiciones (2.38), como el único autovalor es t, se reducen a

$$q(t) = e^t,\ q'(t) = e^t \Rightarrow at + b = e^t,\ a = e^t \Rightarrow a = e^t,\ b = e^t(1 - t). \tag{2.413}$$

El polinomio de Lagrange-Sylvester resulta ser

$$q(x) = e^t x + e^t(1 - t) \tag{2.414}$$

y con su ayuda la matriz exponencial de tA es

$$e^{tA} = q(tA) = e^t tA + e^t(1 - t)I_2 = e^t \begin{pmatrix} 1 - t & t \\ -t & 1 + t \end{pmatrix}. \tag{2.415}$$

La solución del sistema $\begin{pmatrix} x'(t) \\ y'(t) \end{pmatrix} = A \begin{pmatrix} x(t) \\ y(t) \end{pmatrix}$ es de este modo

$$\begin{pmatrix} x(t) \\ y(t) \end{pmatrix} = e^{tA} \begin{pmatrix} C_1 \\ C_2 \end{pmatrix} = e^t \begin{pmatrix} (1 - t)C_1 + tC_2 \\ (1 + t)C_2 - tC_1 \end{pmatrix}, \tag{2.416}$$

es decir,

$$x(t) = e^t((1 - t)C_1 + tC_2),\ y(t) = e^t((1 + t)C_2 - tC_1). \tag{2.417}$$

■

Ejercicio 2.37 *Dada la matriz* $A = \begin{pmatrix} 1 & 0 & 1 \\ 1 & 2 & -1 \\ -1 & 0 & 3 \end{pmatrix}$,

a) Determine el polinomio interpolador de Lagrange-Sylvester asociado a la exponencial de tA.

b) Calcule con su ayuda la exponencial de tA.

c) Resuelva de este modo el sistema $\begin{pmatrix} x'(t) \\ y'(t) \\ z'(t) \end{pmatrix} = A \begin{pmatrix} x(t) \\ y(t) \\ z(t) \end{pmatrix}$.

Solución.

Las raíces del polinomio característico asociado a A son

$$|A - \lambda I_3| = -(\lambda - 2)^3 \Rightarrow \lambda = 2, \text{ triple}, \tag{2.418}$$

y por tanto el único autovalor de tA es $2t$, también triple. Como

$$\text{rang}(A - 2I_3) = \text{rang} \begin{pmatrix} -1 & 0 & 1 \\ 1 & 0 & -1 \\ -1 & 0 & 1 \end{pmatrix} = 1, \tag{2.419}$$

la forma canónica de A, y de tA, tiene $3 - \text{rang}(A - 2I_3) = 3 - 1 = 2$ cajas: una de orden 1 y otra de orden 2. El polinomio mínimo es de orden 2 y por tanto el polinomio interpolador de orden 1

$$q(x) = ax + b. \tag{2.420}$$

Imponemos las condiciones habituales para tener

$$q(2t) = e^{2t},\ q'(2t) = e^{2t} \Rightarrow 2ta + b = e^{2t},\ a = e^{2t} \Rightarrow a = e^{2t},\ b = e^{2t}(1 - 2t). \tag{2.421}$$

El polinomio interpolador es así

$$q(x) = e^{2t}x + e^{2t}(1 - 2t) \tag{2.422}$$

y la exponencial de tA

$$e^{tA} = q(tA) = e^{2t}tA + e^{2t}(1 - 2t)I_3 = e^{2t} \begin{pmatrix} 1-t & 0 & t \\ t & 1 & -t \\ -t & 0 & 1+t \end{pmatrix}. \tag{2.423}$$

La solución general del sistema es entonces

$$\begin{pmatrix} x(t) \\ y(t) \\ z(t) \end{pmatrix} = e^{tA} \begin{pmatrix} C_1 \\ C_2 \\ C_3 \end{pmatrix} = e^{2t} \begin{pmatrix} (1-t)C_1 + tC_3 \\ t(C_1 - C_3) + C_2 \\ -tC_1 + (1+t)C_3 \end{pmatrix}, \tag{2.424}$$

es decir,

$$x(t) = e^{2t}((1-t)C_1 + tC_3),\ y(t) = e^{2t}(t(C_1 - C_3) + C_2),\ z(t) = e^{2t}(-tC_1 + (1+t)C_3). \tag{2.425}$$

■

Ejercicio 2.38 *Dada la matriz* $A = \begin{pmatrix} -1 & 1 & 2 \\ 1 & 0 & -1 \\ -1 & 1 & 2 \end{pmatrix}$,

a) Determine el polinomio interpolador de Lagrange-Sylvester asociado a la exponencial de tA.

b) Calcule con su ayuda la exponencial de tA.

c) Resuelva de este modo el sistema $\begin{pmatrix} x'(t) \\ y'(t) \\ z'(t) \end{pmatrix} = A \begin{pmatrix} x(t) \\ y(t) \\ z(t) \end{pmatrix}$ *con la condición inicial* $\begin{pmatrix} x(0) \\ y(0) \\ z(0) \end{pmatrix} = \begin{pmatrix} 1 \\ -1 \\ 0 \end{pmatrix}$.

Solución.

El polinomio característico de A es $p(x) = x^2 - x^3$ con raíces 0, doble, y 1, simple. El lector puede comprobar que la multiplicidad geométrica de 0 es 1, con lo que el polinomio mínimo de A es $m(x) = p(x)$. Los autovalores de tA son entonces 0 doble y t simple, y el polinomio mínimo es también de grado 3. De este modo el polinomio interpolador es de orden 2, es decir,

$$q(x) = ax^2 + bx + c. \tag{2.426}$$

Imponemos las condiciones

$$q(0) = e^0 = 1, \ q'(0) = 1, \ q(t) = e^t \tag{2.427}$$

que conducen a las ecuaciones

$$c = 1, \ b = 1, \ at^2 + bt + c = e^t \tag{2.428}$$

con sencilla solución, quedando el polinomio interpolador

$$q(x) = \frac{e^t - 1 - t}{t^2} x^2 + x + 1. \tag{2.429}$$

La exponencial de tA es así

$$e^{tA} = q(tA) = \frac{e^t - 1 - t}{t^2}(tA)^2 + tA + I_3 = \begin{pmatrix} 1-t & -1+e^t & t+e^t-1 \\ t & 1 & -t \\ -t & -1+e^t & t+e^t \end{pmatrix}, \tag{2.430}$$

siendo ésta una matriz fundamental del sistema que denotamos por $\Phi(t)$. La solución que verifica las condiciones iniciales dadas es

$$\begin{pmatrix} x(t) \\ y(t) \\ z(t) \end{pmatrix} = \Phi(t)\Phi^{-1}(0) \begin{pmatrix} 1 \\ -1 \\ 0 \end{pmatrix}. \tag{2.431}$$

Como $\Phi(t) = e^{tA}$ entonces $\Phi^{-1}(t) = e^{-tA}$ y así $\Phi^{-1}(0) = I_3$, quedando la solución

$$\begin{pmatrix} x(t) \\ y(t) \\ z(t) \end{pmatrix} = \Phi(t) \begin{pmatrix} 1 \\ -1 \\ 0 \end{pmatrix} = \begin{pmatrix} 2-t-e^t \\ t-1 \\ 1-t-e^t \end{pmatrix}, \tag{2.432}$$

es decir,

$$x(t) = 2 - t - e^t,\ y(t) = t - 1,\ z(t) = 1 - t - e^t. \tag{2.433}$$

■

Ejercicio 2.39 *Dada la matriz* $B = \begin{pmatrix} 1 & 1 & 1 & 1 \\ 1 & 1 & 1 & 1 \\ -1 & 0 & 0 & -1 \\ -1 & -1 & -1 & -1 \end{pmatrix}$,

a) Determine el polinomio interpolador de Lagrange-Sylvester asociado a la exponencial de tB.

b) Calcule con su ayuda la exponencial de tB.

c) Resuelva de este modo el sistema $\begin{pmatrix} x'(t) \\ y'(t) \\ z'(t) \\ u'(t) \end{pmatrix} = B \begin{pmatrix} x(t) \\ y(t) \\ z(t) \\ u(t) \end{pmatrix}$ *con la condición inicial* $\begin{pmatrix} x(0) \\ y(0) \\ z(0) \\ u(0) \end{pmatrix} = \begin{pmatrix} 1 \\ -1 \\ 0 \\ 1 \end{pmatrix}$.

Solución.
El polinomio característico es

$$p(x) = (x-1)x^3 \tag{2.434}$$

mientras que el mínimo es $m(x) = (x-1)x^2$ ya que la multiplicidad geométrica de la raíz 0 es 2. Por eso, como hemos visto en anteriores ejercicios, el polinomio interpolador es

$$q(x) = ax^2 + bx + c. \tag{2.435}$$

Como las raíces del polinomio mínimo son 0 doble y t simple, las condiciones que imponemos sobre este polinomio interpolador son

$$q(0) = e^0 = 1, \; q'(0) = 1, \; q(t) = e^t, \tag{2.436}$$

que como el lector puede observar, coinciden con las del ejercicio anterior. Por tanto el polinomio interpolador es el mismo que en esa ocasión, es decir,

$$q(x) = \frac{e^t - 1 - t}{t^2} x^2 + x + 1. \tag{2.437}$$

La exponencial pedida es así

$$e^{tB} = q(tB) = \frac{e^t - 1 - t}{t^2}(tB)^2 + tB + I_4 =$$
$$= \begin{pmatrix} 1+t & -1+e^t & -1+e^t & t \\ t & e^t & -1+e^t & t \\ -t & 0 & 1 & -t \\ -t & 1-e^t & 1-e^t & 1-t \end{pmatrix}. \tag{2.438}$$

La solución del sistema de ecuaciones diferenciales con las condiciones iniciales dadas es

$$\begin{pmatrix} x(t) \\ y(t) \\ z(t) \\ u(t) \end{pmatrix} = e^{tB} \begin{pmatrix} 1 \\ -1 \\ 0 \\ 1 \end{pmatrix} =$$
$$= \begin{pmatrix} 1+t & -1+e^t & -1+e^t & t \\ t & e^t & -1+e^t & t \\ -t & 0 & 1 & -t \\ -t & 1-e^t & 1-e^t & 1-t \end{pmatrix} \begin{pmatrix} 1 \\ -1 \\ 0 \\ 1 \end{pmatrix} = \begin{pmatrix} 2t - e^t + 2 \\ 2t - e^t \\ -2t \\ e^t - 2t \end{pmatrix}, \tag{2.439}$$

es decir,

$$x(t) = 2t - e^t + 2, \; y(t) = 2t - e^t, \; z(t) = -2t, \; u(t) = e^t - 2t. \tag{2.440}$$

■

Ejercicio 2.40 *Resuelva, con la ayuda de la matriz exponencial, el sistema de ecuaciones diferenciales*

$$\begin{pmatrix} x'(t) \\ y'(t) \end{pmatrix} = \begin{pmatrix} 3 & -5 \\ 2 & -3 \end{pmatrix} \begin{pmatrix} x(t) \\ y(t) \end{pmatrix} \tag{2.441}$$

con las condiciones iniciales $x(\pi) = y(\pi) = 1$.

Solución.

Recordemos, para lo que sigue, que si u es un vector propio de A, entonces u también lo es de tA ([4, Prop. 4.10, pág. 147]).

El polinomio característico asociado a la matriz $A = \begin{pmatrix} 3 & -5 \\ 2 & -3 \end{pmatrix}$ es

$$p(x) = |A - xI_2| = x^2 + 1 \tag{2.442}$$

con raíces complejas conjugadas $\pm i$. El espacio propio asociado a la raíz i es

$$\mathcal{P}_i = \langle \begin{pmatrix} 3+i \\ 2 \end{pmatrix} \rangle = \langle \begin{pmatrix} 3 \\ 2 \end{pmatrix} + i \begin{pmatrix} 1 \\ 0 \end{pmatrix} \rangle \tag{2.443}$$

Este subespacio propio también lo es de la raíz ti de tA, con lo que la forma canónica de Jordan real de tA es

$$tJ_R = \begin{pmatrix} 0 & t \\ -t & 0 \end{pmatrix} \tag{2.444}$$

con matriz de paso

$$P = \begin{pmatrix} 3 & 1 \\ 2 & 0 \end{pmatrix}. \tag{2.445}$$

La exponencial de tA es entonces

$$e^{tA} = Pe^{tJ_R}P^{-1} = P \begin{pmatrix} \cos t & \operatorname{sen} t \\ -\operatorname{sen} t & \cos t \end{pmatrix} P^{-1} =$$
$$= \begin{pmatrix} \cos t + 3\operatorname{sen} t & -5\operatorname{sen} t \\ 2\operatorname{sen} t & \cos t - 3\operatorname{sen} t \end{pmatrix}. \tag{2.446}$$

La inversa de e^{tA} es e^{-tA}, de modo que

$$\begin{pmatrix} \cos t + 3\operatorname{sen} t & -5\operatorname{sen} t \\ 2\operatorname{sen} t & \cos t - 3\operatorname{sen} t \end{pmatrix}^{-1} = \begin{pmatrix} \cos t - 3\operatorname{sen} t & 5\operatorname{sen} t \\ -2\operatorname{sen} t & \cos t + 3\operatorname{sen} t \end{pmatrix}, \tag{2.447}$$

y la solución del problema es simplemente

$$\begin{pmatrix} x(t) \\ y(t) \end{pmatrix} = e^{tA}\left((e^{tA})^{-1}\Big|_{t=\pi}\right)\begin{pmatrix} 1 \\ 1 \end{pmatrix} = e^{tA}\left(e^{-tA}\Big|_{t=\pi}\right)\begin{pmatrix} 1 \\ 1 \end{pmatrix} =$$
$$= \begin{pmatrix} \cos t + 3\operatorname{sen} t & -5\operatorname{sen} t \\ 2\operatorname{sen} t & \cos t - 3\operatorname{sen} t \end{pmatrix}\begin{pmatrix} \cos\pi - 3\operatorname{sen}\pi & 5\operatorname{sen}\pi \\ -2\operatorname{sen}\pi & \cos\pi + 3\operatorname{sen}\pi \end{pmatrix}\begin{pmatrix} 1 \\ 1 \end{pmatrix} =$$
$$= \begin{pmatrix} \cos t + 3\operatorname{sen} t & -5\operatorname{sen} t \\ 2\operatorname{sen} t & \cos t - 3\operatorname{sen} t \end{pmatrix}\begin{pmatrix} -1 & 0 \\ 0 & -1 \end{pmatrix}\begin{pmatrix} 1 \\ 1 \end{pmatrix} =$$
$$= \begin{pmatrix} 2\operatorname{sen} t - \cos t \\ \operatorname{sen} t - \cos t \end{pmatrix}. \tag{2.448}$$

De este modo $x(t) = 2\operatorname{sen} t - \cos t$ e $y(t) = \operatorname{sen} t - \cos t$. ∎

Ejercicio 2.41 *Resuelva, con la ayuda de la matriz exponencial, el sistema de ecuaciones diferenciales*

$$\begin{pmatrix} x'(t) \\ y'(t) \\ z'(t) \\ u'(t) \end{pmatrix} = \begin{pmatrix} -1 & 1 & 0 & 1 \\ 0 & 0 & 2 & 1 \\ 1 & -1 & 1 & 0 \\ -2 & 1 & -2 & 0 \end{pmatrix} \begin{pmatrix} x(t) \\ y(t) \\ z(t) \\ u(t) \end{pmatrix} \tag{2.449}$$

con las condiciones iniciales $x(0) = 1$, $y(0) = 2$, $z(0) = -1$ *y* $u(0) = 0$.

Solución.
El polinomio característico es

$$p(x) = |A - xI_4| = x^4 + 2x^2 + 1 = (x^2 + 1)^2. \tag{2.450}$$

Las raíces son $\pm i$ dobles. El lector puede comprobar, del mismo modo que en ejercicios anteriores, que la multiplicidad geométrica de cada raíz es 2, con lo que la forma canónica de Jordan es

$$J = \begin{pmatrix} i & 0 & 0 & 0 \\ 0 & i & 0 & 0 \\ 0 & 0 & -i & 0 \\ 0 & 0 & 0 & -i \end{pmatrix} \tag{2.451}$$

mientras que la forma canónica real

$$J_R = \begin{pmatrix} 0 & 1 & 0 & 0 \\ -1 & 0 & 0 & 0 \\ 0 & 0 & 0 & 1 \\ 0 & 0 & -1 & 0 \end{pmatrix}, \tag{2.452}$$

y la exponencial de tJ_R

$$e^{tJ_R} = \begin{pmatrix} \cos t & \operatorname{sen} t & 0 & 0 \\ -\operatorname{sen} t & \cos t & 0 & 0 \\ 0 & 0 & \cos t & \operatorname{sen} t \\ 0 & 0 & -\operatorname{sen} t & \cos t \end{pmatrix}. \tag{2.453}$$

Para determinar la exponencial de tA sólo nos queda determinar una base (matriz de paso) en la que la matriz sea J_R. Para ello tenemos

$$\mathcal{P}_i = \langle \begin{pmatrix} -i \\ -i \\ 0 \\ 1 \end{pmatrix}, \begin{pmatrix} -1-i \\ -2i \\ 1 \\ 0 \end{pmatrix} \rangle = \langle \begin{pmatrix} 0 \\ 0 \\ 0 \\ 1 \end{pmatrix} + i \begin{pmatrix} -1 \\ -1 \\ 0 \\ 0 \end{pmatrix}, \begin{pmatrix} -1 \\ 0 \\ 1 \\ 0 \end{pmatrix} + i \begin{pmatrix} -1 \\ -2 \\ 0 \\ 0 \end{pmatrix} \rangle \tag{2.454}$$

que permite construir la siguiente matriz de paso

$$Q = \begin{pmatrix} 0 & -1 & -1 & -1 \\ 0 & -1 & 0 & -2 \\ 0 & 0 & 1 & 0 \\ 1 & 0 & 0 & 0 \end{pmatrix} \tag{2.455}$$

y así

$$Q^{-1}AQ = \begin{pmatrix} 0 & 1 & 0 & 0 \\ -1 & 0 & 0 & 0 \\ 0 & 0 & 0 & 1 \\ 0 & 0 & -1 & 0 \end{pmatrix} = J_R. \tag{2.456}$$

La exponencial pedida es entonces

$$e^{tA} = Qe^{tJ_R}Q^{-1} = Q \begin{pmatrix} \cos t & \operatorname{sen} t & 0 & 0 \\ -\operatorname{sen} t & \cos t & 0 & 0 \\ 0 & 0 & \cos t & \operatorname{sen} t \\ 0 & 0 & -\operatorname{sen} t & \cos t \end{pmatrix} Q^{-1} =$$

$$= \begin{pmatrix} \cos t - \operatorname{sen} t & \operatorname{sen} t & 0 & \operatorname{sen} t \\ 0 & \cos t & 2\operatorname{sen} t & \operatorname{sen} t \\ \operatorname{sen} t & -\operatorname{sen} t & \operatorname{sen} t + \cos t & 0 \\ -2\operatorname{sen} t & \operatorname{sen} t & -2\operatorname{sen} t & \cos t \end{pmatrix}. \tag{2.457}$$

Como las condiciones iniciales están dadas en 0 y la matriz fundamental determinada es una exponencial, la solución del sistema de ecuaciones diferenciales que verifica las condiciones iniciales es

$$e^{tA} \begin{pmatrix} 1 \\ 2 \\ -1 \\ 0 \end{pmatrix} = \begin{pmatrix} \operatorname{sen} t + \cos t \\ 2\cos t - 2\operatorname{sen} t \\ -\cos t - 2\operatorname{sen} t \\ 2\operatorname{sen} t \end{pmatrix}, \tag{2.458}$$

es decir,

$$x(t) = \operatorname{sen} t + \cos t,\ y(t) = 2\cos t - 2\operatorname{sen} t,\ z(t) = -\cos t - 2\operatorname{sen} t,\ u(t) = 2\operatorname{sen} t. \tag{2.459}$$

■

Ejercicio 2.42 *Considere el sistema de ecuaciones diferenciales* $X'(t) = AX(t)$, *con condición inicial* $X(0) = \begin{pmatrix} 1 \\ 1 \\ -1 \end{pmatrix}$, *donde*

$$A = \begin{pmatrix} 1 & 2 & -1 \\ 0 & 3 & -1 \\ -1 & 2 & 1 \end{pmatrix}. \tag{2.460}$$

a) Factorice la matriz A en la forma $A = PJP^{-1}$, con P inversible y J la forma canónica de Jordan.

b) Realice en el sistema el cambio de variable $X(t) = PY(t)$, para llegar al nuevo sistema

$$Y'(t) = JY(t), \ Y(0) = P^{-1}X(0). \tag{2.461}$$

c) Resuelva este sistema y obtenga la solución del original mediante $X(t) = PY(t)$.

Solución.

El polinomio característico asociado a la matriz A es

$$p(x) = |A - xI_3| = -(x-2)^2(x-1). \tag{2.462}$$

La multiplicidad geométrica del autovalor 2 es

$$mg(2) = 3 - \text{rang}(A - 2I_3) = 3 - \text{rang}\begin{pmatrix} -1 & 2 & -1 \\ 0 & 1 & -1 \\ -1 & 2 & -1 \end{pmatrix} = 3 - 2 = 1. \tag{2.463}$$

La forma canónica de Jordan es así

$$J = \begin{pmatrix} 1 & 0 & 0 \\ 0 & 2 & 1 \\ 0 & 0 & 2 \end{pmatrix}. \tag{2.464}$$

El espacio propio asociado a la raíz 1 es

$$\mathcal{P}_1 = \langle \begin{pmatrix} 2 \\ 1 \\ 2 \end{pmatrix} \rangle. \tag{2.465}$$

La cadena de inclusiones de núcleos asociada a la raíz 2 es

$$\{0\} \subset \underbrace{\ker(A - 2I_3)}_{\mathcal{P}_2} \subset \ker(A - 2I_3)^2 \subset \mathbb{R}^3, \tag{2.466}$$

donde, como el lector puede comprobar,

$$\mathcal{P}_2 = \langle \begin{pmatrix} 1 \\ 1 \\ 1 \end{pmatrix} \rangle, \ \ker(A - 2I_3)^2 = \langle \begin{pmatrix} 0 \\ 0 \\ 1 \end{pmatrix}, \begin{pmatrix} 1 \\ 1 \\ 0 \end{pmatrix} \rangle. \tag{2.467}$$

Definimos $v_1 := \begin{pmatrix} 2 \\ 1 \\ 2 \end{pmatrix}$ y $v_3 := \begin{pmatrix} 0 \\ 0 \\ 1 \end{pmatrix}$ para tener $(A - 2I_3)v_3 = \begin{pmatrix} -1 \\ -1 \\ -1 \end{pmatrix} =: v_2$. De este modo

$$A = PJP^{-1}, \ P = \begin{pmatrix} 2 & -1 & 0 \\ 1 & -1 & 0 \\ 2 & -1 & 1 \end{pmatrix}. \tag{2.468}$$

Haciendo el cambio de variable $X(t) = PY(t)$, como $X'(t) = PY'(t)$ y $X(0) = PY(0)$, el sistema queda

$$PY'(t) = APY(t) \Rightarrow Y'(t) = P^{-1}APY(t) \Rightarrow Y'(t) = JY(t), Y(0) = P^{-1}X(0). \tag{2.469}$$

En nuestro caso el nuevo sistema de ecuaciones diferenciales es

$$Y'(t) = \begin{pmatrix} 1 & 0 & 0 \\ 0 & 2 & 1 \\ 0 & 0 & 2 \end{pmatrix} Y(t), \ Y(0) = \begin{pmatrix} 1 & -1 & 0 \\ 1 & -2 & 0 \\ -1 & 0 & 1 \end{pmatrix} \begin{pmatrix} 1 \\ 1 \\ -1 \end{pmatrix} = \begin{pmatrix} 0 \\ -1 \\ -2 \end{pmatrix}. \tag{2.470}$$

Este sistema se resuelve fácilmente para tener

$$Y(t) = \begin{pmatrix} C_1 e^t \\ C_2 e^{2t} + C_3 t e^{2t} \\ C_3 e^{2t} \end{pmatrix}, \tag{2.471}$$

que después de imponer la condición inicial $Y(0)$ resulta

$$Y(t) = \begin{pmatrix} 0 \\ -e^{2t} - 2te^{2t} \\ -2e^{2t} \end{pmatrix}. \tag{2.472}$$

La solución final es entonces

$$X(t) = PY(t) = \begin{pmatrix} 2 & -1 & 0 \\ 1 & -1 & 0 \\ 2 & -1 & 1 \end{pmatrix} \begin{pmatrix} 0 \\ -e^{2t} - 2te^{2t} \\ -2e^{2t} \end{pmatrix} = $$
$$= e^{2t} \begin{pmatrix} 1 + 2t \\ 1 + 2t \\ 2t - 1 \end{pmatrix}. \tag{2.473}$$

■

Ejercicio 2.43 *Resuelva el sistema de ecuaciones diferenciales*

$$\begin{pmatrix} x'(t) \\ y'(t) \\ z'(t) \end{pmatrix} = \begin{pmatrix} 2 & 0 & 0 \\ 2+\pi & -\pi & -2\pi \\ -\pi & \pi & \pi \end{pmatrix} \begin{pmatrix} x(t) \\ y(t) \\ z(t) \end{pmatrix}, \ \begin{pmatrix} x(0) \\ y(0) \\ z(0) \end{pmatrix} = \begin{pmatrix} 0 \\ 0 \\ 1 \end{pmatrix}. \tag{2.474}$$

Indicación: puede optar por determinar espacios propios y luego usar la fórmula de Euler o bien, recomendable quizás, pasar por la exponencial usando la forma canónica de Jordan real.

Solución.
En el Ejercicio 2.33 obtuvimos que

$$J_R(A) = \begin{pmatrix} 2 & 0 & 0 \\ 0 & 0 & \pi \\ 0 & -\pi & 0 \end{pmatrix} \tag{2.475}$$

con

$$P = \begin{pmatrix} 1 & 0 & 0 \\ 1 & -1 & 1 \\ 0 & 1 & 0 \end{pmatrix} \tag{2.476}$$

para la matriz

$$A = \begin{pmatrix} 2 & 0 & 0 \\ 2+\pi & -\pi & -2\pi \\ -\pi & \pi & \pi \end{pmatrix}. \tag{2.477}$$

Por tanto tenemos que

$$J_R(tA) = \begin{pmatrix} 2t & 0 & 0 \\ 0 & 0 & \pi t \\ 0 & -\pi t & 0 \end{pmatrix} \tag{2.478}$$

con la misma matriz de paso. La exponencial de tA es

$$e^{tA} = P \begin{pmatrix} e^{2t} & 0 & 0 \\ 0 & \cos(\pi t) & \operatorname{sen}(\pi t) \\ 0 & -\operatorname{sen}(\pi t) & \cos(\pi t) \end{pmatrix} P^{-1} =$$

$$= \begin{pmatrix} e^{2t} & 0 & 0 \\ -\cos(\pi t) + \operatorname{sen}(\pi t) + e^{2t} & \cos(\pi t) - \operatorname{sen}(\pi t) & -2\operatorname{sen}(\pi t) \\ -\operatorname{sen}(\pi t) & \operatorname{sen}(\pi t) & \cos(\pi t) + \operatorname{sen}(\pi t) \end{pmatrix}. \tag{2.479}$$

La solución del sistema de ecuaciones diferenciales que verifica las condiciones iniciales $\begin{pmatrix} x(0) \\ y(0) \\ z(0) \end{pmatrix} = \begin{pmatrix} 0 \\ 0 \\ 1 \end{pmatrix}$ es finalmente

$$\begin{pmatrix} x(t) \\ y(t) \\ z(t) \end{pmatrix} = e^{tA} \begin{pmatrix} 0 \\ 0 \\ 1 \end{pmatrix} = \begin{pmatrix} 0 \\ -2\operatorname{sen}(\pi t) \\ \cos(\pi t) + \operatorname{sen}(\pi t) \end{pmatrix}. \tag{2.480}$$

■

Ejercicio 2.44 *Para un sistema de ecuaciones diferenciales* $Y'(t) = AY(t)$ *se tienen las matrices fundamentales* $\Phi_1(t) = e^{tA}$, $\Phi_2(t) = Pe^{tJ}$ *y* $\Phi_3(t) = Pe^{tJ}P^{-1}$, *donde* P *es una matriz de paso para la que se obtiene la forma canónica* J *de* A. *Si las condiciones iniciales son* $Y(0) = Y_0$, *¿cuál de las siguientes es la solución?*

a) $Y(t) = \Phi_1(0)Y_0$.

b) $Y(t) = \Phi_2(0)Y_0P^{-1}$.

c) $Y(t) = \Phi_1(t)Y_0$.

d) $Y(t) = \Phi_3(Y_0)$.

Solución.

La respuesta correcta es claramente la *c*), siendo ésa la solución del sistema $Y'(t) = AY(t)$ si $\Phi_1(t)$ es la matriz fundamental obtenida con la matriz exponencial. Conviene comentar que las demás respuestas no tienen validez general. Si bien la matriz $\Phi_2(t)$ es una matriz fundamental, la solución general sería, con su ayuda, $\Phi_2(t)\Phi_2^{-1}(0)y_0$. ∎

Ejercicio 2.45 *Para un sistema de ecuaciones diferenciales* $Y'(t) = AY(t)$ *se tienen las matrices fundamentales* $\Phi_1(t) = e^{tA}$, $\Phi_2(t) = Pe^{tJ}$ *y* $\Phi_3(t) = Pe^{tJ}P^{-1}$, *donde* P *es una matriz de paso para la que se obtiene la forma canónica* J *de* A. *Entonces siempre*

a) $\Phi_1(t) = \Phi_2(t)$.

b) $\Phi_3(t) = \Phi_1(t)$.

c) $\Phi_1(t) - \Phi_2(t) = A$.

d) $\Phi_1(t) + \Phi_2(t) = A$.

Solución.

Las matrices $\Phi_1(t)$ y $\Phi_3(t)$ son iguales, así que la respuesta que tiene validez general es la *b*). ∎

Ejercicio 2.46 *Para un sistema de ecuaciones diferenciales* $Y'(t) = AY(t)$ *se tiene la matriz fundamental* $\Phi(t)$. *Entonces*

a) $\Phi(t) = A$.

b) $\Phi(t)\Phi(t)^{-1} = A$.

c) $\Phi(t)'\Phi(t)^{-1} = A$.

d) $\Phi(t)' = A$.

Solución.

Las columnas de una matriz fundamental son solución del sistema de ecuaciones diferenciales. Si escribimos $\Phi(t) = (\phi_1(t)|\phi_2(t)|\phi_3(t))$, tenemos que $\phi_i'(t) = A\phi_i(t)$, $i = 1, 2, 3$. Estas igualdades se pueden reescribir matricialmente como

$$(\phi_1'(t)|\phi_2'(t)|\phi_3'(t)) = A(\phi_1(t)|\phi_2(t)|\phi_3(t)) \Rightarrow \Phi(t)' = A\Phi(t) \Rightarrow \\ \Rightarrow \Phi(t)'\Phi(t)^{-1} = A \qquad (2.481)$$

y la respuesta correcta es la c). ∎

2.3 Ejercicios propuestos

Ejercicio 2.47 *Resuelva el sistema de ecuaciones diferenciales*

$$y'(x) = 3z(x) + 2y(x), \ z'(x) = y(x), \qquad (2.482)$$

con las condiciones iniciales $y(0) = 1$, $z(0) = 1$.

Ejercicio 2.48 *Resuelva el sistema de ecuaciones diferenciales*

$$y'(x) = z(x), \ z'(x) = -y(x). \qquad (2.483)$$

Ejercicio 2.49 *Resuelva los sistemas de ecuaciones diferenciales*

$$Y'(t) = \begin{pmatrix} 1 & 0 & 0 \\ 0 & 0 & 1 \\ 0 & 0 & 0 \end{pmatrix} Y(t), \qquad Y'(t) = \begin{pmatrix} 2 & 1 & 0 \\ 0 & 2 & 1 \\ 0 & 0 & 2 \end{pmatrix} Y(t), \qquad (2.484)$$

con la ayuda de la matriz exponencial.

Ejercicio 2.50 *Resuelva el sistema de ecuaciones diferenciales*

$$\begin{pmatrix} x'(t) \\ y'(t) \end{pmatrix} = \begin{pmatrix} 1 & 0 \\ \operatorname{sen} t & -1 \end{pmatrix} \begin{pmatrix} x(t) \\ y(t) \end{pmatrix}. \qquad (2.485)$$

Ejercicio 2.51 *¿Para qué valores de t puede ser una matriz fundamental de soluciones la matriz de soluciones*

$$\Phi(t) = \begin{pmatrix} e^t & 0 & 0 \\ 0 & \operatorname{sen} t & \cos t \\ 0 & \cos t & -\operatorname{sen} t \end{pmatrix} \qquad (2.486)$$

asociada a cierto sistema de ecuaciones diferenciales lineales? Determine el sistema asociado.

Ejercicio 2.52 *Dado el sistema de ecuaciones diferenciales*

$$\begin{aligned} y_1'(t) &= 2y_1(t), \\ y_2'(t) &= -y_1(t) + 2y_1(t), \\ y_3'(t) &= y_1(t) + y_2(t) + 2y_3(t) + y_4(t), \\ y_4'(t) &= -y_1(t) - y_2(t) + y_3(t) + 2y_4(t), \end{aligned} \tag{2.487}$$

a) Justifique que la forma canónica de Jordan asociada a la matriz de coeficientes es $J = \begin{pmatrix} 1 & 1 & 0 & 0 \\ 0 & 1 & 0 & 0 \\ 0 & 0 & 2 & 0 \\ 0 & 0 & 0 & 3 \end{pmatrix}$.

b) Con su ayuda, determine una matriz fundamental del sistema.

c) Finalmente, resuelva el sistema de ecuaciones diferenciales.

Ejercicio 2.53 *Analice si el siguiente sistema de ecuaciones diferenciales degenerados tiene infinitas soluciones o no tiene:*

$$\left\{ \begin{array}{l} (D^2 + 5D + 6I)[x(t)] + D(D + 2I)[y(t)] = 0, \\ (D + 3I)[x(t)] + D[y(t)] = 0. \end{array} \right. \tag{2.488}$$

Ejercicio 2.54 *Resuelva el siguiente sistema de ecuaciones diferenciales por eliminación, teniendo cuidado con el número de constantes arbitrarias que aparecen en la solución general:*

$$\left\{ \begin{array}{l} (D^2 - D)[x(t)] + D^2[y(t)] = 2e^{-t}, \\ (D^2 - I)[x(t)] + (D^2 - D)[y(t)] = 0. \end{array} \right. \tag{2.489}$$

Ejercicio 2.55 *Resuelva el siguiente sistema de ecuaciones diferenciales*

$$\left\{ \begin{array}{l} (D - I)[x(t)] + D[y(t)] + (D - I)[z(t)] = 1, \\ \\ (D + I)[y(t)] + D[z(t)] = t, \\ \\ (D - I)[x(t)] + (D - I)[z(t)] = e^t. \end{array} \right. \tag{2.490}$$

Ejercicio 2.56 *Resuelva el siguiente sistema de ecuaciones dierenciales*

$$\left\{ \begin{array}{l} (D^2 - I)[x(t)] + (D + 2I)[z(t)] = -\cos t, \\ \\ D[y(t)] - 2z(t) = \operatorname{sen} t, \\ \\ (D + I)[x(t)] + z(t) = 0. \end{array} \right. \tag{2.491}$$

Ejercicio 2.57 *Dado el sistema de ecuaciones diferenciales*

$$\begin{pmatrix} x'(t) \\ y'(t) \\ z'(t) \end{pmatrix} = A \begin{pmatrix} x(t) \\ y(t) \\ z(t) \end{pmatrix}, \tag{2.492}$$

se sabe que

$$\Phi(t) = \begin{pmatrix} e^{-2t} & 0 & 0 \\ 0 & 1 & t \\ 0 & 0 & 1 \end{pmatrix} \tag{2.493}$$

es una matriz fundamental asociada. Reconstruya la matriz de coeficientes A y resuélvalo.

Ejercicio 2.58 *Dado el sistema de ecuaciones diferenciales*

$$\begin{pmatrix} x'(t) \\ y'(t) \\ z'(t) \end{pmatrix} = A \begin{pmatrix} x(t) \\ y(t) \\ z(t) \end{pmatrix} + \begin{pmatrix} 1 \\ t \\ -1 \end{pmatrix}, \tag{2.494}$$

se sabe que

$$\Phi(t) = \begin{pmatrix} e^{-2t} & 0 & 0 \\ 0 & e^{2t} & te^{2t} \\ 0 & 0 & e^{2t} \end{pmatrix} \tag{2.495}$$

es una matriz fundamental asociada. Reconstruya la matriz de coeficientes A y resuélvalo.

Ejercicio 2.59 *Si el determinante operacional asociado a un sistema de ecuaciones diferenciales de coeficientes constantes es cero, entonces*

a) El sistema tiene siempre solución.

b) El sistema no tiene nunca solución.

c) El sistema tiene siempre infinitas soluciones.

d) Ninguna de las anteriores.

Ejercicio 2.60 *Resuelva por eliminación el sistema de ecuaciones diferenciales*

$$\begin{cases} x'(t) = 2x(t) - 3y(t) + 2\operatorname{sen}(2t), \\ y'(t) = x(t) - 2y(t) - \cos(2t). \end{cases} \tag{2.496}$$

Ejercicio 2.61 *Resuelva los siguientes sistemas de ecuaciones diferenciales matricialmente:*

a) $x'(t) = -3x(t) + 2y(t)$, $y'(t) = -3x(t) + 4y(t)$, $x(0) = 0$, $y(0) = 5$.

b) $x'(t) = y(t)+z(t)$, $y'(t) = x(t)+z(t)$, $z'(t) = x(t)+y(t)$, $x(0) = 10$, $y(0) = 12$, $z(0) = -1$.

Ejercicio 2.62 *El sistema de ecuaciones diferenciales* $y''(t) = x(t)$, $x''(t) = y(t)$ *se puede reescribir como uno de primer orden introduciendo dos nuevas funciones incógnitas* $u(t)$ *y* $v(t)$*, de modo que resulta*

a) $y'(t) = x(t)$, $u'(t) = u(t)$, $x'(t) = v(t)$, $v'(t) = y(t)$.

b) $y'(t) = u(t)$, $u'(t) = x(t)$, $x'(t) = v(t)$, $v'(t) = y(t)$.

c) $y'(t) = u(t)$, $u'(t) = x(t)$, $x'(t) = y(t)$, $v'(t) = u(t)$.

d) $y'(t) = v(t)$, $u'(t) = u(t)$, $x'(t) = y(t)$, $v'(t) = y(t)$.

Ejercicio 2.63 *Si* $\Phi(t)$ *y* $\Psi(t)$ *son dos matrices fundamentales, entonces*

a) $\Phi(t) = \Psi(t)$.

b) $\Phi(t) = \Psi(t)Q$, *con* Q *inversible.*

c) $\Phi(t) = \Psi(t)Q$, *con* Q *de traza nula.*

d) Ninguna de las anteriores.

Ejercicio 2.64 *El determinante operacional asociado al sistema* $x'''(t) + y''(t) - y(t) = e^t$, $x''(t) + x(t) + y'(t) = e^t - 1$ *es*

a) I.

b) D.

c) D^2.

d) D^3.

Ejercicio 2.65 *Resuelva el sistema de ecuaciones diferenciales* $x'(t) = 2x(t) - 3y(t) + 2\operatorname{sen}(2t)$, $y'(t) = x(t) - 2y(t) - \cos(2t)$, $x(0) = 1$, $y(0) = 0$, *mediante algún método matricial.*

Ejercicio 2.66 *Resuelva de nuevo el sistema de ecuaciones diferenciales anterior mediante reducción.*

Ejercicio 2.67 *Resuelva el sistema de ecuaciones diferenciales* $x'(t) = x(t) + 3y(t) + \cos t$, $y'(t) = x(t) - y(t) + 2t$ *sujeto a las condiciones iniciales* $x(0) = 9/5$, $y(0) = 13/10$.

Ejercicio 2.68 *Resuelva el sistema*

$$Y'(t) = \begin{pmatrix} 2 & 1 & 0 \\ 0 & 2 & 1 \\ 0 & 0 & 2 \end{pmatrix} Y(t) + \begin{pmatrix} 0 \\ 1 \\ e^t \end{pmatrix}. \tag{2.497}$$

Ejercicio 2.69 *Determine la solución general del sistema lineal de ecuaciones diferenciales siguiente:*

$$\begin{pmatrix} x'(t) \\ y'(t) \end{pmatrix} = \begin{pmatrix} 2 & 1 \\ 3 & 4 \end{pmatrix} \begin{pmatrix} x(t) \\ y(t) \end{pmatrix} + \begin{pmatrix} t \\ e^t \end{pmatrix}. \tag{2.498}$$

Ejercicio 2.70 *El sistema de ecuaciones diferenciales*

$$\begin{pmatrix} u' \\ v' \\ w' \end{pmatrix} = \begin{pmatrix} 0 & 1 & 0 \\ 0 & 0 & 1 \\ 12 & -19 & 8 \end{pmatrix} \begin{pmatrix} u \\ v \\ w \end{pmatrix} + \begin{pmatrix} 0 \\ 0 \\ e^{2t} \end{pmatrix} \tag{2.499}$$

es equivalente a la ecuación diferencial lineal

a) $y''' - 12y'' + 19y' - 8y = 4e^{2t}$.

b) $y'' - 19y' + 8y = 12e^{2t}$.

c) $y''' - 8y'' + 19y' - 12y = 4e^{2t}$.

d) $12y'' - 19y' + 8y = 4e^{2t}$.

Ejercicio 2.71 *Resuelva el sistema de ecuaciones diferenciales*

$$Y'(t) = \begin{pmatrix} -1 & 2 & 2 \\ 2 & -1 & 2 \\ 2 & 2 & -1 \end{pmatrix} Y(t), \; Y(0) = \begin{pmatrix} 1 \\ 1 \\ 1 \end{pmatrix}. \tag{2.500}$$

Ejercicio 2.72 *Sea A una matriz cuadrada de orden 2.*

a) Demuestre que su polinomio característico es

$$p(x) = x^2 - Tr(A)x + |A|, \tag{2.501}$$

donde $Tr(A)$ es la traza de A, y $|A|$ su determinante.

b) Demuestre que para que A posea raíces complejas (conjugadas) debe verificarse[11] *que*

$$(Tr(A))^2 < 4|A|. \tag{2.502}$$

[11] Y por tanto no puede tener determinante negativo.

Ejercicio 2.73 *Demuestre que la exponencial de la matriz*

$$M = \begin{pmatrix} \pi & \pi \\ -2\pi & -\pi \end{pmatrix} \tag{2.503}$$

es $-I_2$.

Ejercicio 2.74 *Demuestre que la exponencial de la matriz*

$$M = \begin{pmatrix} 0 & \pi & 0 & 0 \\ -\pi & 0 & 0 & 0 \\ 0 & 0 & 0 & \pi \\ 0 & 0 & -\pi & 0 \end{pmatrix} \tag{2.504}$$

es $-I_4$.

Ejercicio 2.75 *Determine la exponencial de la matriz*

$$M = \begin{pmatrix} 1 & 1 & 0 & 0 \\ -1 & 1 & 0 & 1 \\ -1 & -1 & 2 & 1 \\ 0 & 0 & 0 & 1 \end{pmatrix}. \tag{2.505}$$

Ejercicio 2.76 *¿Es en general la exponencial de matrices invariante por semejanza?*

a) Sí.

b) No.

c) Sólo para matrices con autovalores reales.

d) Sólo para matrices con autovalores complejos.

Ejercicio 2.77 *Determine la forma canónica de Jordan real de la matriz*[12]

$$C = \begin{pmatrix} 0 & 1 & -1 & 0 \\ 0 & -1 & 0 & 1 \\ 1 & 1 & 0 & 0 \\ 0 & -2 & 0 & 1 \end{pmatrix}. \tag{2.506}$$

[12]En [4, Ej. 4.30, pág. 180] se determinó su forma canónica de Jordan en $\mathbb{C}$.

Ejercicio 2.78 *Con la ayuda del polinomio interpolador de Lagrange-Sylvester, determine la matriz exponencial de las siguientes matrices*[13]

$$A = \begin{pmatrix} 4 & 0 & 1 & 0 \\ 1 & 1 & 1 & 1 \\ 0 & -2 & 3 & -1 \\ -1 & 2 & -1 & 4 \end{pmatrix}, B = \begin{pmatrix} 2 & 0 & 0 & 0 \\ 0 & 2 & 0 & 0 \\ 0 & 1 & 2 & 0 \\ -1 & 1 & 0 & 2 \end{pmatrix}, J = \begin{pmatrix} 1 & 1 & 0 & 0 & 0 \\ 0 & 1 & 1 & 0 & 0 \\ 0 & 0 & 1 & 1 & 0 \\ 0 & 0 & 0 & 1 & 0 \\ 0 & 0 & 0 & 0 & 2 \end{pmatrix}. \tag{2.507}$$

Ejercicio 2.79 *Determine de nuevo la solución del Ejercicio 2.40 pero con la ayuda de la Proposición 2.11.*

Ejercicio 2.80 *Resuelva, con la ayuda de la matriz exponencial, el sistema de ecuaciones diferenciales*

$$\begin{pmatrix} x'(t) \\ y'(t) \end{pmatrix} = \begin{pmatrix} 1 & 2 \\ -2 & 1 \end{pmatrix} \begin{pmatrix} x(t) \\ y(t) \end{pmatrix} \tag{2.508}$$

con las condiciones iniciales $x(\pi/2) = y(\pi/2) = -1$.

Ejercicio 2.81 *Resuelva, con la ayuda de la matriz exponencial, el sistema de ecuaciones diferenciales*

$$\begin{pmatrix} x'(t) \\ y'(t) \\ z'(t) \\ u'(t) \end{pmatrix} = \begin{pmatrix} -2 & 2 & 0 & 2 \\ -1 & 0 & 2 & 1 \\ 2 & -2 & 1 & -1 \\ 3 & 2 & -2 & 1 \end{pmatrix} \begin{pmatrix} x(t) \\ y(t) \\ z(t) \\ u(t) \end{pmatrix} \tag{2.509}$$

con las condiciones iniciales $x(0) = -1$, $y(0) = 0$, $z(0) = -1$ *y* $u(0) = 0$.

Ejercicio 2.82 *Halle* $y(t)$ *en el sistema de ecuaciones diferenciales*

$$\begin{cases} x'(t) = 2x(t) - 3y(t) + 2\,\mathrm{sen}(2t), \\ y'(t) = x(t) - 2y(t) - \cos(2t), \\ x(0) = 1, \\ y(0) = 0. \end{cases} \tag{2.510}$$

Ejercicio 2.83 *Halle la solución general del sistema de ecuaciones diferenciales*

$$\begin{cases} x'(t) = -x(t) + y(t) + te^{-t}, \\ y'(t) = -y(t) + z(t) + 2te^{-t}, \\ z'(t) = -z(t) + 4te^{-t}. \end{cases} \tag{2.511}$$

[13] Estas matrices provienen de los ejercicios [4, Ej. 4.24, pág. 168], [4, Ej. 4.26, pág. 169] y [4, Ej. 4.35, pág. 187], y determinada la exponencial de su forma canónica de Jordan en [4, Ej. 4.36, pág. 191].

Ejercicio 2.84 *Halle la solución general del sistema* $Y'(t) = AY(t)$, *siendo*

$$A = \begin{pmatrix} -1 & -2 & -3 & -3 \\ 0 & 3 & 2 & 1 \\ 0 & 0 & -1 & 0 \\ 0 & 0 & 0 & -1 \end{pmatrix}. \tag{2.512}$$

Ejercicio 2.85 *Un sistema de masas y resortes se rige por el sistema de ecuaciones diferenciales*

$$\begin{cases} 2x'' = -6x + 2y, \\ y'' = 2x - 2y, \end{cases} \tag{2.513}$$

con las condiciones iniciales $x(0) = 1$, $y(0) = 4$, $x'(0) = y'(0) = 0$. *Calcule* $x = x(t)$.

Ejercicio 2.86 *Si* $q_A(x)$ *es el polinomio interpolador de Lagrange-Sylvester asociado a una matriz* A, *analice la veracidad de la igualdad*

$$q_{tA}(x) = q_A(tx), \tag{2.514}$$

con A *matriz cuadrada y* t *parámetro real.*

Ejercicio 2.87 *Resuelva el sistema de ecuaciones diferenciales*

$$\begin{pmatrix} x'(t) \\ y'(t) \end{pmatrix} = \frac{1}{3}\begin{pmatrix} -2 & 4 \\ -4 & 8 \end{pmatrix}\begin{pmatrix} x(t) \\ y(t) \end{pmatrix} + \begin{pmatrix} e^t \\ e^t \cos t \end{pmatrix}, \quad \begin{pmatrix} x(0) \\ y(0) \end{pmatrix} = \begin{pmatrix} -1 \\ 0 \end{pmatrix}. \tag{2.515}$$

Ejercicio 2.88 *Demuestre la fórmula (2.7). Indicación: suponga que la solución general es* $Y(t) = \Phi(t)C(t)$, *con* $\Phi(t)$ *una matriz fundamental del sistema y* $C(t)$ *una columna en la que las constantes son ahora funciones (método de Lagrange o de variación de las constantes).*

Capítulo 3

TRANSFORMADA DE LAPLACE

3.1 Resultados teóricos

3.1.1 Definiciones y principales resultados

Dada la función real $f(t)$ definida para $t \geq 0$, la *transformada de Laplace* de $f(t)$ es la función $F(s)$, definida por

$$\mathcal{L}[f(t)] = F(s) := \int_0^\infty e^{-st} f(t)dt \tag{3.1}$$

para cada s donde la integral impropia converja[1]. Se dice que $f(t)$ es *de orden exponencial*, cuando $t \to \infty$, si existen constantes $M > 0$, $c \in \mathbb{R}$ y $T \geq 0$, tales que

$$|f(t)| \leq Me^{ct}, \text{ para } t \geq T. \tag{3.2}$$

Denotaremos por $\mathcal{F}_{\mathcal{E}}$ el conjunto de tales funciones. En ocasiones escribiremos

$$f(t) \in \mathcal{F}_{\mathcal{E}}^c \tag{3.3}$$

para indicar la constante que aparece en el exponente.

[1]En algunos textos se presenta la definición en la forma $\displaystyle\int_{0^+}^\infty e^{-st} f(t)dt$ para permitir que la función $f(t)$ esté definida sólo en $(0, \infty)$ con existencia de límite cuando $t \to 0^+$. De este modo, se puede plantear la existencia de la transformada de Laplace de un mayor número de funciones.

Teorema 3.1 (Existencia) *Si la función $f(t)$ es continua a trozos para $t \geq 0$ (o integrable en cualquier intervalo finito $[0, k]$) y de orden exponencial, $f(t) \in \mathcal{F}_{\mathcal{E}}^{c}$, entonces existe su transformada de Laplace*[2] *$F(s)$ para todo $s > c$.*

El ínfimo de los valores c para el que f es de orden exponencial y posee transformada de Laplace se conoce como *abscisa de convergencia.*

Teorema 3.2 (Unicidad) *Supongamos que las funciones $f(t)$ y $g(t)$ satisfacen la hipótesis del teorema anterior, de modo que sus transformadas $F(s)$ y $G(s)$ existen. Si $F(s) = G(s)$ para todo $s > c$, para cierto c, entonces $f(t) = g(t)$, salvo quizás en los puntos aislados de discontinuidad.*

No es necesario ir muy lejos en el cálculo de transformadas de Laplace, dado su carácter *lineal.* Conociendo la transformada de Laplace de varias funciones podremos combinarlas para obtener transformadas de otras. Veremos a continuación los principales resultados que nos facilitarán los cálculos.

Proposición 3.3 *Si $f(t) \in \mathcal{F}_{\mathcal{E}}^{c}$ es continua a trozos para $t \geq 0$, entonces $\mathcal{L}[f(t)]$ existe en la semirrecta $s > c$, teniendo derivadas de todos los órdenes y con*

$$\lim_{s \to \infty} \mathcal{L}[f(t)] = 0. \tag{3.4}$$

Teorema 3.4 *Supongamos que la función $f(t) \in \mathcal{F}_{\mathcal{E}}^{c}$ es continua y derivable a trozos para $t \geq 0$. Entonces $\mathcal{L}[f'(t)]$ existe para $s > c$ y*

$$\mathcal{L}[f'(t)] = s\mathcal{L}[f(t)] - f(0) = sF(s) - f(0). \tag{3.5}$$

Corolario 3.5 *Si $f(t)$, $f'(t)$, $f''(t)$, ..., $f^{n-1)}(t)$ son funciones continuas en $\mathcal{F}_{\mathcal{E}}^{c}$, entonces $\mathcal{L}[f^{n)}(t)]$ existe para $s > c$ y además*

$$\mathcal{L}[f^{n)}(t)] = s^n\mathcal{L}[f(t)] - s^{n-1}f(0) - s^{n-2}f'(0) - \ldots - sf^{n-2)}(0) - f^{n-1)}(0). \tag{3.6}$$

En particular,

$$\mathcal{L}[f'(t)] = s\mathcal{L}[f(t)] - f(0), \tag{3.7}$$

$$\mathcal{L}[f''(t)] = s^2\mathcal{L}[f(t)] - sf(0) - f'(0), \tag{3.8}$$

$$\mathcal{L}[f'''(t)] = s^3\mathcal{L}[f(t)] - s^2f(0) - sf'(0) - f''(0). \tag{3.9}$$

Teorema 3.6 *Si $f(t)$ es continua a trozos para $t \geq 0$ y $f(t) \in \mathcal{F}_{\mathcal{E}}^{c}$, entonces*

$$\mathcal{L}[tf(t)] = -F'(s) \tag{3.10}$$

---

[2]Existen funciones que no son de orden exponencial y, sin embargo, sí poseen transformada de Laplace.

para $s > c$. Equivalentemente

$$f(t) = \mathcal{L}^{-1}[F(s)] = -\frac{1}{t}\mathcal{L}^{-1}[F'(s)]. \tag{3.11}$$

Además

$$\mathcal{L}[t^n f(t)] = (-1)^n F^{n)}(s), \tag{3.12}$$

para $n = 1, 2, 3, \ldots$

Teorema 3.7 (del desplazamiento) *Si $F(s) = \mathcal{L}[f(t)]$ existe para $s > c$, entonces $\mathcal{L}[e^{at}f(t)]$ existe para $s > a + c$ y*

$$\mathcal{L}[e^{at}f(t)] = F(s-a). \tag{3.13}$$

Equivalentemente, tenemos

$$\mathcal{L}^{-1}[F(s-a)] = e^{at}f(t). \tag{3.14}$$

Teorema 3.8 *Si $f(t)$ es una función continua a trozos para $t \geq 0$ y $f(t) \in \mathcal{F}_{\mathcal{E}}^{c}$, entonces*

$$\mathcal{L}\left[\int_0^t f(\tau)d\tau\right] = \frac{1}{s}\mathcal{L}[f(t)] = \frac{F(s)}{s} \tag{3.15}$$

para $s > c$. Equivalentemente,

$$\mathcal{L}^{-1}\left[\frac{F(s)}{s}\right] = \int_0^t f(\tau)d\tau. \tag{3.16}$$

Corolario 3.9 *En las condiciones del teorema anterior, y con más generalidad, tenemos*

$$\mathcal{L}\left[\int_a^t f(\tau)d\tau\right] = \frac{1}{s}\mathcal{L}[f(t)] - \frac{1}{s}\int_0^a f(\tau)d\tau, \ a > 0, \tag{3.17}$$

para $s > c$.

Teorema 3.10 *Supongamos que $f(t)$ es continua a trozos para $t \geq 0$, es de orden exponencial (para cierto c) cuando $t \to \infty$, y*

$$\lim_{t\to 0^+} \frac{f(t)}{t}, \quad \textit{existe y es finito.} \tag{3.18}$$

Entonces

$$\mathcal{L}\left[\frac{f(t)}{t}\right] = \int_s^\infty F(\sigma)d\sigma \tag{3.19}$$

cuando $s > c$, donde $F(s) = \mathcal{L}[f(t)]$. Equivalentemente

$$f(t) = \mathcal{L}^{-1}[F(s)] = t\mathcal{L}^{-1}\left[\int_s^\infty F(\sigma)d\sigma\right]. \tag{3.20}$$

Teorema 3.11 (Funciones periódicas) *Sea $f(t)$ una función continua a trozos y periódica de período T definida en $[0, \infty)$. Entonces*

$$\mathcal{L}[f(t)] = \frac{1}{1 - e^{-Ts}} \int_0^T e^{-s\tau} f(\tau) d\tau, \quad s > 0. \tag{3.21}$$

Proposición 3.12 *Se define la función de Heaviside[3] (o de escalón) mediante*

$$H(t) = \begin{cases} 0, & si\ t < 0, \\ 1, & si\ t \geq 0. \end{cases} \tag{3.22}$$

Si $f(t)$ es una función continua a trozos para $t \geq 0$ y $f(t) \in \mathcal{F}_{\mathcal{E}}^{c}$, se tienen entonces las identidades[4]

$$\mathcal{L}[H(t-a)] = \frac{e^{-as}}{s}, \quad s > 0, \tag{3.23}$$

$$\mathcal{L}[f(t-a)H(t-a)] = e^{-as}\mathcal{L}[f(t)], \quad s > c, \tag{3.24}$$

$$\mathcal{L}[f(t)H(t-a)] = e^{-as}\mathcal{L}[f(t+a)], \quad s > c, \tag{3.25}$$

$a \geq 0$, donde se define $f(t) = 0$ si $t < 0$.

La transformada de Laplace, que es lineal, no se comporta con respecto al producto como podría esperarse. Surge entonces el concepto de *convolución*:

$$f(t) * g(t) := \int_0^t f(\tau) g(t - \tau) d\tau, \tag{3.26}$$

de forma que

$$\mathcal{L}[f(t) * g(t)] = \mathcal{L}[f(t)]\mathcal{L}[g(t)], \tag{3.27}$$

o en forma equivalente

$$\mathcal{L}^{-1}[F(s)G(s)] = \mathcal{L}^{-1}[F(s)] * \mathcal{L}^{-1}[G(s)] = f(t) * g(t). \tag{3.28}$$

Optamos por suprimir ciertos conocimientos en variable compleja para el cálculo de la transformada inversa de Laplace. En su lugar, usaremos los resultados anteriores para su determinación.

---

[3] Oliver Heaviside (1850-1925), inglés autodidacta que inventó su propio cálculo operativo para resolver EDO antes de que se introdujeran las transformadas de Laplace.

[4] La identidad (3.24) se conoce como *segundo teorema del desplazamiento*.

3.1.2 Delta de Dirac

En numerosas situaciones físicas (golpes, choques, chispazos eléctricos, explosiones, etc.) se hace necesaria la modelización con la ayuda de la conocida como *delta de Dirac*. Es conocida también como *función de Dirac*, aunque simplemente por homenajear a Paul Dirac[5], ya que no es una función como las que definimos habitualmente. Pertenece a un campo de las matemáticas llamado *teoría de distribuciones*, siendo la delta de Dirac una de ellas. Aunque no es nuestro objetivo adentrarnos en ese apasionante campo, no queremos por ello dejar el concepto sin una aproximación más o menos rigurosa.

Sea $\mathcal{H}$ un espacio de funciones (complejas en general) con ciertas propiedades, que dependerán de las necesidades del contexto, del tipo: tener cuadrado integrable, soporte compacto, etc., y $f \in \mathcal{H}$. Consideremos una familia de funciones $\{\delta_n(x)\}_{n\in I}$ parametrizadas por $n \in I$, conjunto de índices, tales que

1. $\displaystyle\lim_{n\to\infty}\int_{-\infty}^{+\infty} f(x)\delta_n(x)dx = f(0).$

2. $\displaystyle\lim_{n\to\infty}\int_{-\infty}^{-\epsilon} f(x)\delta_n(x)dx = 0 = \lim_{n\to\infty}\int_{\epsilon}^{\infty} f(x)\delta_n(x)dx$, para todo $\epsilon > 0$.

Definimos la *delta de Dirac* como la aplicación

$$\begin{array}{llll} \delta: & \mathcal{H} & \longrightarrow & \mathbb{C} \\ & f & \longmapsto & \displaystyle\int_{-\infty}^{+\infty} f(x)\delta(x)dx := \lim_{n\to\infty}\int_{-\infty}^{+\infty} f(x)\delta_n(x)dx = f(0) \end{array} \tag{3.29}$$

Existen numerosas familias clásicas que verifican las dos propiedades presentadas para definir $\delta(x)$ (ó $\delta(x-a)$). Destacamos

- Funciones gaussianas (Figura 3.1): $\delta_n(x) := \sqrt{\dfrac{n}{\pi}}e^{-nx^2}$, $n = 1, 2, 3\ldots$

- Paquetes de onda (Figura 3.2): $\delta_n(x) := \dfrac{\operatorname{sen}(nx)}{\pi x}$, $n = 1, 2, 3\ldots$

- Funciones de Lorentz (Figura 3.3): $\delta_n(x) := \dfrac{n}{\pi}\dfrac{1}{1+n^2x^2}$, $n = 1, 2, 3\ldots$

Se suele escribir, sin mucho rigor matemático, pero con intención física, que

$$\delta(x) := \lim_{n\to\infty}\delta_n(x). \tag{3.30}$$

[5]Paul Dirac (1902-1984), premio Nobel de Física junto con Shrödinger, por su predicción de la existencia del positrón. Uno de los creadores de la Mecánica Cuántica.

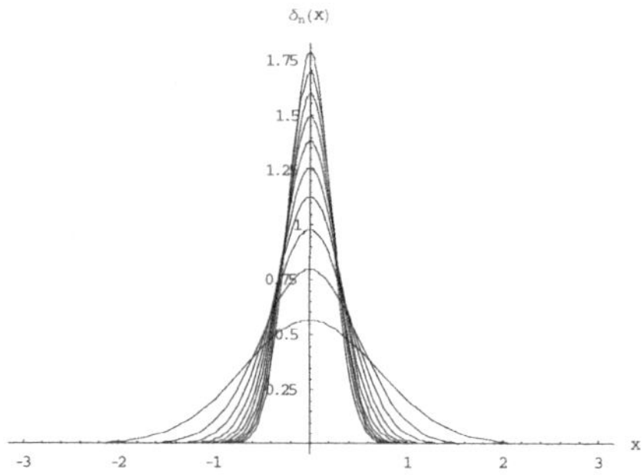

Figura 3.1: Primeras funciones gaussianas $\delta_n(x) := \sqrt{\frac{n}{\pi}}e^{-nx^2}$, $n = 1, 2, 3\ldots$

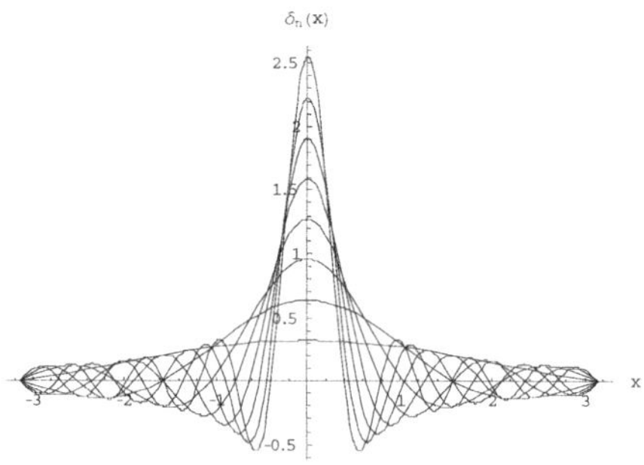

Figura 3.2: Primeras funciones paquetes de onda $\delta_n(x) := \dfrac{\operatorname{sen}(nx)}{\pi x}$, $n = 1, 2, 3\ldots$

Hay que tener cuidado porque tomando límites tendríamos que

$$\delta(x) := \lim_{n\to\infty} \delta_n(x) = \begin{cases} 0, & \text{si } x \neq 0, \\ \infty, & \text{si } x = 0. \end{cases} \tag{3.31}$$

Además, si tomamos $f \equiv 1$ tenemos que

$$\int_{-\infty}^{+\infty} \delta(x)dx := \lim_{n\to\infty} \int_{-\infty}^{+\infty} \delta_n(x)dx = 1. \tag{3.32}$$

Es evidente que no existe una función $\delta(x)$, tal y como las entendemos, que verifique las propiedades (3.31) y (3.32), que en ocasiones se usan como definición.

Así mismo, se suele mostrar que

$$\int_{-\infty}^{y} \delta(x-a)dx := \lim_{n\to\infty} \int_{-\infty}^{y} \delta_n(x-a)dx =$$

$$= \begin{cases} 0, & \text{si } y < a, \\ 1, & \text{si } y \geq a, \end{cases} = H(y-a), \tag{3.33}$$

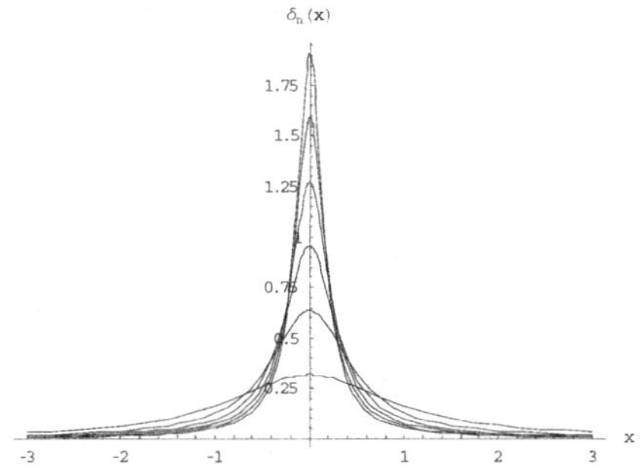

Figura 3.3: Primeras funciones de Lorentz $\delta_n(x) := \frac{n}{\pi}\frac{1}{1+n^2x^2}$, $n = 1, 2, 3\ldots$

con lo que es común escribir (y útil para resolver algunas ecuaciones diferenciales) que

$$\delta(x-a) = \frac{d}{dx}H(x-a), \tag{3.34}$$

aunque seamos conscientes de que la función de Heaviside (o de escalón) no es derivable en el sentido clásico.

Un último resultado importante es que la transformada de Laplace de $\delta(x)$ es

$$\mathcal{L}[\delta(x-a)] = e^{-sa}, \tag{3.35}$$

resultado simbólico que nos permitirá resolver ecuaciones diferenciales con la ayuda de la citada transformación. Como caso particular

$$\mathcal{L}[\delta(x)] = 1, \tag{3.36}$$

resultado incompatible con el hecho de que

$$\lim_{s\to\infty} \mathcal{L}[f(t)] = 0 \tag{3.37}$$

para cualquier función $f(t)$, pero ¿quién ha dicho que $\delta(x)$ lo sea?

Como se ha comentado, la presentación de la delta de Dirac nos permitirá modelar numerosas situaciones físicas. Como ejemplo, términos como $k\delta(t-T)$ representarán fuerzas impulsivas en tanto que la integral en el tiempo es el impulso de intensidad k en $t = T$ ya que (en el sentido anterior)

$$\int_{-\infty}^{+\infty} k\delta(t-T)dt = k. \tag{3.38}$$

$f(t)$	$\mathcal{L}[f(t)]$
1	$\frac{1}{s}$, $s > 0$
t^a, $a > -1$	$\frac{\Gamma(1+a)}{s^{a+1}}$, $s > 0$
t^n, $n \in \mathbb{N}$	$\frac{n!}{s^{n+1}}$, $s > 0$
e^{at}	$\frac{1}{s-a}$, $s > a$
$\operatorname{sen}(at)$	$\frac{a}{s^2+a^2}$, $s > 0$
$\cos(at)$	$\frac{s}{s^2+a^2}$, $s > 0$
$\operatorname{senh}(at)$	$\frac{a}{s^2-a^2}$, $s > \lvert a \rvert$
$\cosh(at)$	$\frac{s}{s^2-a^2}$, $s > \lvert a \rvert$
$\delta(x-a)$	e^{-sa}, $s > 0$

Tabla 3.1: Transformada de Laplace de algunas funciones.

3.1.3 Aplicaciones

La potencia de la transformada de Laplace alcanza todo su esplendor cuando se aplica a problemas concretos que se resumen en:

- Resolución de ecuaciones diferenciales.
- Resolución de sistemas de ecuaciones diferenciales.
- Resolución de ecuaciones integrales.
- Cálculo de integrales impropias.

$f(t)$	$\mathcal{L}[f(t)]$
$y(t)$	$F(s)$
$\frac{dy(t)}{dt}$	$sF(s) - y(0)$
$\frac{d^2y(t)}{dt^2}$	$s^2F(s) - sy(0) - y'(0)$
$t\frac{dy(t)}{dt}$	$-s\frac{dF(s)}{ds} - F(s)$
$t^2\frac{dy(t)}{dt}$	$s\frac{d^2F(s)}{ds^2} + 2\frac{dF(s)}{ds}$
$t\frac{d^2y(t)}{dt^2}$	$-s^2\frac{dF(s)}{ds} - 2sF(s) + y(0)$
$t^2\frac{d^2y(t)}{dt^2}$	$s^2\frac{d^2F(s)}{ds^2} + 4s\frac{dF(s)}{ds} + 2F(s)$

Tabla 3.2: Transformada de Laplace de algunos términos con derivadas.

Para ello aplicamos la transformada de Laplace a la ecuación, sistema o integral, usamos las propiedades expuestas, resolvemos en la nueva incógnita e invertimos por último la transformación. Remitimos al lector a los ejercicios.

3.2 Ejercicios resueltos

Ejercicio 3.1 *Analice si las funciones* $f(t) = ate^{bt}\cos(kt)$, *con* $a, b, k \in \mathbb{R}$, *y* $g(t) = e^{t^2}$ *son de orden exponencial o no.*

Solución.
Para la función $f(t)$ tenemos la acotación

$$|f(t)| = |ate^{bt}\cos(kt)| \leq |a||te^{bt}| \leq |a||e^te^{bt}| = |a|e^{(1+b)t}, \tag{3.39}$$

y queda probado que f es de orden exponencial. Sin embargo, para la segunda función $g(t) = e^{t^2}$, si suponemos que es de orden exponencial tendríamos

$$|e^{t^2}| \leq Me^{ct}, \ \forall t \geq T. \tag{3.40}$$

De este modo, deducimos que se tiene

$$|e^{t(t-c)}| \leq M, \ \forall t \geq T, \tag{3.41}$$

y llegamos a una contradicción. Concluimos que g no es de orden exponencial. ∎

Ejercicio 3.2 *Si $f_1(t)$ y $f_2(t)$ son dos funciones de orden exponencial, es falso que*

a) $f_1(t) - f_2(t)$ *es siempre de orden exponencial.*

b) $f_1(t) + f_2(t)$ *es siempre de orden exponencial.*

c) $f_1(t)f_2(t)$ *es siempre de orden exponencial.*

d) $e^{f_1(t)+f_2(t)}$ *es siempre de orden exponencial.*

Solución.
Las tres primeras afirmaciones, teniendo en cuenta que la definición de ser de orden exponencial se establece en función de una acotación en valor absoluto, son claramente ciertas. Para confirmar que la última es falsa, y por tanto es la respuesta correcta, basta con considerar $f_1(t) = 0$ y $f_2(t) = t^2$. ∎

Ejercicio 3.3 *Calcule la transformada de Laplace, con la definición, de las funciones*

a) $f(t) = k, \ t \geq 0, \ k \in \mathbb{R}$.

b) $g(t) = t, \ t \geq 0$.

c) $h(t) = e^{at}, \ t \geq 0, \ a > 0$.

Solución.
a) Aplicamos la definición para tener

$$\mathcal{L}[f(t)] = \mathcal{L}[k] = \int_0^\infty e^{-st}k\,dt = k\int_0^\infty e^{-st}dt = k\lim_{r\to\infty}\int_0^r e^{-st}dt =$$
$$= k\lim_{r\to\infty}\left[-\frac{1}{s}e^{-st}\right]_0^r = k\lim_{r\to\infty}\left(-\frac{1}{s}e^{-sr} + \frac{1}{s}\right) = k\frac{1}{s}, \ s > 0. \tag{3.42}$$

b) Usando de nuevo la definición, tenemos

$$\mathcal{L}[g(t)] = \mathcal{L}[t] = \int_0^{\infty} te^{-st}dt = \lim_{r\to\infty} \int_0^r te^{-st}dt =$$
$$= \lim_{r\to\infty} \left[-\frac{1}{s^2}e^{-st}(st+1) \right]_0^r =$$
$$= \lim_{r\to\infty} \left(-\frac{1}{s^2}e^{-sr}(sr+1) + \frac{1}{s^2} \right) = \frac{1}{s^2},\ s > 0. \tag{3.43}$$

c) Por último,

$$\mathcal{L}[h(t)] = \mathcal{L}[e^{at}] = \int_0^{\infty} e^{at}e^{-st}dt = \lim_{r\to\infty} \int_0^r e^{(a-s)t}dt =$$
$$= \lim_{r\to\infty} \left[\frac{1}{a-s}e^{(a-s)t} \right]_0^r = \lim_{r\to\infty} \left(\frac{1}{a-s}e^{(a-s)r} - \frac{1}{a-s} \right) = \frac{1}{s-a},\ s > a. \tag{3.44}$$

■

Ejercicio 3.4 *Recordando que la función Gamma se define como ([5])*

$$\Gamma(x) = \int_0^{\infty} e^{-t}t^{x-1}dt,\ x > 0, \tag{3.45}$$

demuestre la identidad

$$\mathcal{L}[t^a] = \frac{\Gamma(1+a)}{s^{1+a}},\ s > 0,\ a > -1. \tag{3.46}$$

Como caso particular, pruebe que si $a = n$ *es un entero no negativo, entonces*

$$\mathcal{L}[t^n] = \frac{n!}{s^{n+1}} \text{ para } s > 0. \tag{3.47}$$

Determine $\mathcal{L}[t^2]$ *y* $\mathcal{L}[t^3]$.

Solución.
Usando simplemente la definición, y recordando que

$$\Gamma(x) = \int_0^{\infty} e^{-t}t^{x-1}dt,\ x > 0, \tag{3.48}$$

tenemos, para $s > 0$ y $a > -1$,

$$\mathcal{L}[t^a] = \int_0^{\infty} e^{-st}t^a dt = \left\{ \begin{array}{c} u = st, \\ du = sdt. \end{array} \right\} = \frac{1}{s^{a+1}} \int_0^{\infty} e^{-u}u^a du = \frac{\Gamma(a+1)}{s^{a+1}}. \tag{3.49}$$

Como ([5])

$$\Gamma(n+1) = n!, \ n \in \mathbb{N}, \tag{3.50}$$

tenemos que

$$\mathcal{L}[t^n] = \frac{n!}{s^{n+1}}, \ s > 0. \tag{3.51}$$

Como casos particulares tenemos

$$\mathcal{L}[t^2] = \frac{2}{s^3}, \quad \mathcal{L}[t^3] = \frac{6}{s^4}. \tag{3.52}$$

■

Ejercicio 3.5 *Calcule la transformada de Laplace de las funciones* $f(t) = \text{sen}(at)$ *y* $g(t) = \cos(at)$.

Solución.
A partir de la identidad

$$\mathcal{L}[f''(t)] = s^2\mathcal{L}[f(t)] - sf(0) - f'(0), \tag{3.53}$$

tenemos, para $f(t) = \text{sen}(at)$, que

$$\mathcal{L}[-a^2 \,\text{sen}(at)] = s^2\mathcal{L}[\text{sen}(at)] - s\,\text{sen}\,0 - a\cos 0. \tag{3.54}$$

Simplemente despejando, usando desde luego la linealidad del operador, concluimos que

$$\mathcal{L}[\text{sen}(at)] = \frac{a}{s^2+a^2}, \ s > 0. \tag{3.55}$$

Usamos ahora que

$$\mathcal{L}[f'(t)] = s\mathcal{L}[f(t)] - f(0), \tag{3.56}$$

para tener que

$$\mathcal{L}[a\cos(at)] = s\mathcal{L}[\text{sen}(at)] - 0, \tag{3.57}$$

y entonces

$$\mathcal{L}[\cos(at)] = \frac{s}{s^2+a^2}, \ s > 0. \tag{3.58}$$

■

Ejercicio 3.6 *Determine la transformada de Laplace de las funciones*

a) $f(t) = t\,\text{sen}(at)$.

b) $g(t) = t\cos(at)$.

c) $h(t) = te^{at} + t\,\text{sen}(kt)$, $k \in \mathbb{R}$.

Solución.
Como se tiene la identidad

$$\mathcal{L}[t^n f(t)] = (-1)^n \frac{d^n \mathcal{L}[f(t)]}{ds^n}, \tag{3.59}$$

para las dos primeras funciones tenemos

$$\mathcal{L}[t\,\mathrm{sen}(at)] = (-1)\frac{d\mathcal{L}[\mathrm{sen}(at)]}{ds} = -\left(\frac{a}{s^2+a^2}\right)' = \frac{2as}{(s^2+a^2)^2}, \tag{3.60}$$

$$\mathcal{L}[t\cos(at)] = (-1)\frac{d\mathcal{L}[\cos(at)]}{ds} = -\left(\frac{s}{s^2+a^2}\right)' = \frac{s^2-a^2}{(s^2+a^2)^2}, \tag{3.61}$$

para $s > 0$, mientras que para la última, usando también linealidad y el Teorema del desplazamiento, tenemos

$$\mathcal{L}[te^{at} + t\,\mathrm{sen}(kt)] = \mathcal{L}[te^{at}] + \mathcal{L}[t\,\mathrm{sen}(kt)] =$$

$$= (-1)\frac{d\mathcal{L}[e^{at}]}{ds} + (-1)\frac{d\mathcal{L}[\mathrm{sen}(kt)]}{ds} = -\left(\frac{1}{s-a}\right)' - \left(\frac{k}{s^2+k^2}\right)' =$$

$$= \frac{1}{(s-a)^2} + \frac{2ks}{(s^2+k^2)^2}, \quad s > a. \tag{3.62}$$

∎

Ejercicio 3.7 *Calcule la transformada de Laplace de la función* $f(t) = t^3 e^{5t} + e^{-2t}\cos(3t)$.

Solución.
Usamos el Teorema del desplazamiento

$$\mathcal{L}[e^{at} f(t)] = F(s-a), \quad \text{si } F(s) = \mathcal{L}[f(t)]. \tag{3.63}$$

Como

$$\mathcal{L}[t^3] = \frac{6}{s^4}, \quad \mathcal{L}[\cos(3t)] = \frac{s}{s^2+9}, \tag{3.64}$$

tenemos que

$$\mathcal{L}[t^3 e^{5t} + e^{-2t}\cos(3t)] = \frac{6}{(s-5)^4} + \frac{s+2}{(s+2)^2+9}, \quad s > 5. \tag{3.65}$$

∎

Ejercicio 3.8 *Calcule la transformada de Laplace de las funciones* *a)* $f(t) = \dfrac{e^{at}}{\sqrt{t}} + t^3 e^{bt}$.

b) $g(t) = t^2 \operatorname{sen}(2t) + t\cos t$.

c) $h(t) = \operatorname{sen}(at)\cos(at)$.

d) $j(t) = \cos^2(at)$.

e) $k(t) = 2\cosh(3t) - 3\operatorname{senh}(3t)$.

Solución.
a) Tenemos

$$\begin{aligned} F(s) = \mathcal{L}[f(t)] = \mathcal{L}\left[\frac{e^{at}}{\sqrt{t}}\right] + \mathcal{L}[t^3 e^{bt}] = \\ = \Gamma(1/2)(s-a)^{-1/2} - \frac{d^3}{ds^3}\left(\frac{1}{s-b}\right) = \\ = \sqrt{\frac{\pi}{s-a}} + \frac{6}{(s-b)^4}, \quad s > \text{máx}\{a,b\}. \end{aligned} \tag{3.66}$$

b) Para $g(t)$ resulta

$$\begin{aligned} G(s) = \mathcal{L}[g(t)] = \mathcal{L}[t^2 \operatorname{sen}(2t)] + \mathcal{L}[t\cos t] = \\ = \frac{d^2}{ds^2}\left(\frac{2}{s^2+4}\right) - \frac{d}{ds}\left(\frac{s}{s^2+1}\right) = \\ = \frac{1}{s^2+1} - \frac{2}{(s^2+1)^2} + \frac{12}{(s^2+4)^2} - \frac{64}{(s^2+4)^3}, \quad s > 0, \end{aligned} \tag{3.67}$$

después de simplificar.
c) Como

$$\operatorname{sen}(at)\cos(at) = \frac{1}{2}\operatorname{sen}(2at), \tag{3.68}$$

la transformada de Laplace de $h(t)$ es

$$H(s) = \mathcal{L}[h(t)] = \mathcal{L}\left[\frac{1}{2}\operatorname{sen}(2at)\right] = \frac{a}{s^2+4a^2}, \quad s > 0. \tag{3.69}$$

d) Usamos que

$$\cos^2(at) = \frac{1+\cos(2at)}{2}, \tag{3.70}$$

y así

$$J(s) = \mathcal{L}[j(t)] = \mathcal{L}\left[\frac{1+\cos(2at)}{2}\right] = \frac{1}{2s} + \frac{1}{2}\frac{s}{s^2+4a^2}, \quad s > 0. \tag{3.71}$$

e) En este último caso

$$K(s) = \mathcal{L}[k(t)] = \mathcal{L}\left[2\frac{e^{3t}+e^{-3t}}{2} - 3\frac{e^{3t}-e^{-3t}}{2}\right] =$$

$$= \mathcal{L}\left[e^{3t} - \frac{3}{2}e^{3t} + e^{-3t} + \frac{3}{2}e^{-3t}\right] = -\frac{1}{2}\frac{1}{s-3} + \frac{5}{2}\frac{1}{s+3} = \frac{2s-9}{s^2-9}, \quad s > 3. \quad (3.72)$$

■

Ejercicio 3.9 *Calcule la transformada de Laplace de las funciones*

$$f(t) = \int_0^t \tau\cos(a\tau)d\tau \quad y \quad g(t) = e^{-t}\int_0^t \frac{\operatorname{sen}\tau}{\tau}d\tau. \quad (3.73)$$

Solución.
Para la primera función basta con aplicar la identidad

$$\mathcal{L}\left[\int_a^t f(\tau)d\tau\right] = \frac{1}{s}\mathcal{L}[f(t)] - \frac{1}{s}\int_0^a f(\tau)d\tau, \quad (3.74)$$

con $a = 0$. De este modo tenemos

$$\mathcal{L}\left[\int_0^t \tau\cos(a\tau)d\tau\right] = \frac{1}{s}\mathcal{L}[t\cos(at)] = \frac{1}{s}\frac{s^2-a^2}{(s^2+a^2)^2}, \quad s > 0, \quad (3.75)$$

donde hemos utilizado el resultado (3.61).

En el segundo caso tenemos que

$$\mathcal{L}\left[e^{-t}\int_0^t \frac{\operatorname{sen}\tau}{\tau}d\tau\right] = F(s+1), \quad (3.76)$$

si $F(s) = \mathcal{L}\left[\int_0^t \frac{\operatorname{sen}\tau}{\tau}d\tau\right]$. Por un lado tenemos

$$F(s) = \frac{1}{s}\mathcal{L}\left[\frac{\operatorname{sen}t}{t}\right], \quad (3.77)$$

y por otro, como

$$\lim_{t\to 0^+}\frac{\operatorname{sen}t}{t} = 1, \quad (3.78)$$

que

$$\mathcal{L}\left[\frac{\operatorname{sen}t}{t}\right] = \int_s^\infty G(\sigma)d\sigma, \quad (3.79)$$

donde

$$G(s) = \mathcal{L}[\operatorname{sen} t] = \frac{1}{s^2+1}. \tag{3.80}$$

Como

$$\mathcal{L}\left[\frac{\operatorname{sen} t}{t}\right] = \int_s^\infty \frac{1}{1+\sigma^2} d\sigma = \lim_{k\to\infty} \arctan \sigma \Big]_s^k = \frac{\pi}{2} - \arctan s, \tag{3.81}$$

tenemos

$$F(s) = \frac{1}{s}\left(\frac{\pi}{2} - \arctan s\right), \quad s > 0. \tag{3.82}$$

Finalmente

$$\mathcal{L}\left[e^{-t}\int_0^t \frac{\operatorname{sen}\tau}{\tau} d\tau\right] = F(1+s) = \frac{1}{1+s}\left(\frac{\pi}{2} - \arctan(1+s)\right), \quad s > -1. \tag{3.83}$$

Terminamos el ejercicio aclarando un aspecto importante del cálculo. Si para determinar la transformada de Laplace del cociente $\dfrac{\operatorname{sen} t}{t}$ optamos por usar

$$\mathcal{L}[\operatorname{sen} t] = \mathcal{L}\left[t\frac{\operatorname{sen} t}{t}\right] = -\mathcal{L}\left[\frac{\operatorname{sen} t}{t}\right]', \tag{3.84}$$

tenemos

$$\mathcal{L}\left[\frac{\operatorname{sen} t}{t}\right] = -\int \mathcal{L}[\operatorname{sen} t] ds = -\int \frac{1}{1+s^2} ds = k - \arctan s. \tag{3.85}$$

Para determinar la constante de integración usamos que

$$\lim_{s\to 0} \mathcal{L}[f(t)] = 0, \tag{3.86}$$

y por tanto $k = \dfrac{\pi}{2}$, llegando, desde luego, al mismo resultado. ∎

Ejercicio 3.10 *Determine la transformada de Laplace de las funciones*

1. $\dfrac{\cos(at) - \cos(bt)}{t}$,

2. $\dfrac{\operatorname{senh} t}{t}$.

Solución.

En primer lugar, como

$$\lim_{t\to 0^+} \frac{\cos(at)-\cos(bt)}{t} = \lim_{t\to 0^+} \frac{-a\operatorname{sen}(at)+b\operatorname{sen}(bt)}{1} = 0 < \infty, \tag{3.87}$$

tenemos que

$$\mathcal{L}\left[\frac{\cos(at)-\cos(bt)}{t}\right] = \int_s^\infty G(\sigma)d\sigma, \tag{3.88}$$

donde

$$G(s) = \mathcal{L}[\cos(at)-\cos(bt)] = \mathcal{L}[\cos(at)] - \mathcal{L}[\cos(bt)] = \frac{s}{s^2+a^2} - \frac{s}{s^2+b^2}. \tag{3.89}$$

De este modo

$$\mathcal{L}\left[\frac{\cos(at)-\cos(bt)}{t}\right] =$$

$$= \int_s^\infty \left(\frac{\sigma}{\sigma^2+a^2} - \frac{\sigma}{\sigma^2+b^2}\right) d\sigma = \lim_{k\to\infty} \frac{1}{2}\log \left.\frac{\sigma^2+a^2}{\sigma^2+b^2}\right]_s^k =$$

$$= \lim_{k\to\infty} \frac{1}{2}\left(\log\frac{k^2+a^2}{k^2+b^2} - \log\frac{s^2+a^2}{s^2+b^2}\right) = \frac{1}{2}\log\frac{s^2+b^2}{s^2+a^2}. \tag{3.90}$$

Se deja al lector plantear la posibilidad de calcular la transformada de Laplace escribiendo

$$\mathcal{L}\left[\frac{\cos(at)-\cos(bt)}{t}\right] = \mathcal{L}\left[\frac{\cos(at)}{t}\right] - \mathcal{L}\left[\frac{\cos(bt)}{t}\right]. \tag{3.91}$$

Para la segunda transformada tenemos, como

$$\lim_{t\to 0^+} \frac{\operatorname{senh} t}{t} = \lim_{t\to 0^+} \frac{e^t - e^{-t}}{2t} = \lim_{t\to 0^+} \frac{e^t+e^{-t}}{2} = 1 < \infty, \tag{3.92}$$

que

$$\mathcal{L}\left[\frac{\operatorname{senh} t}{t}\right] = \int_s^\infty H(\sigma)d\sigma, \tag{3.93}$$

donde

$$H(s) = \mathcal{L}[\operatorname{senh} t] = \frac{1}{s^2-1}, \tag{3.94}$$

como se puede verificar fácilmente. Por tanto

$$\mathcal{L}\left[\frac{\operatorname{senh} t}{t}\right] = \int_s^\infty \frac{1}{\sigma^2-1}d\sigma = \frac{1}{2}\int_s^\infty \left(\frac{1}{\sigma-1} - \frac{1}{\sigma+1}\right)d\sigma =$$

$$= \frac{1}{2}\lim_{k\to\infty} \log\left.\frac{\sigma-1}{\sigma+1}\right]_s^k = \frac{1}{2}\log\frac{s+1}{s-1}. \tag{3.95}$$

∎

Ejercicio 3.11 *Compruebe que para las siguientes funciones periódicas la transformada de Laplace es la que se indica:*

a) Función encendido-apagado:

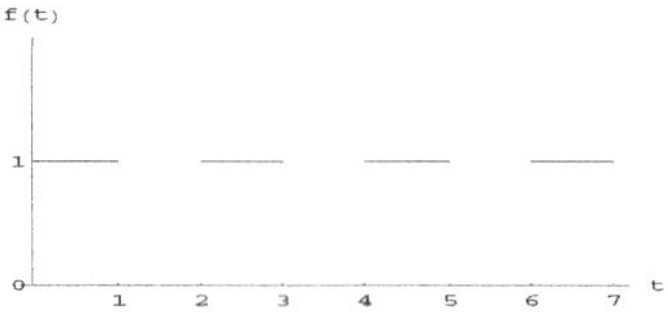

$$\mathcal{L}[f(t)] = \frac{1}{s(1+e^{-s})}, \; s > 0.$$

b) Función de onda triangular:

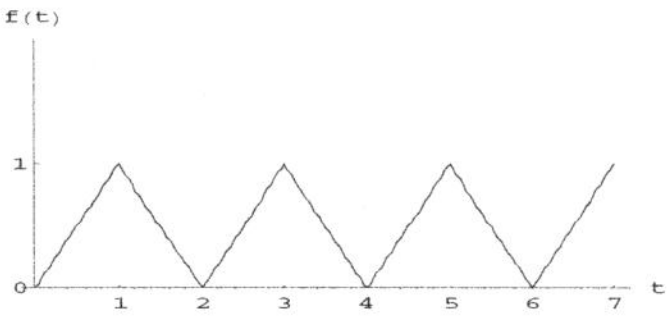

$$\mathcal{L}[f(t)] = \frac{1}{s^2}\tanh\frac{s}{2}, \; s > 0.$$

c) Función diente de sierra:

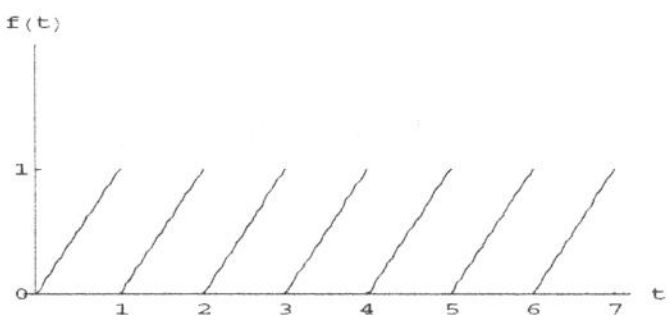

$$\mathcal{L}[f(t)] = \frac{1}{s^2} - \frac{1}{s(e^s-1)}, \; s > 0.$$

Solución.

a) Para la función encendido-apagado tenemos período $T = 2$ y además

$$f(t)|_{[0,2]} = \begin{cases} 1, & 0 \leq t \leq 1, \\ 0, & 1 < t \leq 2. \end{cases} \tag{3.96}$$

Entonces usamos que

$$\mathcal{L}[f(t)] = \frac{1}{1-e^{-Ts}} \int_0^T e^{-s\tau} f(\tau) d\tau, \tag{3.97}$$

para tener

$$\mathcal{L}[f(t)] = \frac{1}{1-e^{-2s}} \int_0^1 e^{-s\tau} d\tau =$$

$$= \frac{1}{1-e^{-2s}}\left[-\frac{1}{s}e^{-s\tau}\right]_0^1 = \frac{1}{1-e^{-2s}}\left[-\frac{1}{se^s}+\frac{1}{s}\right] =$$

$$= \frac{1}{s}\left(1-\frac{1}{e^s}\right)\left(\frac{1}{1-e^{-2s}}\right) = \frac{1}{s}\frac{1-e^{-s}}{1-e^{-2s}} = \frac{1}{s(1+e^{-s})}, \quad s>0. \tag{3.98}$$

b) En esta ocasión, para la función onda triangular, tenemos que el período es $T = 2$ y

$$f(t)|_{[0,2]} = \begin{cases} t, & 0 \le t \le 1, \\ 2-t, & 1 \le t \le 2. \end{cases} \tag{3.99}$$

Tenemos entonces

$$\mathcal{L}[f(t)] = \frac{1}{1-e^{-2s}}\left[\int_0^1 \tau e^{-s\tau}d\tau + \int_1^2 (2-\tau)e^{-s\tau}d\tau\right] = \star. \tag{3.100}$$

Como

$$\int xe^{-sx}dx = -e^{-sx}\left(\frac{x}{s}+\frac{1}{s^2}\right), \tag{3.101}$$

continuamos con el cálculo para tener

$$\star = \frac{1}{1-e^{-2s}}\left(-e^{-s\tau}\left(\frac{\tau}{s}+\frac{1}{s^2}\right)\Big]_0^1 - \frac{2}{s}e^{-s\tau}\Big]_1^2 + e^{-s\tau}\left(\frac{\tau}{s}+\frac{1}{s^2}\right)\Big]_1^2\right) =$$

$$= \frac{1}{1-e^{-2s}}\left(-2\frac{e^{-s}}{s^2}+\frac{e^{-2s}}{s^2}+\frac{1}{s^2}\right) =$$

$$= \frac{1}{s^2}\left(\frac{1}{1-e^{-2s}}\right)\left(1-2e^{-s}+e^{-2s}\right) =$$

$$= \frac{1}{s^2}\frac{1}{1-e^{-2s}}(1-e^{-s})^2 = \frac{1}{s^2}\frac{1-e^{-s}}{1+e^{-s}} =$$

$$= \frac{1}{s^2}\frac{e^{s/2}-e^{-s/2}}{e^{s/2}+e^{-s/2}} = \frac{1}{s^2}\tanh\frac{s}{2}, \quad s>0. \tag{3.102}$$

c) Para la función de sierra tenemos $T = 1$ y $f(t)|_{[0,1]} = t$. Entonces

$$\mathcal{L}[f(t)] = \frac{1}{1-e^{-s}}\int_0^1 \tau e^{-s\tau}d\tau = \frac{1}{1-e^{-s}}\left(-e^{-s\tau}\left(\frac{\tau}{s}+\frac{1}{s^2}\right)\Big]_0^1\right) =$$

$$= \frac{1}{1-e^{-s}}\frac{1}{s^2}(-se^{-s}-e^{-s}+1) = \frac{1}{s^2} - \frac{e^{-s}}{s(1-e^{-s})} =$$

$$= \frac{1}{s^2} - \frac{1}{s(e^s-1)}, \quad s>0. \tag{3.103}$$

■

Ejercicio 3.12 *Demuestre que la transformada de Laplace de la función de onda rectificada de la Figura 3.4 es*

$$\mathcal{L}[f(t)] = \frac{a\pi}{(1-e^{-sa})(\pi^2+a^2s^2)}, \quad s>0. \tag{3.104}$$

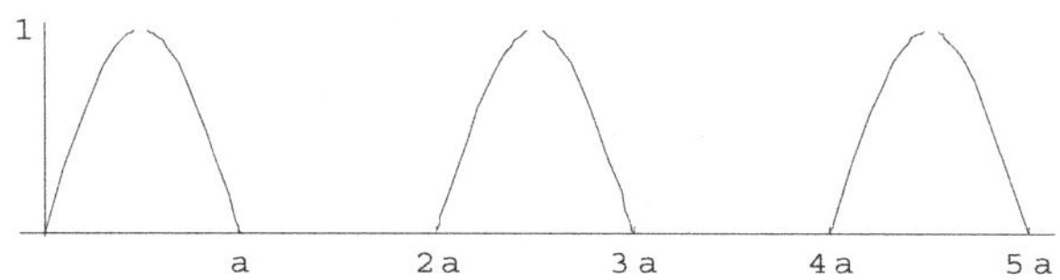

Figura 3.4: Función de onda rectificada.

Solución.
La función de la figura es

$$f(t) = \begin{cases} \operatorname{sen}\left(\dfrac{\pi t}{a}\right), & \text{si } 2ka \le t \le (2k+1)a,\ k\in\mathbb{N}, \\ 0, & \text{si } (2k+1)a \le t \le (2k+2)a,\ k\in\mathbb{N}. \end{cases} \tag{3.105}$$

Es decir, una función periódica de período $T=2a$. De este modo

$$\mathcal{L}[f(t)] = \frac{1}{1-e^{-2as}}\int_0^a e^{-st}\operatorname{sen}\left(\frac{\pi t}{a}\right)dt. \tag{3.106}$$

Para calcular esta última integral usamos integración por partes en dos ocasiones para tener

$$\int_0^a \underbrace{e^{-st}}_{u}\underbrace{\operatorname{sen}\left(\frac{\pi t}{a}\right)dt}_{dv} = -\frac{a}{\pi}e^{-st}\cos\left(\frac{\pi t}{a}\right)\Big]_0^a - \int_0^a \frac{as}{\pi}e^{-st}\cos\left(\frac{\pi t}{a}\right)dt =$$

$$= \frac{a}{\pi}e^{-sa} + \frac{a}{\pi} - \frac{as}{\pi}\int_0^a \underbrace{e^{-st}}_{u}\underbrace{\cos\left(\frac{\pi t}{a}\right)dt}_{dv} =$$

$$= \frac{a}{\pi}\left(1+e^{-sa}\right) - \frac{as}{\pi}\left(\underbrace{\frac{a}{\pi}e^{-st}\operatorname{sen}\left(\frac{\pi t}{a}\right)\Big]_0^a}_{0} + \int_0^a \frac{as}{\pi}e^{-st}\operatorname{sen}\left(\frac{\pi t}{a}\right)dt\right) =$$

$$= \frac{a}{\pi}\left(1+e^{-sa}\right) - \left(\frac{as}{\pi}\right)^2\int_0^a e^{-st}\operatorname{sen}\left(\frac{\pi t}{a}\right)dt. \tag{3.107}$$

Sólo tenemos que despejar, y así

$$\int_0^a e^{-st} \operatorname{sen}\left(\frac{\pi t}{a}\right) dt = \frac{\frac{a}{\pi}\left(1+e^{-sa}\right)}{1+\frac{a^2 s^2}{\pi^2}} = \frac{a\left(1+e^{-sa}\right)\pi}{a^2 s^2+\pi^2}. \tag{3.108}$$

La transformada de Laplace pedida es finalmente

$$\mathcal{L}[f(t)] = \frac{1}{1-e^{-2as}} \frac{a\left(1+e^{-sa}\right)\pi}{a^2 s^2+\pi^2} = \frac{a\pi}{\left(1-e^{-sa}\right)\left(\pi^2+a^2 s^2\right)}, \quad s>0. \tag{3.109}$$

■

Ejercicio 3.13 *Determine la transformada de Laplace $\mathcal{L}[H(t-a)]$. Demuestre las identidades*

$$\mathcal{L}[f(t-a)H(t-a)] = e^{-as}\mathcal{L}[f(t)], \ \mathcal{L}[f(t)H(t-a)] = e^{-as}\mathcal{L}[f(t+a)], \tag{3.110}$$

con $a \geq 0$, donde se define $f(t)=0$ si $t<0$. Determine

$$\mathcal{L}^{-1}\left[e^{-2s}\frac{1}{\sqrt{as+b}}\right], \quad a,b>0. \tag{3.111}$$

Solución.

La gráfica de la función de Heaviside puede verse en la Figura 3.5. Su trans-

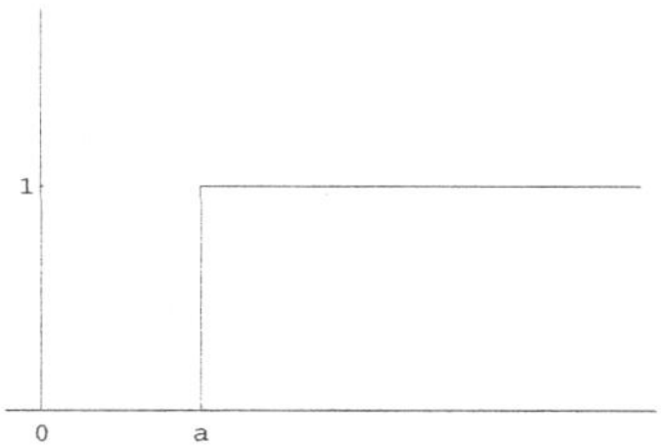

Figura 3.5: Función $H(t-a)$.

formada de Laplace es simplemente, acudiendo a la definición,

$$\mathcal{L}[H(t-a)] = \int_0^\infty e^{-st}H(t-a)dt = \int_a^\infty e^{-st}dt = \lim_{k\to\infty} -\frac{e^{-st}}{s}\Bigg]_a^k =$$

$$= \lim_{k\to\infty}\left(-\frac{e^{-sk}}{s}+\frac{e^{-sa}}{s}\right) = \frac{e^{-sa}}{s}, \ s>0, \ a \geq 0. \tag{3.112}$$

Para demostrar la primera de las identidades, sólo tenemos que seguir las igualdades

$$\mathcal{L}[f(t-a)H(t-a)] =$$
$$= \int_0^\infty e^{-st} f(t-a)H(t-a)dt = \int_a^\infty e^{-st} f(t-a)dt =$$
$$= \left\{ \begin{array}{c} u = t-a \\ du = dt \end{array} \right\} = \int_0^\infty e^{-s(u+a)} f(u)du = e^{-sa}\mathcal{L}[f(t)]. \tag{3.113}$$

La segunda se obtiene sin más que definir $g(t) = f(t-a)$ y así $f(t) = g(t+a)$, para finalizar renombrando las funciones.

Veamos la transformada inversa de la función

$$F(s) = e^{-2s}\frac{1}{\sqrt{as+b}}. \tag{3.114}$$

Usando la primera identidad tenemos

$$\mathcal{L}^{-1}\left[e^{-2s}\frac{1}{\sqrt{as+b}}\right] = f(t-2)H(t-2),\ f(t) = \mathcal{L}^{-1}\left[\frac{1}{\sqrt{as+b}}\right]. \tag{3.115}$$

De este modo[6]

$$f(t) = \frac{1}{\sqrt{a}}\mathcal{L}^{-1}\left[\frac{1}{\sqrt{s+b/a}}\right] = \frac{1}{\sqrt{a}}\mathcal{L}^{-1}\left[\frac{1}{(s+b/a)^{1/2}}\right] =$$
$$= \frac{1}{\sqrt{a}}e^{-bt/a}\mathcal{L}^{-1}\left[\frac{1}{s^{1/2}}\right] = \frac{1}{\sqrt{a}}e^{-bt/a}\frac{t^{-1/2}}{\Gamma\left(\frac{1}{2}\right)} = \frac{1}{\sqrt{a\pi t}}e^{-bt/a}, \tag{3.116}$$

donde hemos utilizado que

$$\mathcal{L}[t^a] = \frac{\Gamma(1+a)}{s^{1+a}} \quad \text{y} \quad \Gamma\left(\frac{1}{2}\right) = \sqrt{\pi}. \tag{3.117}$$

Por tanto

$$\mathcal{L}^{-1}\left[e^{-2s}\frac{1}{\sqrt{as+b}}\right] = \frac{1}{\sqrt{a\pi(t-2)}}e^{-b(t-2)/a}H(t-2) =$$
$$= \begin{cases} \dfrac{1}{\sqrt{a\pi(t-2)}}e^{-b(t-2)/a}, & t > 2, \\ 0, & t \leq 2. \end{cases} \tag{3.118}$$

■

[6]Tenga en cuenta que $\mathcal{L}^{-1}\left[\frac{1}{s^{1+a}}\right] = \frac{1}{\Gamma(1+a)}t^a$, según (3.46) en la página 239.

Ejercicio 3.14 *Determine la transformada de Laplace inversa de las siguientes funciones:*

a) $F(s) = \dfrac{3}{s^4}$, $s > 0$.

b) $F(s) = \dfrac{1}{s} - \dfrac{2}{s^{5/2}} + 2e^{-3s}s^{-1}$, $s > 0$.

c) $F(s) = \dfrac{5-3s}{s^2+9}$, $s > 0$.

d) $F(s) = \dfrac{10s-3}{25-s^2}$, $s > 5$.

e) $F(s) = \dfrac{1}{s^2(s^2+1)}$, $s > 0$.

f) $F(s) = \dfrac{1}{s^2(s^2-1)}$, $s > 1$.

g) $F(s) = \dfrac{1}{s^2(s+1)}$, $s > 0$.

h) $F(s) = \dfrac{1}{s(s^2+1)}$, $s > 0$.

i) $F(s) = \dfrac{5-2s}{s^2+7s+10}$, $s > -2$.

j) $F(s) = \dfrac{1}{s^4-8s^2+16}$, $s > 2$.

k) $F(s) = \dfrac{s}{(s+2)^2+9}$, $s > -2$.

l) $F(s) = \arctan \dfrac{4}{s}$, $s > 0$.

Solución.
a) Recordando que

$$\mathcal{L}^{-1}\left[\frac{1}{s^{n+1}}\right] = \frac{1}{n!}t^n, \tag{3.119}$$

tenemos simplemente

$$\mathcal{L}^{-1}\left[\frac{3}{s^4}\right] = 3\mathcal{L}^{-1}\left[\frac{1}{s^4}\right] = 3\frac{1}{3!}t^3 = \frac{t^3}{2}. \tag{3.120}$$

b) Usando linealidad, y la igualdad (3.24) de la página 232 gracias a la función de Heaviside, tenemos

$$\mathcal{L}^{-1}\left[\frac{1}{s}-\frac{2}{s^{5/2}}+2e^{-3s}s^{-1}\right]=$$

$$=\mathcal{L}^{-1}\left[\frac{1}{s}\right]-\mathcal{L}^{-1}\left[\frac{2}{s^{5/2}}\right]+2\mathcal{L}^{-1}[e^{-3s}s^{-1}]=$$

$$=1-2\left(\frac{1}{\Gamma\left(\frac{5}{2}\right)}t^{3/2}\right)+2H(t-3)=1-\frac{8}{3\sqrt{\pi}}t^{3/2}+2H(t-3), \qquad (3.121)$$

donde hemos recurrido también a

$$\mathcal{L}^{-1}\left[\frac{1}{s^{a+1}}\right]=\frac{1}{\Gamma(a+1)}t^{a}. \qquad (3.122)$$

c) Como

$$\frac{5-3s}{s^2+9}=\frac{5}{s^2+9}-3\frac{s}{s^2+9}, \qquad (3.123)$$

simplemente

$$\mathcal{L}^{-1}\left[\frac{5-3s}{s^2+9}\right]=5\mathcal{L}^{-1}\left[\frac{1}{s^2+9}\right]-3\mathcal{L}^{-1}\left[\frac{s}{s^2+9}\right]=\frac{5}{3}\operatorname{sen}(3t)-3\cos(3t). \quad (3.124)$$

d) El lector puede confirmar, mediante una simple descomposición en fracciones simples, que

$$\frac{10s-3}{25-s^2}=-\frac{47}{10}\frac{1}{s-5}-\frac{53}{10}\frac{1}{5+s}. \qquad (3.125)$$

De este modo

$$\mathcal{L}^{-1}\left[\frac{10s-3}{25-s^2}\right]=-\frac{47}{10}\mathcal{L}^{-1}\left[\frac{1}{s-5}\right]-\frac{53}{10}\mathcal{L}^{-1}\left[\frac{1}{5+s}\right]=-\frac{47}{10}e^{5t}-\frac{53}{10}e^{-5t}. \quad (3.126)$$

e) En este caso usamos que

$$\mathcal{L}^{-1}\left[\frac{1}{s^2(s^2+1)}\right]=\mathcal{L}^{-1}\left[\frac{1}{s^2}\right]*\mathcal{L}^{-1}\left[\frac{1}{s^2+1}\right], \qquad (3.127)$$

donde $*$ denota convolución. Como

$$\mathcal{L}^{-1}\left[\frac{1}{s^2}\right]=t \;\text{ y }\; \mathcal{L}^{-1}\left[\frac{1}{s^2+1}\right]=\operatorname{sen}t, \qquad (3.128)$$

tenemos

$$\mathcal{L}^{-1}\left[\frac{1}{s^2(s^2+1)}\right] = t * \operatorname{sen} t = \int_0^t \tau \operatorname{sen}(t-\tau)d\tau =$$

$$= \tau\cos(t-\tau)\Big]_0^t - \int_0^t \cos(t-\tau)d\tau = \tau\cos(t-\tau)\Big]_0^t + \operatorname{sen}(t-\tau)\Big]_0^t =$$

$$= t - \operatorname{sen} t. \quad (3.129)$$

f) Como tenemos que

$$\frac{1}{s^2(s^2-1)} = -\frac{1}{s^2} + \frac{1}{s^2-1} = -\frac{1}{s^2} + \frac{1}{2}\frac{1}{s-1} - \frac{1}{2}\frac{1}{s+1}, \quad (3.130)$$

sólo resta hacer

$$\mathcal{L}^{-1}\left[\frac{1}{s^2(s^2-1)}\right] = -\mathcal{L}^{-1}\left[\frac{1}{s^2}\right] + \frac{1}{2}\mathcal{L}^{-1}\left[\frac{1}{s-1}\right] - \frac{1}{2}\mathcal{L}^{-1}\left[\frac{1}{s+1}\right] =$$

$$= -t + \frac{1}{2}e^t - \frac{1}{2}e^{-t}. \quad (3.131)$$

g) Usamos convolución para tener que

$$\mathcal{L}^{-1}\left[\frac{1}{s^2(s+1)}\right] = \mathcal{L}^{-1}\left[\frac{1}{s^2}\right] * \mathcal{L}^{-1}\left[\frac{1}{s+1}\right]. \quad (3.132)$$

Como

$$\mathcal{L}^{-1}\left[\frac{1}{s^2}\right] = t \ \text{ y } \ \mathcal{L}^{-1}\left[\frac{1}{s+1}\right] = e^{-t}, \quad (3.133)$$

tenemos que

$$\mathcal{L}^{-1}\left[\frac{1}{s^2(s+1)}\right] = \int_0^t \tau e^{-t+\tau}d\tau = e^{-t}\left(\tau e^{\tau}\Big]_0^t - e^{\tau}\Big]_0^t\right) = t - 1 + e^{-t}. \quad (3.134)$$

Este resultado se puede obtener mediante descomposición en fracciones simples.

h) Gracias a la convolución tenemos de nuevo

$$\mathcal{L}^{-1}\left[\frac{1}{s(s^2+1)}\right] = \mathcal{L}^{-1}\left[\frac{1}{s}\right] * \mathcal{L}^{-1}\left[\frac{1}{s^2+1}\right]. \quad (3.135)$$

Como

$$\mathcal{L}^{-1}\left[\frac{1}{s}\right] = 1 \ \text{ y } \ \mathcal{L}^{-1}\left[\frac{1}{s^2+1}\right] = \operatorname{sen} t, \quad (3.136)$$

tenemos finalmente que

$$\mathcal{L}^{-1}\left[\frac{1}{s(s^2+1)}\right] = \int_0^t \operatorname{sen}(t-\tau)d\tau = \cos(t-\tau)\Big]_0^t = 1 - \cos t. \quad (3.137)$$

i) En este caso tenemos

$$\frac{5-2s}{s^2+7s+10}=\frac{3}{s+2}-\frac{5}{s+5}. \tag{3.138}$$

De este modo

$$\mathcal{L}^{-1}\left[\frac{5-2s}{s^2+7s+10}\right]=3\mathcal{L}^{-1}\left[\frac{1}{s+2}\right]-5\mathcal{L}^{-1}\left[\frac{1}{s+5}\right]=3e^{-2t}-5e^{-5t} \tag{3.139}$$

j) La descomposición en fracciones simples es

$$\frac{1}{s^4-8s^2+16}=\frac{1}{32}\frac{1}{s+2}+\frac{1}{16}\frac{1}{(s+2)^2}-\frac{1}{32}\frac{1}{s-2}+\frac{1}{16}\frac{1}{(s-2)^2}. \tag{3.140}$$

Sólo tenemos entonces que

$$\begin{aligned}\mathcal{L}^{-1}\left[\frac{1}{s^4-8s^2+16}\right]&=\frac{1}{32}\mathcal{L}^{-1}\left[\frac{1}{s+2}\right]+\frac{1}{16}\mathcal{L}^{-1}\left[\frac{1}{(s+2)^2}\right]-\\&-\frac{1}{32}\mathcal{L}^{-1}\left[\frac{1}{s-2}\right]+\frac{1}{16}\mathcal{L}^{-1}\left[\frac{1}{(s-2)^2}\right]=\\=\frac{1}{32}e^{-2t}+\frac{1}{16}te^{-2t}-\frac{1}{32}e^{2t}+\frac{1}{16}te^{2t}&=\frac{1}{8}t\cosh(2t)-\frac{1}{16}\operatorname{senh}(2t).\end{aligned} \tag{3.141}$$

k) Como

$$\frac{s}{(s+2)^2+9}=\frac{s+2-2}{(s+2)^2+9}=\frac{s+2}{(s+2)^2+9}-2\frac{1}{(s+2)^2+9}, \tag{3.142}$$

la transformada inversa de Laplace es

$$\begin{aligned}\mathcal{L}^{-1}\left[\frac{s}{(s+2)^2+9}\right]&=\mathcal{L}^{-1}\left[\frac{s+2}{(s+2)^2+9}\right]-2\mathcal{L}^{-1}\left[\frac{1}{(s+2)^2+9}\right]=\\&=e^{-2t}\cos(3t)-\frac{2}{3}e^{-2t}\operatorname{sen}(3t)=e^{-2t}\left(\cos(3t)-\frac{2}{3}\operatorname{sen}(3t)\right).\end{aligned} \tag{3.143}$$

l) Para determinar la transformada inversa de Laplace de la función

$$F(s)=\arctan\frac{4}{s} \tag{3.144}$$

usamos la identidad

$$\mathcal{L}^{-1}\left[\frac{d}{ds}F(s)\right]=-t\overbrace{\mathcal{L}^{-1}[F(s)]}^{f(t)}. \tag{3.145}$$

Por tanto

$$\mathcal{L}^{-1}\left[\arctan\frac{4}{s}\right] = -\frac{1}{t}\mathcal{L}^{-1}\left[\frac{-4/s^2}{1+(4/s)^2}\right] = \frac{1}{t}\mathcal{L}^{-1}\left[\frac{4}{s^2+16}\right] = \frac{1}{t}\operatorname{sen}(4t). \quad (3.146)$$

∎

Ejercicio 3.15 *Siendo α, β y γ constantes reales, determine la transformada inversa de Laplace, para $s > -\alpha$, de*

1. $\dfrac{1}{(s+\alpha)^2+\beta^2}$.
2. $\dfrac{s}{(s+\alpha)^2+\beta^2}$.
3. $\dfrac{e^{-\gamma s}}{(s+\alpha)^2+\beta^2}$.

Solución.
En primer lugar

$$\mathcal{L}^{-1}\left[\frac{1}{(s+\alpha)^2+\beta^2}\right] = e^{-\alpha t}\mathcal{L}^{-1}\left[\frac{1}{s^2+\beta^2}\right] = \begin{cases} e^{-\alpha t}\dfrac{1}{\beta}\operatorname{sen}(\beta t), & \beta \neq 0, \\ e^{-\alpha t}t, & \beta = 0. \end{cases} \quad (3.147)$$

Para la segunda transformada tenemos

$$\begin{aligned} \mathcal{L}^{-1}\left[\frac{s}{(s+\alpha)^2+\beta^2}\right] &= \\ = \mathcal{L}^{-1}\left[\frac{s+\alpha}{(s+\alpha)^2+\beta^2}\right] - \mathcal{L}^{-1}\left[\frac{\alpha}{(s+\alpha)^2+\beta^2}\right] &= \\ = e^{-\alpha t}\mathcal{L}^{-1}\left[\frac{s}{s^2+\beta^2}\right] - \alpha e^{-\alpha t}\mathcal{L}^{-1}\left[\frac{1}{s^2+\beta^2}\right] &= \\ = \begin{cases} e^{-\alpha t}\cos(\beta t) - \dfrac{\alpha}{\beta}e^{-\alpha t}\operatorname{sen}(\beta t), & \beta \neq 0, \\ e^{-\alpha t} - \alpha t e^{-\alpha t}, & \beta = 0. \end{cases} & \quad (3.148) \end{aligned}$$

Por último

$$\mathcal{L}^{-1}\left[\frac{e^{-\gamma s}}{(s+\alpha)^2+\beta^2}\right] = H(t-\gamma)f(t-\gamma), \quad (3.149)$$

donde

$$f(t) = \mathcal{L}^{-1}\left[\frac{1}{(s+\alpha)^2+\beta^2}\right] = \begin{cases} e^{-\alpha t}\dfrac{1}{\beta}\operatorname{sen}(\beta t), & \beta \neq 0, \\ e^{-\alpha t}t, & \beta = 0. \end{cases} \quad (3.150)$$

Por tanto

$$\mathcal{L}^{-1}\left[\frac{e^{-\gamma s}}{(s+\alpha)^2+\beta^2}\right] = H(t-\gamma)\cdot\begin{cases} e^{-\alpha(t-\gamma)}\dfrac{1}{\beta}\operatorname{sen}(\beta(t-\gamma)), & \beta \neq 0, \\ e^{-\alpha(t-\gamma)}(t-\gamma), & \beta = 0. \end{cases} \quad (3.151)$$

■

Ejercicio 3.16 *Dada una función $f(t)$ definida y continua en $[0,\infty)$, justifique cuál de las siguientes funciones puede ser su transformada de Laplace:*

1. $F_1(s) = s^2 + 2s + 1$.

2. $F_2(s) = \dfrac{e^{2s}}{s}$.

3. $F_3(s) = \dfrac{e^{-2s}}{s^2}$.

Determine $f(t)$.

Solución.

Las dos primeras transformaciones no tienen límite nulo en el infinito, luego la única posibilidad es que la transformada de Laplace de $f(t)$ sea $F_3(s)$. Por tanto

$$f(t) = \mathcal{L}^{-1}[F_3(s)] = \mathcal{L}^{-1}\left[\frac{e^{-2s}}{s^2}\right] = g(t-2)H(t-2),\ g(t) = \mathcal{L}^{-1}\left[\frac{1}{s^2}\right] = t, \quad (3.152)$$

y así

$$f(t) = (t-2)H(t-2) = \begin{cases} 0, & \text{si } 0 \leq t < 2, \\ t-2, & \text{si } t \geq 2. \end{cases} \quad (3.153)$$

■

Ejercicio 3.17 *Resuelva las siguientes ecuaciones diferenciales, con las condiciones iniciales que se indican, con la ayuda de la transformada de Laplace:*

a) $y''(t) - y'(t) - 6y(t) = 0$, $y(0) = 2$, $y'(0) = -1$.

b) $y''(t) + 4y(t) = \operatorname{sen}(3t)$, $y(0) = 0 = y'(0)$.

c) $y''(t) + 9y(t) = 1$, $y(0) = 0 = y'(0)$.

d) $y''(t) + 6y'(t) + 34y(t) = 30\,\text{sen}(2t)$, $y(0) = y'(0) = 0$.

e) $y^{iv)}(t) + 2y''(t) + y(t) = 4te^t$, $y(0) = y'(0) = y''(0) = y'''(0) = 0$.

Solución.

a) Aplicamos la transformada de Laplace a cada uno de los términos de la ecuación diferencial. Para esta primera tenemos, como

$$\mathcal{L}[y'(t)] = s\mathcal{L}[y(t)] - y(0) = sF(s) - 2, \qquad (3.154)$$

$$\mathcal{L}[y''(t)] = s^2\mathcal{L}[y(t)] - sy(0) - y'(0) = s^2F(s) - 2s + 1, \qquad (3.155)$$

que

$$\begin{aligned} s^2F(s) - 2s + 1 - sF(s) + 2 - 6F(s) = 0 \Rightarrow \\ \Rightarrow (s^2 - s - 6)F(s) = 2s - 3 \Rightarrow \\ \Rightarrow F(s) = \frac{2s-3}{s^2 - s - 6}. \end{aligned} \qquad (3.156)$$

Sólo resta invertir la transformación para tener

$$\begin{aligned} y(t) = \mathcal{L}^{-1}[F(s)] = \mathcal{L}^{-1}\left[\frac{2s-3}{s^2-s-6}\right] = \mathcal{L}^{-1}\left[\frac{3/5}{s-3}\right] + \mathcal{L}^{-1}\left[\frac{7/5}{s+2}\right] = \\ = \frac{3}{5}e^{3t} + \frac{7}{5}e^{-2t}. \end{aligned} \qquad (3.157)$$

b) Como

$$\mathcal{L}[y''(t)] = s^2\mathcal{L}[y(t)] - sy(0) - y'(0) = s^2F(s), \qquad (3.158)$$

transformamos la ecuación diferencial en la ecuación lineal

$$s^2F(s) + 4F(s) = \mathcal{L}[\text{sen}(3t)] = \frac{3}{s^2+9}. \qquad (3.159)$$

Despejando $F(s)$ en esta ecuación

$$F(s) = \frac{3}{(s^2+4)(s^2+9)} = \frac{3}{5}\frac{1}{s^2+4} - \frac{3}{5}\frac{1}{s^2+9}, \qquad (3.160)$$

e invirtiendo la transformación

$$\begin{aligned} y(t) = \mathcal{L}^{-1}[F(s)] = \frac{3}{5}\mathcal{L}^{-1}\left[\frac{1}{s^2+4}\right] - \frac{3}{5}\mathcal{L}^{-1}\left[\frac{1}{s^2+9}\right] = \\ = \frac{3}{10}\,\text{sen}(2t) - \frac{1}{5}\,\text{sen}(3t). \end{aligned} \qquad (3.161)$$

c) Transformamos la ecuación diferencial $y''(t) + 9y(t) = 1$ con las condiciones iniciales $y(0) = 0 = y'(0)$ mediante la transformada de Laplace para tener

$$s^2\mathcal{L}[y(t)] + 9\mathcal{L}[y(t)] = \mathcal{L}[1] = \frac{1}{s}, \tag{3.162}$$

con lo que

$$\mathcal{L}[y(t)] = \frac{1}{s(s^2+9)}. \tag{3.163}$$

Sólo tenemos entonces que invertir la transformación para tener

$$\begin{aligned} y(t) &= \mathcal{L}^{-1}\left[\frac{1}{s(s^2+9)}\right] = \mathcal{L}^{-1}\left[\frac{1}{s}\right] * \mathcal{L}^{-1}\left[\frac{1}{s^2+9}\right] = 1 * \frac{1}{3}\operatorname{sen}(3t) = \\ &= \frac{1}{3}\int_0^t \operatorname{sen}(3(t-\tau))d\tau = \frac{1}{9}\cos(3t-3\tau)\Big]_0^t = \frac{1}{9}(1-\cos(3t)). \end{aligned} \tag{3.164}$$

d) La ecuación diferencial $y''(t) + 6y'(t) + 34y(t) = 30\operatorname{sen}(2t)$ con condiciones iniciales $y(0) = y'(0) = 0$ se transforma en

$$s^2\mathcal{L}[y(t)] + 6s\mathcal{L}[y(t)] + 34\mathcal{L}[y(t)] = \mathcal{L}[30\operatorname{sen}(2t)] = \frac{60}{s^2+4}, \tag{3.165}$$

ya que

$$\mathcal{L}[y'(t)] = s\mathcal{L}[y(t)] - y(0) = s\mathcal{L}[y(t)], \tag{3.166}$$

$$\mathcal{L}[y''(t)] = s^2\mathcal{L}[y(t)] - sy(0) - y'(0) = s^2\mathcal{L}[y(t)]. \tag{3.167}$$

Despejando tenemos

$$\mathcal{L}[y(t)] = \frac{60}{(s^2+4)(s^2+6s+34)}. \tag{3.168}$$

Usamos a continuación que

$$\frac{60}{(s^2+4)(s^2+6s+34)} = \frac{10(s+1)}{29(s^2+6s+34)} - \frac{10(s-5)}{29(s^2+4)}, \tag{3.169}$$

y que

$$\begin{aligned} \mathcal{L}^{-1}\left[\frac{s+1}{s^2+6s+34}\right] &= \mathcal{L}^{-1}\left[\frac{s+3}{(s+3)^2+25}\right] - 2\mathcal{L}^{-1}\left[\frac{1}{(s+3)^2+25}\right] = \\ &= e^{-3t}\cos(5t) - \frac{2}{5}e^{-3t}\operatorname{sen}(5t), \end{aligned} \tag{3.170}$$

$$\begin{aligned} \mathcal{L}^{-1}\left[\frac{s-5}{s^2+4}\right] &= \mathcal{L}^{-1}\left[\frac{s}{s^2+4}\right] - 5\mathcal{L}^{-1}\left[\frac{1}{s^2+4}\right] = \\ &= \cos(2t) - \frac{5}{2}\operatorname{sen}(2t), \end{aligned} \tag{3.171}$$

para que así

$$\mathcal{L}^{-1}\left[\frac{60}{(s^2+4)(s^2+6s+34)}\right] =$$

$$= \frac{10}{29}e^{-3t}\cos(5t) - \frac{4}{29}e^{-3t}\operatorname{sen}(5t) - \frac{10}{29}\cos(2t) + \frac{25}{29}\operatorname{sen}(2t). \qquad (3.172)$$

e) Para la ecuación diferencial $y^{iv)}(t) + 2y''(t) + y(t) = 4te^t$ con condiciones iniciales $y(0) = y'(0) = y''(0) = y'''(0) = 0$ tenemos la siguiente ecuación lineal, fruto de aplicar la transformada de Laplace,

$$s^4\mathcal{L}[y(t)] + 2s^2\mathcal{L}[y(t)] + \mathcal{L}[y(t)] = 4\frac{1}{(s-1)^2}, \qquad (3.173)$$

ya que en esta ocasión

$$\mathcal{L}[y''(t)] = s^2\mathcal{L}[y(t)] \text{ y } \mathcal{L}[y^{iv)}(t)] = s^4\mathcal{L}[y(t)], \qquad (3.174)$$

y además

$$\mathcal{L}[4te^t] = 4\frac{1}{(s-1)^2}. \qquad (3.175)$$

Despejamos para obtener que

$$\mathcal{L}[y(t)] = \frac{4}{(s-1)^2(s^2+1)^2}. \qquad (3.176)$$

La factorización

$$\frac{4}{(s-1)^2(s^2+1)^2} = \frac{2s}{(s^2+1)^2} + \frac{2s+1}{s^2+1} - \frac{2}{s-1} + \frac{1}{(s-1)^2} \qquad (3.177)$$

permite afirmar que

$$y(t) = \mathcal{L}^{-1}\left[\frac{2s}{(s^2+1)^2}\right] + \mathcal{L}^{-1}\left[\frac{2s+1}{s^2+1}\right] - \mathcal{L}^{-1}\left[\frac{2}{s-1}\right] + \mathcal{L}^{-1}\left[\frac{1}{(s-1)^2}\right]. \qquad (3.178)$$

El cálculo de estos términos es el siguiente:

$$\mathcal{L}^{-1}\left[\frac{2s}{(s^2+1)^2}\right] = -t\mathcal{L}^{-1}\left[-\frac{1}{s^2+1}\right] = t\operatorname{sen} t, \qquad (3.179)$$

$$\mathcal{L}^{-1}\left[\frac{2s+1}{s^2+1}\right] = \mathcal{L}^{-1}\left[\frac{2s}{s^2+1}\right] + \mathcal{L}^{-1}\left[\frac{1}{s^2+1}\right] = 2\cos t + \operatorname{sen} t, \qquad (3.180)$$

$$-\mathcal{L}^{-1}\left[\frac{2}{s-1}\right] = -2e^t, \qquad (3.181)$$

$$\mathcal{L}^{-1}\left[\frac{1}{(s-1)^2}\right] = te^t. \qquad (3.182)$$

De este modo tenemos

$$y(t) = t \operatorname{sen} t + 2\cos t + \operatorname{sen} t - 2e^t + te^t = (1+t)\operatorname{sen} t + 2\cos t + (t-2)e^t. \quad (3.183)$$

■

Ejercicio 3.18 *Pruebe que la solución de las ecuaciones diferenciales es la que se indica:*

a) $y''(t) + 4y(t) = f(t)$.

Sol.: $y(t) = \frac{1}{2}\int_0^t \operatorname{sen}(2u) f(t-u)du + \frac{1}{2}y'(0)\operatorname{sen}(2t) + y(0)\cos(2t)$.

b) $y''(t) + 2y'(t) + y(t) = f(t)$.

Sol.: $y(t) = \int_0^t ue^{-u} f(t-u)du + y'(0)te^{-t} + y(0)(1+t)e^{-t}$.

Solución.

a) Aplicando la transformada integral de Laplace a esta ecuación diferencial tenemos que

$$\mathcal{L}[y(t)] = \frac{\mathcal{L}[f(t)] + sy(0) + y'(0)}{s^2+4}, \quad (3.184)$$

ya que

$$\mathcal{L}[y''(t)] = s^2\mathcal{L}[y(t)] - sy(0) - y'(0). \quad (3.185)$$

Para invertir la transformación usamos que

$$\mathcal{L}^{-1}\left[\frac{y'(0)}{s^2+4}\right] = y'(0)\mathcal{L}^{-1}\left[\frac{1}{s^2+4}\right] = \frac{1}{2}y'(0)\operatorname{sen}(2t), \quad (3.186)$$

$$\mathcal{L}^{-1}\left[\frac{3y(0)}{s^2+4}\right] = y(0)\mathcal{L}^{-1}\left[\frac{s}{s^2+4}\right] = y(0)\cos(2t), \quad (3.187)$$

y el siguiente cálculo

$$\mathcal{L}^{-1}\left[\frac{1}{s^2+4}\mathcal{L}[f(t)]\right] = \mathcal{L}^{-1}\left[\frac{1}{s^2+4}\right] * f(t) = \frac{1}{2}\operatorname{sen}(2t) * f(t) =$$

$$= \frac{1}{2}\int_0^t \operatorname{sen}(2u) f(t-u)du. \quad (3.188)$$

Sustituyendo tenemos que

$$y(t) = \frac{1}{2}\int_0^t \operatorname{sen}(2u) f(t-u)du + \frac{1}{2}y'(0)\operatorname{sen}(2t) + y(0)\cos(2t). \quad (3.189)$$

b) Repitiendo la estrategia con la ecuación diferencial $y''(t) + 2y'(t) + y(t) = f(t)$, aplicando la transformada integral de Laplace tenemos

$$\mathcal{L}[y(t)] = \frac{\mathcal{L}[f(t)]}{(s+1)^2} + \frac{(s+2)}{(s+1)^2}y(0) + \frac{y'(0)}{(s+1)^2}, \tag{3.190}$$

ya que

$$\mathcal{L}[y'(t)] = s\mathcal{L}[y(t)] - y(0), \mathcal{L}[y''(t)] = s^2\mathcal{L}[y(t)] - sy(0) - y'(0). \tag{3.191}$$

Para invertir la transformación usamos las dos igualdades

$$\mathcal{L}^{-1}\left[\frac{y'(0)}{(s+1)^2}\right] = y'(0)\mathcal{L}^{-1}\left[\frac{1}{(s+1)^2}\right] = y'(0)te^{-t}, \tag{3.192}$$

$$\begin{aligned}\mathcal{L}^{-1}\left[y(0)\frac{s+2}{(s+1)^2}\right] &= y(0)\mathcal{L}^{-1}\left[\frac{s+1}{(s+1)^2}\right] + y(0)\mathcal{L}^{-1}\left[\frac{1}{(s+1)^2}\right] = \\ &= y(0)e^{-t} + y(0)te^{-t} = y(0)(1+t)e^{-t},\end{aligned} \tag{3.193}$$

además de

$$\begin{aligned}\mathcal{L}^{-1}\left[\frac{1}{(s+1)^2}\mathcal{L}[f(t)]\right] &= \mathcal{L}^{-1}\left[\frac{1}{(s+1)^2}\right] * f(t) = \\ &= te^{-t} * f(t) = \int_0^t ue^{-u}f(t-u)du.\end{aligned} \tag{3.194}$$

Sustituyendo tenemos que

$$y(t) = \int_0^t ue^{-u}f(t-u)du + y'(0)te^{-t} + y(0)(1+t)e^{-t}. \tag{3.195}$$

■

Ejercicio 3.19 *Calcule el valor de la integral impropia*

$$\int_0^\infty te^{-2t}\cos t\,dt. \tag{3.196}$$

Solución.
Tenemos que

$$\int_0^\infty e^{-st}t\cos t\,dt = F(s) = \mathcal{L}[t\cos t] = \frac{s^2-1}{(s^2+1)^2}, \tag{3.197}$$

según puede verse en el Ejercicio 3.6. De este modo

$$\int_0^\infty te^{-2t}\cos tdt = F(2) = \frac{3}{25}. \tag{3.198}$$

■

Ejercicio 3.20 *Con la ayuda de la transformada de Laplace calcule:*

a) $\displaystyle\int_0^\infty \frac{e^{-3t}-e^{-t}}{t}dt,$

b) $\displaystyle\int_0^\infty \frac{\operatorname{sen} t}{2t}dt,$

c) $\displaystyle\int_0^\infty e^{-t}\frac{\cos(3t)-\cos(2t)}{t}dt.$

Solución.

$a)$ Usando que, por definición,

$$\int_0^\infty e^{-st}f(t) = \mathcal{L}[f(t)] = F(s) \tag{3.199}$$

y comparando con nuestra integral impropia

$$\int_0^\infty \frac{e^{-3t}-e^{-t}}{t}dt, \tag{3.200}$$

concluimos que tenemos que determinar $F(0)$, si

$$F(s) = \int_0^\infty e^{-st}\frac{e^{-3t}-e^{-t}}{t}dt = \mathcal{L}\left[\frac{e^{-3t}-e^{-t}}{t}\right]. \tag{3.201}$$

Para calcular esta transformada de Laplace usamos que

$$\mathcal{L}\left[\frac{e^{-3t}-e^{-t}}{t}\right] = \int_s^\infty G(\sigma)d\sigma, \tag{3.202}$$

si

$$G(\sigma) = \mathcal{L}[e^{-3t}-e^{-t}] = \frac{1}{\sigma+3} - \frac{1}{\sigma+1} \tag{3.203}$$

y confirmando que

$$\lim_{t\to 0}\frac{e^{-3t}-e^{-t}}{t} = -2, \tag{3.204}$$

y por tanto existe y es finito. En definitiva

$$\begin{aligned} F(s) = \mathcal{L}\left[\frac{e^{-3t}-e^{-t}}{t}\right] &= \\ = \int_s^\infty \left(\frac{1}{\sigma+3} - \frac{1}{\sigma+1}\right)d\sigma = \lim_{k\to\infty} \log\frac{\sigma+3}{\sigma+1}\bigg]_s^k &= \\ = \lim_{k\to\infty} \log\frac{k+3}{k+1} - \log\frac{s+3}{s+1} = -\log\frac{s+3}{s+1}&. \end{aligned} \tag{3.205}$$

Finalmente

$$\int_0^\infty \frac{e^{-3t} - e^{-t}}{t} dt = F(0) = -\log 3. \tag{3.206}$$

b) Para la integral impropia

$$\int_0^\infty \frac{\operatorname{sen} t}{2t} dt = \frac{1}{2} \int_0^\infty \frac{\operatorname{sen} t}{t} dt, \tag{3.207}$$

tenemos que

$$\mathcal{L}\left[\frac{\operatorname{sen} t}{t}\right] = \frac{\pi}{2} - \arctan s, \tag{3.208}$$

como vimos en la página 244. De este modo

$$F(s) = \mathcal{L}\left[\frac{\operatorname{sen} t}{2t}\right] = \frac{\pi}{4} - \frac{\arctan s}{2}, \tag{3.209}$$

y entonces

$$\int_0^\infty \frac{\operatorname{sen} t}{2t} dt = F(0) = \frac{\pi}{4}. \tag{3.210}$$

c) En esta ocasión, la integral impropia pedida es

$$\int_0^\infty e^{-t} \frac{\cos(3t) - \cos(2t)}{t} dt, \tag{3.211}$$

que puede interpretarse como $F(1)$, si

$$F(s) = \mathcal{L}\left[\frac{\cos(3t) - \cos(2t)}{t}\right] = \int_0^\infty e^{-st} \frac{\cos(3t) - \cos(2t)}{t} dt. \tag{3.212}$$

El lector puede confirmar que

$$F(s) = \log \sqrt{\frac{s^2 + 4}{s^2 + 9}}, \tag{3.213}$$

y entonces

$$\int_0^\infty e^{-t} \frac{\cos(3t) - \cos(2t)}{t} dt = F(1) = \log \frac{1}{\sqrt{2}} = -\frac{1}{2} \log 2. \tag{3.214}$$

■

Ejercicio 3.21 *Con la ayuda de la transformada de Laplace, resuelva la ecuación integral*

$$y(t) = \operatorname{sen} t + \int_0^t y(\tau) \operatorname{sen}(2(t - \tau)) d\tau. \tag{3.215}$$

Solución.
Aplicamos la transformada de Laplace para tener

$$\mathcal{L}[y(t)] = \mathcal{L}[\operatorname{sen} t] + \mathcal{L}[y(t) * \operatorname{sen}(2t)] = \frac{1}{s^2+1} + \mathcal{L}[y(t)]\frac{2}{s^2+4}. \tag{3.216}$$

Despejamos y entonces

$$\mathcal{L}[y(t)] = \frac{s^2+4}{(s^2+1)(s^2+2)} = \frac{3}{s^2+1} - \frac{2}{s^2+2}. \tag{3.217}$$

Invirtiendo la transformación resolvemos el problema

$$y(t) = 3\mathcal{L}^{-1}\left[\frac{1}{s^2+1}\right] - \sqrt{2}\mathcal{L}^{-1}\left[\frac{\sqrt{2}}{s^2+2}\right] = 3\operatorname{sen} t - \sqrt{2}\operatorname{sen}(\sqrt{2}t). \tag{3.218}$$

■

Ejercicio 3.22 *Resuelva los siguientes sistemas de ecuaciones diferenciales con la ayuda de la transformada de Laplace:*

a) $x'(t) = 2x(t) + y(t)$, $y'(t) = 6x(t) + 3y(t)$, $x(0) = 1$, $y(0) = -2$.

b) $2x''(t) = -6x(t) + 2y(t)$, $y''(t) = 2x(t) - 2y(t) + 40\operatorname{sen}(3t)$, $x(0) = x'(0) = y(0) = y'(0) = 0$.

Solución.
a) Aplicamos la transformada de Laplace a las dos ecuaciones que forman el sistema. De este modo, si $F(s) = \mathcal{L}[x(t)]$ y $G(s) = \mathcal{L}[y(t)]$, tenemos el sistema de ecuaciones lineal

$$(s-2)F(s) - G(s) = 1, \qquad -6F(s) + (s-3)G(s) = -2, \tag{3.219}$$

ya que

$$\mathcal{L}[x'(t)] = sF(s) - 1 \qquad \text{y} \qquad \mathcal{L}[y'(t)] = sG(s) + 2. \tag{3.220}$$

Resolvemos el sistema lineal para llegar a

$$F(s) = \frac{1}{s}, \qquad G(s) = -\frac{2}{s}. \tag{3.221}$$

Invirtiendo la transformación tenemos la solución del sistema de ecuaciones diferenciales

$$x(t) = 1, \quad y(t) = -2. \tag{3.222}$$

b) En este caso, el mismo procedimiento conduce al sistema de ecuaciones lineal

$$(2s^2+6)F(s) - 2G(s) = 0, \qquad -2F(s) + (2+s^2)G(s) = \frac{120}{s^2+9}, \tag{3.223}$$

si $F(s) = \mathcal{L}[x(t)]$ y $G(s) = \mathcal{L}[y(t)]$, y ya que (debido a las condiciones iniciales)

$$\mathcal{L}[x''(t)] = s^2 F(s), \qquad \mathcal{L}[y''(t)] = s^2 G(s). \tag{3.224}$$

Resolviendo tenemos

$$F(s) = \frac{120}{(s^2+1)(s^2+4)(s^2+9)}, \qquad G(s) = \frac{s^2+3}{(s^2+1)(s^2+4)(s^2+9)}. \tag{3.225}$$

Aunque requiere cierto cálculo, para el que recomendamos algún sistema informático como *Mathematica*[7], sólo resta invertir la transformación para tener

$$x(t) = \mathcal{L}^{-1}[F(s)] = 5\operatorname{sen} t - 4\operatorname{sen}(2t) + \operatorname{sen}(3t), \tag{3.226}$$

$$y(t) = \mathcal{L}^{-1}[G(s)] = 10\operatorname{sen} t + 4\operatorname{sen}(2t) - 6\operatorname{sen}(3t), \tag{3.227}$$

después de una descomposición previa en fracciones simples. ∎

Ejercicio 3.23 *Si definimos la función de Bessel de orden cero como*

$$J_0(t) = \mathcal{L}^{-1}\left[\frac{1}{\sqrt{1+s^2}}\right], \tag{3.228}$$

demuestre que $J_0(t)$ *es solución de la ecuación diferencial*

$$ty''(t) + y'(t) + ty(t) = 0. \tag{3.229}$$

Solución.
Si aplicamos la transformada de Laplace a la ecuación diferencial tenemos

$$-sz(s) - (s^2+1)z'(s) = 0, \tag{3.230}$$

si $z(s) := \mathcal{L}[y(t)]$ y donde hemos usado las igualdades

$$\mathcal{L}[y'(t)] = sz(s) - y(0), \tag{3.231}$$

$$\mathcal{L}[ty(t)] = -z'(s), \tag{3.232}$$

$$\mathcal{L}[ty''(t)] = -s^2 z'(s) - 2sz(s) + y(0), \tag{3.233}$$

que el lector puede demostrar fácilmente (Ejercicio 3.52). Resolvemos esta ecuación diferencial de primer orden con variables separables para tener

$$z(s) = \frac{c_1}{\sqrt{s^2+1}}. \tag{3.234}$$

Invirtiendo la transformación integral tenemos

$$y(t) = \mathcal{L}^{-1}[z(s)] = c_1\mathcal{L}^{-1}\left[\frac{1}{\sqrt{1+s^2}}\right] = c_1 J_0(t). \tag{3.235}$$

Es importante resaltar que hemos perdido la otra solución de esta ecuación diferencial lineal de coeficientes no constantes. ∎

[7]Este ejercicio aparece resuelto en el cuaderno de prácticas con *Mathematica* [2].

Ejercicio 3.24 *Al aplicar la transformada de Laplace a una ecuación diferencial, el resultado es*

a) Siempre una ecuación lineal.

b) Siempre una ecuación diferencial lineal.

c) Una ecuación lineal si los coeficientes son constantes.

d) Una ecuación diferencial lineal si los coeficientes son constantes.

Solución.
Debido al comportamiento de la transformada de Laplace con respecto a los términos con derivada, sólo si los coeficientes son constantes podemos afirmar que el resultado será una ecuación lineal y no una nueva ecuación diferencial, aunque más sencilla de resolver en ocasiones. La respuesta correcta es por tanto la *c*). ∎

Ejercicio 3.25 *Sea* $F(s) = \mathcal{L}[f(t)]$ *y* $G(s) = \mathcal{L}[g(t)]$. *Entonces*

a) $f(t) * g(t) = \mathcal{L}[F(s)G(s)]$.

b) $F(s)G(s) = \mathcal{L}[f(t)g(t)]$.

c) $F(s)G(s) = \mathcal{L}^{-1}[f(t) * g(t)]$.

d) $f(t) * g(t) = \mathcal{L}^{-1}[F(s)G(s)]$.

Solución.
La respuesta correcta es claramente la *d*) sin más que recordar que gracias a la convolución se tiene que

$$\mathcal{L}[f(t) * g(t)] = \mathcal{L}[f(t)]\mathcal{L}[g(t)]. \tag{3.236}$$

∎

Ejercicio 3.26 *Resuelva la ecuación integro-diferencial*

$$y'(t) + y(t) + \int_0^t y(\tau)d\tau = \begin{cases} 0, & si\ 0 \le t < 1,\ t \ge 2, \\ 1, & si\ 1 \le t < 2, \end{cases} \quad y(0) = 1, \tag{3.237}$$

con la ayuda de la transformada de Laplace.

Solución.
Para los miembros de la izquierda de la ecuación tenemos

$$\mathcal{L}[y'(t)] = s\mathcal{L}[y(t)] - y(0) = sF(s) - 1,\ \mathcal{L}[y(t)] = F(s),\ \mathcal{L}\left[\int_0^t y(\tau)d\tau\right] = \frac{1}{s}F(s). \tag{3.238}$$

Para el término $f(t)$ de la derecha tenemos

$$\mathcal{L}[f(t)] = \int_0^\infty e^{-st} f(t) dt = \int_1^2 e^{-st} dt = -\frac{1}{s} e^{-st}\Big]_1^2 = \frac{1}{s}\left(e^{-s} - e^{-2s}\right). \quad (3.239)$$

De este modo, la ecuación inicial se convierte en

$$sF(s) - 1 + F(s) + \frac{1}{s}F(s) = \frac{1}{s}\left(e^{-s} - e^{-2s}\right), \quad (3.240)$$

que, multiplicando por s, resulta

$$s^2F(s) - s + sF(s) + F(s) = e^{-s} - e^{-2s}, \quad (3.241)$$

es decir,

$$F(s) = \frac{e^{-s} - e^{-2s} + s}{s^2 + s + 1} = e^{-s}\frac{1}{s^2 + s + 1} - e^{-2s}\frac{1}{s^2 + s + 1} + \frac{s}{s^2 + s + 1}. \quad (3.242)$$

Las dos igualdades siguientes

$$\mathcal{L}^{-1}\left[\frac{1}{s^2 + s + 1}\right] = \mathcal{L}^{-1}\left[\frac{1}{\left(s + \frac{1}{2}\right)^2 + \frac{3}{4}}\right] = \frac{2}{\sqrt{3}} e^{-t/2} \operatorname{sen}\left(\frac{\sqrt{3}}{2}t\right), \quad (3.243)$$

$$\begin{aligned} \mathcal{L}^{-1}\left[\frac{s}{s^2 + s + 1}\right] &= \mathcal{L}^{-1}\left[\frac{s}{\left(s + \frac{1}{2}\right)^2 + \frac{3}{4}}\right] = \\ &= \mathcal{L}^{-1}\left[\frac{s + \frac{1}{2}}{\left(s + \frac{1}{2}\right)^2 + \frac{3}{4}} - \frac{\frac{1}{2}}{\left(s + \frac{1}{2}\right)^2 + \frac{3}{4}}\right] = \\ &= e^{-t/2}\cos\left(\frac{\sqrt{3}}{2}t\right) - \frac{1}{\sqrt{3}} e^{-t/2} \operatorname{sen}\left(\frac{\sqrt{3}}{2}t\right), \end{aligned} \quad (3.244)$$

permiten concluir que

$$\begin{aligned} y(t) = \mathcal{L}^{-1}[F(s)] &= \frac{2}{\sqrt{3}} e^{-(t-1)/2} \operatorname{sen}\left(\frac{\sqrt{3}}{2}(t-1)\right) H(t-1) - \\ &- \frac{2}{\sqrt{3}} e^{-(t-2)/2} \operatorname{sen}\left(\frac{\sqrt{3}}{2}(t-2)\right) H(t-2) + e^{-t/2}\cos\left(\frac{\sqrt{3}}{2}t\right) - \\ &- \frac{1}{\sqrt{3}} e^{-t/2} \operatorname{sen}\left(\frac{\sqrt{3}}{2}t\right), \end{aligned} \quad (3.245)$$

donde hemos usado (vea el Ejercicio 3.13)

$$\mathcal{L}^{-1}[e^{-as}\mathcal{L}[g(t)]] = g(t-a)H(t-a), \quad (3.246)$$

con $H(t)$ la función de Heaviside. ∎

Ejercicio 3.27 *Resuelva la ecuación integro-diferencial*

$$y''(t) + y(t) + \int_0^t \operatorname{senh}(t-u)y(u)du + \int_0^t \cosh(t-u)y(u)du = \cosh t, \quad (3.247)$$

con condiciones iniciales $y(0) = -1$, $y'(0) = 1$, *con la ayuda de la transformada de Laplace.*

Solución.

Aplicando la transformada de Laplace a cada uno de los términos tenemos

$$\mathcal{L}[y''(t)] = s^2\mathcal{L}[y(t)] - sy(0) - y'(0) = s^2F(s) + s - 1, \quad (3.248)$$

$$\mathcal{L}[y(t)] = F(s), \quad (3.249)$$

$$\mathcal{L}\left[\int_0^t \operatorname{senh}(t-u)y(u)du\right] =$$

$$= \mathcal{L}[y(t) * \operatorname{senh} t] = \mathcal{L}[y(t)]\mathcal{L}[\operatorname{senh} t] = F(s)\frac{1}{s^2-1}, \; s > 1, \quad (3.250)$$

$$\mathcal{L}\left[\int_0^t \cosh(t-u)y(u)du\right] =$$

$$= \mathcal{L}[y(t) * \cosh t] = \mathcal{L}[y(t)]\mathcal{L}[\cosh t] = F(s)\frac{s}{s^2-1}, \; s > 1, \quad (3.251)$$

$$\mathcal{L}[\cosh t] = \frac{s}{s^2-1}, \; s > 1. \quad (3.252)$$

Sustituyendo llegamos a

$$s^2F(s) + s - 1 + F(s) + F(s)\frac{1}{s^2-1} + F(s)\frac{s}{s^2-1} = \frac{s}{s^2-1} \Rightarrow \quad (3.253)$$

$$s^2(s^2-1)F(s) + (s-1)(s^2-1) + F(s)(s^2-1) + F(s) + sF(s) = s \Rightarrow \quad (3.254)$$

$$(s^4+s)F(s) = -s^3 + s^2 + 2s - 1 \Rightarrow F(s) = \frac{-s^3+s^2+2s-1}{s^4+s} \Rightarrow \quad (3.255)$$

$$F(s) = \frac{5-s}{3(s^2-s+1)} - \frac{1}{s} + \frac{1}{3(s+1)}. \quad (3.256)$$

Para cada uno de los términos anteriores tenemos

$$\mathcal{L}^{-1}\left[\frac{5-s}{3(s^2-s+1)}\right] = \frac{1}{3}\mathcal{L}^{-1}\left[\frac{5-s}{\left(s-\frac{1}{2}\right)^2+\frac{3}{4}}\right] =$$

$$= \frac{1}{3}\mathcal{L}^{-1}\left[-\frac{s-\frac{1}{2}}{\left(s-\frac{1}{2}\right)^2+\frac{3}{4}}\right] + \frac{1}{3}\mathcal{L}^{-1}\left[\frac{9}{2}\frac{1}{\left(s-\frac{1}{2}\right)^2+\frac{3}{4}}\right] =$$

$$= -\frac{1}{3}e^{t/2}\cos\left(\frac{\sqrt{3}}{2}t\right) + \sqrt{3}e^{t/2}\operatorname{sen}\left(\frac{\sqrt{3}}{2}t\right), \quad (3.257)$$

$$\mathcal{L}^{-1}\left[-\frac{1}{s}\right] = -1, \tag{3.258}$$

$$\mathcal{L}^{-1}\left[\frac{1}{3(s+1)}\right] = \frac{1}{3}e^{-t}. \tag{3.259}$$

La solución es así

$$y(t) = \mathcal{L}^{-1}[F(s)] = -\frac{1}{3}e^{t/2}\cos\left(\frac{\sqrt{3}}{2}t\right) + \sqrt{3}e^{t/2}\operatorname{sen}\left(\frac{\sqrt{3}}{2}t\right) - 1 + \frac{1}{3}e^{-t}. \tag{3.260}$$

■

Ejercicio 3.28 *Resuelva el sistema de ecuaciones diferenciales*

$$x'(t) = -y(t),\ y'(t) = x(t) + 2y(t),\ x(0) = 1,\ y(0) = 0, \tag{3.261}$$

mediante la matriz exponencial y con la transformada de Laplace.

Solución.
La matriz asociada al sistema y su polinomio característico son

$$A = \begin{pmatrix} 0 & -1 \\ 1 & 2 \end{pmatrix},\ p(\lambda) = (\lambda - 1)^2. \tag{3.262}$$

Como la matriz no es la identidad, tenemos que la forma canónica de Jordan es

$$J = \begin{pmatrix} 1 & 1 \\ 0 & 1 \end{pmatrix}. \tag{3.263}$$

Si $P = (v_1|v_2)$, como $J = P^{-1}AP$, tenemos que

$$(v_1|v_2)\begin{pmatrix} 1 & 1 \\ 0 & 1 \end{pmatrix} = A(v_1|v_2). \tag{3.264}$$

Multiplicamos y obtenemos la condición

$$v_2 \in \mathbb{R}^2 \setminus \ker(A - I) = \mathbb{R}^2 \setminus \langle\begin{pmatrix} -1 \\ 1 \end{pmatrix}\rangle. \tag{3.265}$$

Definimos $v_2 := \begin{pmatrix} 1 \\ 0 \end{pmatrix}$ para tener $v_1 = (A - I)v_2 = \begin{pmatrix} -1 \\ 1 \end{pmatrix}$, y la matriz de paso

$$P = \begin{pmatrix} -1 & 1 \\ 1 & 0 \end{pmatrix}. \tag{3.266}$$

Como

$$e^{tJ} = e^t \begin{pmatrix} 1 & t \\ 0 & 1 \end{pmatrix}, \tag{3.267}$$

tenemos la matriz fundamental

$$\Phi(t) = Pe^{tJ} = e^t \begin{pmatrix} -1 & 1-t \\ 1 & t \end{pmatrix}. \tag{3.268}$$

La solución general es así

$$\begin{pmatrix} x(t) \\ y(t) \end{pmatrix} =: Z(t) = \Phi(t) \begin{pmatrix} A \\ B \end{pmatrix}. \tag{3.269}$$

Como la condición inicial es $Z(0) = \begin{pmatrix} 1 \\ 0 \end{pmatrix}$, obtenemos que $\begin{pmatrix} A \\ B \end{pmatrix} = \begin{pmatrix} 0 \\ 1 \end{pmatrix}$, y la solución particular que verifica las condiciones iniciales es

$$x(t) = e^t(1-t), \ y(t) = te^t. \tag{3.270}$$

Si aplicamos la transformada de Laplace, como

$$\mathcal{L}[x'(t)] = sF(s) - 1, \ \mathcal{L}[y'(t)] = sG(s), \tag{3.271}$$

tenemos el sistema lineal

$$sF(s) - 1 = -G(s), \ sG(s) = F(s) + 2G(s), \tag{3.272}$$

es decir,

$$sF(s) + G(s) = 1, \ F(s) + (2-s)G(s) = 0. \tag{3.273}$$

Resolvemos para tener

$$F(s) = \frac{1}{s-1} - \frac{1}{(s-1)^2}, \ G(s) = \frac{1}{(s-1)^2}. \tag{3.274}$$

Sólo resta invertir la transformación para tener

$$x(t) = \mathcal{L}^{-1}[F(s)] = e^t - te^t, \ y(t) = \mathcal{L}^{-1}[G(s)] = te^t. \tag{3.275}$$

■

Ejercicio 3.29 *Resuelva, con la ayuda de la transformada de Laplace y la función de Heaviside, la ecuación diferencial*

$$x'(t) + x(t) = \delta(t-1), \ x(0) = 1. \tag{3.276}$$

Analice continuidad y derivabilidad de su solución que resulta ser

$$x(t) = e^{-t}\left(1 + eH(t-1)\right). \tag{3.277}$$

Solución.

Aplicamos la transformada de Laplace a cada uno de los términos de la ecuación diferencial para tener

$$\mathcal{L}[x'(t)] = sF(s) - x(0) = sF(s) - 1, \tag{3.278}$$

$$\mathcal{L}[x(t)] = F(s), \tag{3.279}$$

$$\mathcal{L}[\delta(t-1)] = e^{-s}, \tag{3.280}$$

donde para la transformada de la delta de Dirac hemos usado (3.35). La ecuación resultante es de este modo

$$sF(s) - 1 + F(s) = e^{-s} \Rightarrow F(s) = \frac{1+e^{-s}}{1+s} = \frac{1}{1+s} + \frac{e^{-s}}{1+s}. \tag{3.281}$$

Invertimos la transformación y así

$$x(t) = \mathcal{L}^{-1}\left[\frac{1}{s+1}\right] + \mathcal{L}^{-1}\left[\frac{e^{-s}}{s+1}\right] = e^{-t} + f(t-1)H(t-1), \tag{3.282}$$

con $f(t) = \mathcal{L}^{-1}\left[\dfrac{1}{1+s}\right] = e^{-t}$ con lo que

$$\begin{aligned} x(t) &= e^{-t} + e^{1-t}H(t-1) = e^{-t}\left(1 + eH(t-1)\right) = \\ &= \begin{cases} e^{-t}, & \text{si } 0 \le t < 1, \\ e^{-t} + e^{1-t}, & \text{si } t \ge 1. \end{cases} \end{aligned} \tag{3.283}$$

Para la última inversión hemos usado (3.24). La gráfica aparece en la Figura 3.6. Apreciamos una discontinuidad de salto (unida por una recta vertical) en $t = 1$

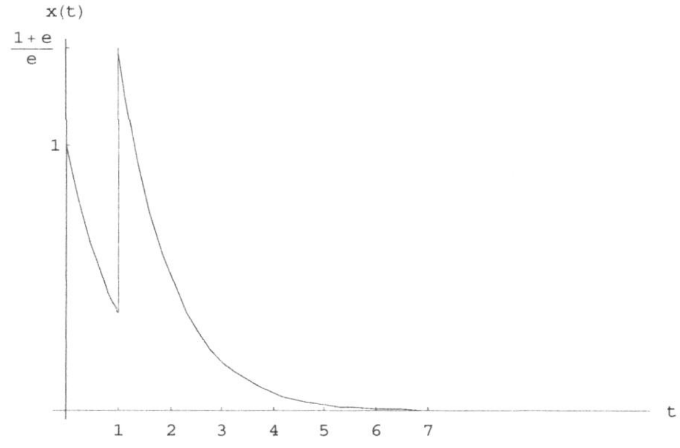

Figura 3.6: Solución del Ejercicio 3.29.

debido a la delta de Dirac, y antes de ese valor de t, la solución es la misma que tendríamos sin ese término. ∎

Ejercicio 3.30 *Resuelva, con la ayuda de la transformada de Laplace y la función de Heaviside, el problema de valor inicial*

$$x''(t) + x(t) = \delta\left(t - \frac{\pi}{2}\right), \; x(0) = 1, \; x'(0) = 1, \tag{3.284}$$

verificando así que su solución no es sino

$$x(t) = \operatorname{sen} t + \left(1 - H\left(t - \frac{\pi}{2}\right)\right)\cos t. \tag{3.285}$$

Analice su comportamiento en $t = \dfrac{\pi}{2}$.

Solución.

Aplicamos la transformada de Laplace a cada término de la ecuación diferencial original en $x(t)$

$$\mathcal{L}[x(t)] = X(s), \tag{3.286}$$

$$\mathcal{L}[x''(t)] = s^2X(s) - sx(0) - x'(0) = s^2X(s) - s - 1, \tag{3.287}$$

$$\mathcal{L}\left[\delta\left(t - \frac{\pi}{2}\right)\right] = e^{-\frac{\pi}{2}s}, \tag{3.288}$$

para tener la siguiente ecuación con $\mathcal{L}[x(t)] = X(s)$ como incógnita

$$(s^2 + 1)X(s) = 1 + s + e^{\frac{\pi}{2}s} \Rightarrow X(s) = \frac{1}{1+s^2} + \frac{s}{1+s^2} + \frac{e^{-\frac{\pi}{2}s}}{1+s^2}. \tag{3.289}$$

Invertimos cada término para tener

$$\mathcal{L}^{-1}\left[\frac{1}{1+s^2}\right] = \operatorname{sen} t, \tag{3.290}$$

$$\mathcal{L}^{-1}\left[\frac{s}{1+s^2}\right] = \cos t, \tag{3.291}$$

$$\mathcal{L}^{-1}\left[\frac{e^{-\frac{\pi}{2}s}}{1+s^2}\right] = f\left(t - \frac{\pi}{2}\right)H\left(t - \frac{\pi}{2}\right), \; f(t) = \mathcal{L}^{-1}\left[\frac{1}{1+s^2}\right] = \operatorname{sen} t, \tag{3.292}$$

y de este modo

$$\begin{aligned} x(t) &= \operatorname{sen} t + \cos t + \overbrace{\operatorname{sen}\left(t - \frac{\pi}{2}\right)}^{-\cos t} H\left(t - \frac{\pi}{2}\right) = \\ &= \operatorname{sen} t + \left(1 - H\left(t - \frac{\pi}{2}\right)\right)\cos t = \begin{cases} \operatorname{sen} t + \cos t, & \text{si } 0 \leq t < \dfrac{\pi}{2}, \\ \operatorname{sen} t, & \text{si } t \geq \dfrac{\pi}{2}. \end{cases} \end{aligned} \tag{3.293}$$

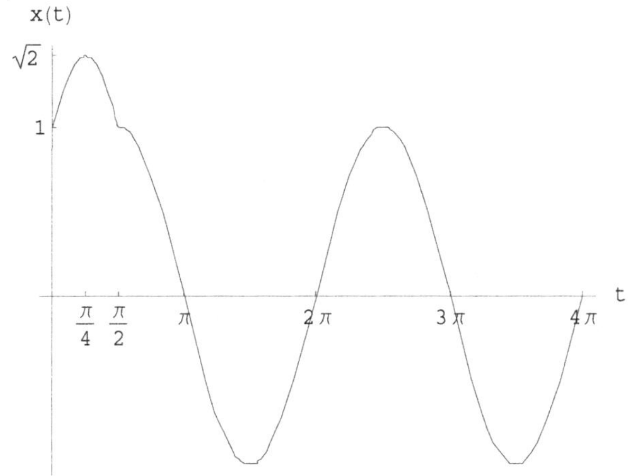

Figura 3.7: Solución del Ejercicio 3.30.

La gráfica de esta función aparece en la Figura 3.7. Una ampliación de está gráfica centrándonos en $t = \frac{\pi}{2}$ (Figura 3.8) permite observar (como el lector puede confirmar analíticamente) que la solución es continua en dicho punto aunque no derivable. ∎

Ejercicio 3.31 *La ecuación diferencial*

$$my''(t) + ky(t) = 0, \;\; y(0) = y_0, \;\; y'(0) = y'_0 \neq 0, \tag{3.294}$$

describe el movimiento de un resorte no amortiguado (gobernado por la ley de Hooke) con masa m *y constante del muelle* k.

1. *Resuelva dicha ecuación diferencial para el caso* $m = k = 1$.

2. *En el instante* $t = t_0$, *también con* $m = k = 1$, *la masa es golpeada con intensidad* A *quedando la ecuación diferencial en la forma*

$$y''(t) + y(t) = A\delta(t - t_0), \;\; y(0) = y_0, \;\; y'(0) = y'_0 \neq 0. \tag{3.295}$$

Compruebe, resolviéndola, que su solución es

$$\begin{aligned} y(t) &= y_0 \cos t + y'_0 \operatorname{sen} t + A \operatorname{sen}(t - t_0) H(t - t_0) = \\ &= [y_0 - A \operatorname{sen} t_0 H(t - t_0)] \cos t + [b + A \cos t_0 H(t - t_0)] \operatorname{sen} t. \end{aligned} \tag{3.296}$$

¿Cuándo y con qué intensidad es necesario golpear la masa para que se detenga?

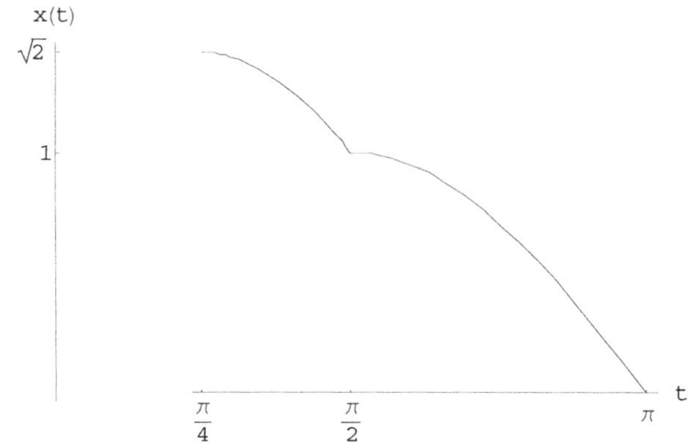

Figura 3.8: Solución aumentada del Ejercicio 3.30.

Solución.

La ecuación diferencial (3.294) para $m = k = 1$ se convierte en

$$y''(t) + y(t) = 0, \tag{3.297}$$

con ecuación característica $\chi(r) = r^2 + 1 = 0$. Como sus raíces son $r = \pm i$, la solución general de esta ecuación diferencial homogénea de coeficientes constantes es

$$y(t) = K_1 \cos t + K_2 \operatorname{sen} t. \tag{3.298}$$

Imponiendo las condiciones iniciales tenemos

$$y(0) = K_1 = y_0,\ y'(0) = K_2 = y'_0, \tag{3.299}$$

con lo que la solución particular que verifica las condiciones iniciales es

$$y(t) = y_0 \cos t + y'_0 \operatorname{sen} t. \tag{3.300}$$

Para resolver la ecuación diferencial (3.295), cuando se produce un golpe en $t = t_0$, aplicamos la transformada de Laplace. Como

$$\mathcal{L}[y(t)] = Y(s), \tag{3.301}$$

$$\mathcal{L}[y''(t)] = s^2Y(s) - sy(0) - y'(0) = s^2Y(s) - sy_0 - y'_0, \tag{3.302}$$

$$\mathcal{L}[\delta(t - t_0)] = e^{-t_0 s}, \tag{3.303}$$

donde hemos usado (3.35) para la transformada de la delta de Dirac. La ecuación diferencial se convierte en

$$s^2Y(s) - sy_0 - y'_0 + Y(s) = Ae^{-t_0 s} \Rightarrow Y(s) = \frac{sy_0 + y'_0 + Ae^{-t_0 s}}{1 + s^2}. \tag{3.304}$$

De este modo

$$\begin{aligned} y(t) &= \mathcal{L}^{-1}[Y(s)] = \\ = y_0\mathcal{L}^{-1}\left[\frac{s}{1+s^2}\right] + y_0'\mathcal{L}^{-1}\left[\frac{1}{1+s^2}\right] &+ A\mathcal{L}^{-1}\left[\frac{e^{-t_0 s}}{1+s^2}\right] = \\ &= y_0 \cos t + y_0' \operatorname{sen} t + Af(t-t_0)H(t-t_0), \end{aligned} \tag{3.305}$$

con

$$f(t) = \mathcal{L}^{-1}\left[\frac{1}{1+s^2}\right] = \operatorname{sen} t. \tag{3.306}$$

Tenemos así

$$\begin{aligned} y(t) &= y_0 \cos t + y_0' \operatorname{sen} t + A \operatorname{sen}(t-t_0)H(t-t_0) = \\ &= [y_0 - A \operatorname{sen} t_0 H(t-t_0)] \cos t + [y_0' + A \cos t_0 H(t-t_0)] \operatorname{sen} t \end{aligned} \tag{3.307}$$

Para que el movimiento se detenga tiene que ocurrir que

$$y_0 - A \operatorname{sen} t_0 H(t-t_0) = 0, \quad y_0' + A \cos t_0 H(t-t_0) = 0, \tag{3.308}$$

de donde se deduce que el golpe debe producirse en

$$t_0 = \arctan\left(-\frac{y_0}{y_0'}\right), \tag{3.309}$$

y con intensidad

$$A = \frac{y_0}{\operatorname{sen} t_0}. \tag{3.310}$$

■

Ejercicio 3.32 *Cierto circuito RLC está gobernado por la ecuación diferencial*

$$I'(t) + 4I(t) + 3Q(t) = 2(1 - H(t-1)), \ I(0) = 0, \ Q(0) = 0, \tag{3.311}$$

donde $I(t)$ es la intensidad de corriente y $Q(t)$ la carga, en la que el término $2(1-H(t-1))$ representa el pulso eléctrico de la Figura 3.9.

1. *Usando que $I(t) = Q'(t)$, demuestre que se verifica la ecuación diferencial*

$$I''(t) + 4I'(t) + 3I(t) = -2\delta(t-1), \ I(0) = 0, \ I'(0) = 2, \tag{3.312}$$

   utilizando (3.34).

2. *Resuelva esta última ecuación diferencial con la ayuda de la transformada de Laplace.*

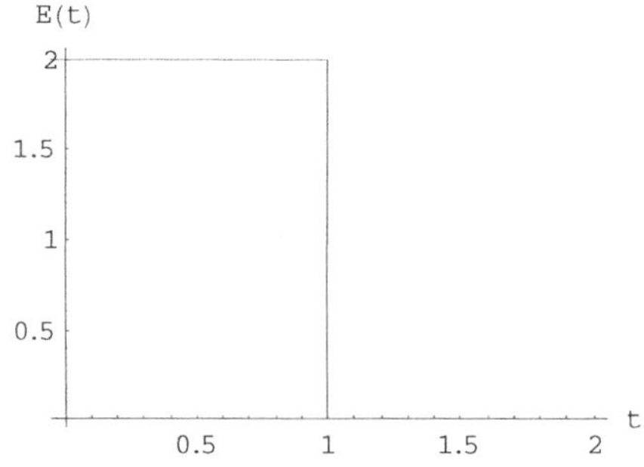

Figura 3.9: Pulso eléctrico del circuito del Ejercicio 3.32.

3. *Usando que* $Q(t) = \int_0^t I(\tau)\, d\tau$, *la ecuación diferencial se puede escribir como la siguiente ecuación integro-diferencial*

$$I'(t) + 4I(t) + 3\int_0^t I(\tau)\, d\tau = 2(1 - H(t-1)),\ I(0) = 0. \tag{3.313}$$

Resuelva de nuevo el ejercicio, resolviendo esta ecuación con la ayuda de la transformada de Laplace.

Solución.
Derivamos la ecuación diferencial (3.311) para tener

$$I''(t) + 4I'(t) + 3Q'(t) = -2\delta(t-1), \tag{3.314}$$

donde hemos usado (3.34), y como $I(t) = Q'(t)$, resulta

$$I''(t) + 4I'(t) + 3I(t) = -2\delta(t-1),\ I(0) = 0,\ I'(0) = 2. \tag{3.315}$$

Para deducir la condición inicial $I'(0) = 2$ sólo hay que sustituir $I(0) = 0$ y $Q(0) = 0$ en (3.311).

Aplicamos la transformada de Laplace a cada término y así

$$\mathcal{L}[I(t)] = Y(s), \tag{3.316}$$

$$\mathcal{L}[I'(t)] = sY(s) - I(0) = sY(s), \tag{3.317}$$

$$\mathcal{L}[I''(t)] = s^2Y(s) - sI(0) - I'(0) = s^2Y(s) - 2, \tag{3.318}$$

$$\mathcal{L}[\delta(t-1)] = e^{-s}. \tag{3.319}$$

La ecuación diferencial se convierte en la ecuación

$$s^2Y(s) - 2 + 4sY(s) + 3Y(s) = -2e^{-s} \Rightarrow (s^2 + 4s + 3)Y(s) = 2 - 2e^{-2}. \tag{3.320}$$

Despejamos y descomponemos en fracciones simples para tener

$$Y(s) = \frac{2-2e^{-s}}{s^2+4s+3} = \frac{1}{s+1} - \frac{1}{s+3} + \frac{1}{s+3}e^{-s} - \frac{1}{s+1}e^{-s}. \tag{3.321}$$

Tomando inversa de la transformada resulta

$$I(t) = \mathcal{L}^{-1}[Y(s)] = e^{-t} - e^{-3t} + f(t-1)H(t-1) - g(t-1)H(t-1), \tag{3.322}$$

donde, según (3.24),

$$f(t) = \mathcal{L}^{-1}\left[\frac{1}{s+3}\right] = e^{-3t} \text{ y } g(t) = \mathcal{L}^{-1}\left[\frac{1}{s+1}\right] = e^{-t}. \tag{3.323}$$

De este modo

$$\begin{aligned} I(t) &= e^{-t} - e^{-3t} + e^{-3(t-1)}H(t-1) - e^{-(t-1)}H(t-1) = \\ &= e^{-t} - e^{-3t} + \left(e^{-3(t-1)} - e^{-(t-1)}\right)H(t-1). \end{aligned} \tag{3.324}$$

En la Figura 3.10 puede verse la gráfica de esta solución.

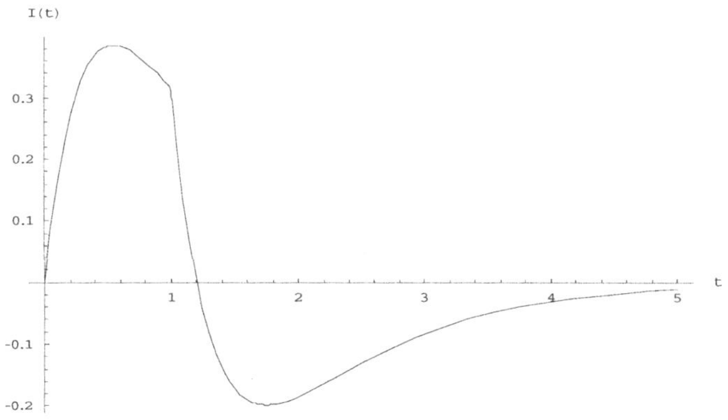

Figura 3.10: Solución del circuito del Ejercicio 3.32.

Otra posibilidad para afrontar la solución es convertir la ecuación diferencial (3.311) en una integro-diferencial usando que $Q(t) = \int_0^t I(\tau)\,d\tau$, que no es sino

$$I'(t) + 4I(t) + 3\int_0^t I(\tau)\,d\tau = 2(1 - H(t-1)), \ I(0) = 0. \tag{3.325}$$

Aplicamos la transformada de Laplace a cada término de esta ecuación resultando

$$\mathcal{L}[I(t)] = Y(s), \tag{3.326}$$
$$\mathcal{L}[I'(t)] = sY(s) - I(0) = sY(s), \tag{3.327}$$
$$\mathcal{L}\left[\int_0^t I(\tau)d\tau\right] = \frac{Y(s)}{s}, \tag{3.328}$$
$$\mathcal{L}[2 - 2H(t-1)] = \frac{2}{s} - 2\frac{e^{-s}}{s}. \tag{3.329}$$

La ecuación que obtenemos es

$$sY(s) + 4Y(s) + 3\frac{Y(s)}{s} = \frac{2}{s} - 2\frac{e^{-s}}{s} \Rightarrow (s^2 + 4s + 3)Y(s) = 2 - 2e^{-s}, \tag{3.330}$$

es decir, la misma ecuación en $Y(s)$ que obtuvimos en (3.320), y por tanto llegamos a la misma solución. ■

Ejercicio 3.33 *Resuelva el sistema de ecuaciones diferenciales siguiente con la ayuda de la transformada de Laplace*

$$\begin{cases} x''(t) = x'(t) + y'''(t), \\ y''(t) = x'(t) - x(t) - y(t), \end{cases} \tag{3.331}$$

con $x(0) = -2$, $x'(0) = -1$, $y(0) = 1$, $y'(0) = 0$, $y''(0) = 0$.

Solución.

Aplicamos la transformada de Laplace al sistema. Definiendo $F(s) := \mathcal{L}[x(t)]$ y $G(s) := \mathcal{L}[y(t)]$, tenemos

$$\mathcal{L}[x'(t)] = sF(s) - x(0) = sF(s) + 2, \tag{3.332}$$
$$\mathcal{L}[x''(t)] = s^2F(s) - x(0)s - x'(0) = s^2F(s) + 2s + 1, \tag{3.333}$$
$$\mathcal{L}[y''(t)] = s^2G(s) - y(0)s - y'(0) = s^2G(s) - s, \tag{3.334}$$
$$\mathcal{L}[y'''(t)] = s^3G(s) - y(0)s^2 - y'(0)s - y''(0) = s^3G(s) - s^2. \tag{3.335}$$

Usando estas igualdades el sistema de ecuaciones diferenciales se convierte en el sistema lineal

$$\begin{aligned} (s^2 - s)F(s) - s^3G(s) &= -s^2 - 2s + 1, \\ (s-1)F(s) - (s^2+1)G(s) &= -s - 2. \end{aligned} \tag{3.336}$$

Su solución es

$$F(s) = \frac{\begin{vmatrix} -s^2 - 2s + 1 & -s^3 \\ -s - 2 & -s^2 - 1 \end{vmatrix}}{\begin{vmatrix} s^2 - s & -s^3 \\ s - 1 & -s^2 - 1 \end{vmatrix}} = \frac{2s - 1}{s - s^2} \tag{3.337}$$

y

$$G(s) = \frac{\begin{vmatrix} s^2 - s & -s^2 - 2s + 1 \\ s - 1 & -s - 2 \end{vmatrix}}{\begin{vmatrix} s^2 - s & -s^3 \\ s - 1 & -s^2 - 1 \end{vmatrix}} = \frac{1}{s}. \tag{3.338}$$

Tomando transformada inversa tenemos la solución del sistema de ecuaciones diferenciales (de tercer orden) que para $x(t)$ es

$$x(t) = \mathcal{L}^{-1}[F(s)] = \mathcal{L}^{-1}\left[\frac{2s-1}{s-s^2}\right] = \mathcal{L}^{-1}\left[-\frac{1}{s} - \frac{1}{s-1}\right] = -1 - e^t \tag{3.339}$$

y para $y(t)$

$$y(t) = \mathcal{L}^{-1}[G(s)] = \mathcal{L}^{-1}\left[\frac{1}{s}\right] = 1 = H(t). \tag{3.340}$$

■

Ejercicio 3.34 *Resuelva la siguiente ecuación diferencial con condiciones iniciales*

$$y''(t) - 13y'(t) + 36y(t) = 0, \; y(1) = -1, \; y'(1) = 1, \tag{3.341}$$

realizando en primer lugar el cambio de variable $u = t - 1$ *para aplicar la transformada de Laplace a continuación.*

Solución.
Mediante el cambio $t = u + 1$ la ecuación diferencial se convierte en

$$y''(u) - 13y'(u) + 36y(u) = 0, \; y(0) = -1, \; y'(0) = 1, \tag{3.342}$$

que resolvemos con la ayuda de la transformada de Laplace. Como

$$\mathcal{L}[y(t)] =: Y(s), \tag{3.343}$$

$$\mathcal{L}[y'(t)] = sY(s) - y(0) = sY(s) + 1, \tag{3.344}$$

$$\mathcal{L}[y''(t)] = s^2Y(s) - sy(0) - y'(0) = s^2Y(s) + s - 1, \tag{3.345}$$

la ecuación diferencial se convierte en la ecuación lineal

$$s^2Y(s) + s - 1 - 13(sY(s) + 1) + 36Y(s) = 0, \tag{3.346}$$

es decir,

$$Y(s) = \frac{14 - s}{s^2 - 13s + 36}. \tag{3.347}$$

Entonces

$$\begin{aligned} y(u) &= \mathcal{L}^{-1}[Y(s)] = \mathcal{L}^{-1}\left[\frac{14-s}{s^2-13s+36}\right] = \\ &= \mathcal{L}^{-1}\left[\frac{1}{s-9} - \frac{2}{s-4}\right] = e^{9u} - 2e^{4u}, \end{aligned} \tag{3.348}$$

y la solución es

$$y(t) = e^{9(t-1)} - 2e^{4(t-1)}. \tag{3.349}$$

■

Ejercicio 3.35 *Resuelva el sistema de ecuaciones diferenciales*

$$\left\{ \begin{aligned} x''(t) &= \operatorname{sen} t - y'(t), \\ y''(t) &= \cos t - x'(t), \end{aligned} \right. \tag{3.350}$$

con $x(0) = x'(0) = y(0) = y'(0) = 0$.

Solución.
Definimos $F(s) := \mathcal{L}[x(t)]$ y $G(s) := \mathcal{L}[y(t)]$ y entonces

$$\mathcal{L}[x'(t)] = sF(s) - x(0) = sF(s), \tag{3.351}$$
$$\mathcal{L}[x''(t)] = s^2F(s) - sx(0) - x'(0) = s^2F(s), \tag{3.352}$$
$$\mathcal{L}[\operatorname{sen} t] = \frac{1}{1+s^2}, \tag{3.353}$$
$$\mathcal{L}[y'(t)] = sG(s) - y(0) = sG(s), \tag{3.354}$$
$$\mathcal{L}[y''(t)] = s^2G(s) - sy(0) - y'(0) = s^2G(s), \tag{3.355}$$
$$\mathcal{L}[\cos t] = \frac{s}{1+s^2}. \tag{3.356}$$

El sistema de ecuaciones diferenciales se convierte, después de aplicar la transformada de Laplace, en el sistema lineal

$$s^2F(s) + sG(s) = \frac{1}{1+s^2}, \tag{3.357}$$
$$sF(s) + s^2G(s) = \frac{s}{1+s^2}. \tag{3.358}$$

La solución de este sistema lineal es

$$F(s) = 0, \quad G(s) = \frac{1}{s^3+s^2}. \tag{3.359}$$

La solución del sistema de ecuaciones diferenciales es entonces

$$x(t) = \mathcal{L}^{-1}[0] = 0, \tag{3.360}$$

$$y(t) = \mathcal{L}^{-1}\left[\frac{1}{s^3+s^2}\right] = \mathcal{L}^{-1}\left[\frac{1}{s} - \frac{s}{s^2+1}\right] = 1 - \cos t. \tag{3.361}$$

∎

Ejercicio 3.36 *Para resolver la ecuación diferencial*

$$ty''(t) + 2y'(t) = t^5, \tag{3.362}$$

1. *Obtenga la solución general de la ecuación diferencial homogénea asociada.*
2. *Demuestre la identidad*

$$\mathcal{L}[ty''(t)] = -s^2\frac{dF(s)}{ds} - 2sF(s) + y(0), \tag{3.363}$$

   donde $\mathcal{L}$ representa la transformada de Laplace.
3. *Aplique la transformada de Laplace a la ecuación diferencial original y obtenga, de este modo, una solución particular.*
4. *Finalice mostrando la solución general obtenida.*

Solución.
La ecuación diferencial homogénea asociada es

$$ty''(t) + 2y'(t) = 0. \tag{3.364}$$

Definimos $p(t) := y'(t)$ y separamos variables para tener

$$y'(t) = \frac{a}{t^2} \Rightarrow y_h(t) = b - \frac{a}{t}, \tag{3.365}$$

solución general de esta ecuación diferencial.

Para demostrar la igualdad (3.363) sólo hay que combinar el conocido comportamiento con las derivadas segundas, a saber,

$$\mathcal{L}[y''(t)] = s^2F(s) - sy(0) - y'(0), \;\; F(s) := \mathcal{L}[y(t)], \tag{3.366}$$

y con respecto al producto por t, que es

$$\mathcal{L}[tf(t)] = -\mathcal{L}[f(t)]'. \tag{3.367}$$

Tenemos entonces

$$\mathcal{L}[ty''(t)] = -(s^2F(s) - sy(0) - y'(0))' = -s^2\frac{dF(s)}{ds} - 2sF(s) + y(0). \tag{3.368}$$

Como $\mathcal{L}[t^5] = 120/s^6$, la ecuación diferencial, después de aplicar la transformada de Laplace, se convierte en

$$-s^2\frac{dF(s)}{ds} - 2sF(s) + y(0) + 2sF(s) - 2y(0) = \frac{120}{s^6}, \tag{3.369}$$

es decir,

$$\frac{dF(s)}{ds} = -\frac{120}{s^8} - \frac{y(0)}{s^2} \Rightarrow F(s) = \frac{120}{7s^7} + \frac{y(0)}{s}. \tag{3.370}$$

Invirtiendo la transformación tenemos

$$\mathcal{L}^{-1}[F(s)] = \frac{120}{7}\frac{t^6}{\Gamma(7)} + y(0) = \frac{t^6}{42} + y(0). \tag{3.371}$$

No obtenemos la solución general de la ecuación diferencial. Sin embargo, podemos observar que obtenemos una solución particular

$$y_p(t) = \frac{t^6}{42} \tag{3.372}$$

que junto con la solución general de la ecuación diferencial homogénea asociada, obtenida previamente, permiten construir la solución de la ecuación diferencial original

$$y(t) = y_h(t) + y_p(t) = b - \frac{a}{t} + \frac{t^6}{42}. \tag{3.373}$$

■

3.3 Ejercicios propuestos

Ejercicio 3.37 *Determine la transformada de Laplace de las funciones seno y coseno hiperbólicos, $f(t) = \operatorname{senh}(at)$ y $g(t) = \cosh(at)$, respectivamente.*

Ejercicio 3.38 *Resuelva el problema de valores iniciales*

$$x'' - x' - 6x = 0, \qquad x(0) = 2, \qquad x'(0) = -1, \tag{3.374}$$

con la ayuda de la transformada de Laplace.

Ejercicio 3.39 *Resuelva el problema de valores iniciales*

$$y''(t) + 4y'(t) + 13y(t) = te^{-t}, \qquad y(0) = 0, \qquad y'(0) = 2, \tag{3.375}$$

con la ayuda de la transformada de Laplace.

Ejercicio 3.40 *Resuelva el problema de valores iniciales*

$$y''(t) - y'(t) - 2y(t) = t, \qquad y(0) = 2, \qquad y'(0) = -1, \tag{3.376}$$

con la ayuda de la transformada de Laplace.

Ejercicio 3.41 *Resuelva el sistema de ecuaciones diferenciales siguiente con la ayuda de la transformada de Laplace:*

$$\begin{aligned} x'(t) &= -6x(t) - 3y(t) + 14z(t), \\ y'(t) &= 4x(t) - 3y(t) + 8z(t), \\ z'(t) &= -2x(t) - y(t) + 5z(t) + \operatorname{sen} t, \end{aligned} \tag{3.377}$$

con las condiciones iniciales $x(0) = 1$, $y(0) = -x(0)$ y $z(0) = 0$.

Ejercicio 3.42 *Resuelva el problema de valor inicial o de Cauchy*

$$\begin{cases} y''(t) - 2y'(t) + 5y(t) = -8e^{-t}, \\ y(0) = 2, \\ y'(0) = 12, \end{cases} \tag{3.378}$$

mediante la transformada de Laplace.

Ejercicio 3.43 *Resuelva el sistema de ecuaciones diferenciales con valores iniciales*

$$\begin{cases} x'(t) = y(t) + z(t), & x(0) = a, \\ y'(t) = x(t) + z(t), & y(0) = b, \\ z'(t) = x(t) + y(t), & z(0) = c, \end{cases} \tag{3.379}$$

mediante transformada de Laplace.

Ejercicio 3.44 *Calcule la integral impropia*

$$\int_0^\infty te^{-2t} \cos t \, dt. \tag{3.380}$$

Ejercicio 3.45 *Demuestre que*

$$\int_0^\infty \frac{e^{-2t} - e^{-t}}{t} \, dt = -\log 2. \tag{3.381}$$

Ejercicio 3.46 *Resuelva el sistema de ecuaciones diferenciales*

$$x'(t) = y(t), \; y'(t) = x(t) + 2y(t), \; x(0) = 1, \; y(0) = 0, \tag{3.382}$$

utilizando transformada de Laplace.

Ejercicio 3.47 *Demuestre, justificando cada paso, la igualdad*

$$\int_0^\infty \frac{\cos(3t) - \cos(2t)}{t}\, dt = \log 2 - \log 3. \tag{3.383}$$

Ejercicio 3.48 *Calcule la integral impropia*

$$\int_0^\infty \left(e^{-2t} \int_0^t \frac{\operatorname{sen} x}{x} dx \right) dt. \tag{3.384}$$

Ejercicio 3.49 *Resuelva la ecuación integro-diferencial*

$$y''(t) + y(t) + \int_0^t \operatorname{senh}(t-u) y(u) du +$$

$$+ \int_0^t \cosh(t-u) y(u) du = \operatorname{senh} t, \; y(0) = 0, \; y'(0) = 0, \tag{3.385}$$

con la ayuda de la transformada de Laplace.

Ejercicio 3.50 *Sea* $H(t) = \begin{cases} 0, & t \leq 0, \\ 1, & t > 0, \end{cases}$ *la función de Heaviside.*

a) Demuestre las identidades

$$\mathcal{L}[H(t-a)] = \frac{e^{-as}}{s}, \qquad \mathcal{L}[H(a-t)] = \frac{1 - e^{-as}}{s}, \; s > 0. \tag{3.386}$$

b) Demuestre que la solución de la ecuación diferencial

$$y'(t) = ky(t) - TH(30-t), \; y(0) = A, \tag{3.387}$$

responsable de la captura de peces, es

$$y(t) = \left(A - \frac{T}{k} \right) e^{kT} + \frac{T}{k} H(30-t) + \frac{T}{k} e^{k(t-30)} H(t-30). \tag{3.388}$$

Ejercicio 3.51 *Resuelva la ecuación diferencial*

$$y'(t) + y(t) = \begin{cases} 0, & t \geq 1, \\ \\ 1, & 0 \leq t < 1, \end{cases} \qquad y(0) = 0, \tag{3.389}$$

con la ayuda de la transformada de Laplace. Utilice que

$$\mathcal{L}^{-1}\left[\frac{e^{-s}}{s^2 + s} \right] = (1 - e^{1-t}) H(t-1). \tag{3.390}$$

Ejercicio 3.52 *Justifique cada una de las transformadas de Laplace de la Tabla 3.2.*

Ejercicio 3.53 *Determine la transformada de Laplace de las siguientes funciones definidas para* $t \geq 0$*:*

a) $f(t) = \sqrt{t} + 3t$.

b) $f(t) = t^{3/2}$.

c) $f(t) = \operatorname{sen}^2(3t)$.

d) $f(t) = t(t-3)\operatorname{sen}(3t)$.

e) $f(t) = \operatorname{sen}(3t)\cos(3t)$.

f) $f(t) = \dfrac{e^{at}}{\sqrt{t}}$.

Ejercicio 3.54 *Con la ayuda de la transformada de Laplace resuelva la ecuación diferencial con condiciones iniciales*

$$y'' - 6y' + 9 = 0, \ y(0) = 3, \ y'(0) = 1. \tag{3.391}$$

Ejercicio 3.55 *Usando la transformada de Laplace, determine la solución de la ecuación diferencial*

$$y''(t) + \omega_0^2 y(t) = F_0 \operatorname{sen}(\omega t), \tag{3.392}$$

con las condiciones iniciales $y(0) = y'(0) = 0$*, responsable de las oscilaciones forzadas no amortiguadas de una masa con resorte. Analice el caso* $\omega = \omega_0$.

Ejercicio 3.56 *Resuelva el siguiente sistema de ecuaciones diferenciales con la ayuda de la transformada de Laplace:*

$$x'(t) = x(t) + y(t) + \operatorname{sen} t, \ y'(t) = x(t) + y(t), \ x(0) = 0, \ y(0) = 1. \tag{3.393}$$

Ejercicio 3.57 *Con la ayuda de la transformada de Laplace resuelva la ecuación integral:*

$$y(t) = 1 + \int_0^t y(\tau)\cos(t-\tau)d\tau. \tag{3.394}$$

Ejercicio 3.58 *La transformada inversa de Laplace de* $\dfrac{2s+6}{s^2+4s+5}$ *es*

a) $2e^{2t}\cos t + 6e^{2t}\operatorname{sen} t$.

b) $2e^{-2t}\cos t + 2e^{-2t}\operatorname{sen} t$.

c) $2e^{-t}\cos(2t) - 2e^{-t}\operatorname{sen}(2t)$.

d) $2e^{2t}\cos t + 2e^{2t}\operatorname{sen} t$.

Ejercicio 3.59 *Demuestre las igualdades*

a) $t * \operatorname{sen} t = t - \operatorname{sen} t$.

b) $t * e^t = e^t - t - 1$.

c) $\operatorname{sen} t * \cos t = \frac{1}{2} t \operatorname{sen} t$.

d) $e^{at} * e^{bt} = \frac{e^{at} - e^{bt}}{a - b}$, *si* $a \neq b$, $e^{at} * e^{at} = te^{at}$, $a, b, \in \mathbb{R}$.

Ejercicio 3.60 *¿Cuál de las siguientes afirmaciones es correcta?*

a) La transformada de Laplace no es lineal.

b) La transformada de Laplace de un producto de funciones es el producto de sus respectivas transformadas.

c) La transformada de Laplace convierte ecuaciones diferenciales en ecuaciones lineales.

d) Ninguna de los anteriores.

Ejercicio 3.61 *Sabiendo que la transformada de Laplace de la función de Heaviside* $H(t-k)$ *es* $\frac{e^{-sk}}{s}$, *la transformada de Laplace de* $H(t-a)H(t-b)$, *es*

a) $\frac{e^{-s(a-b)}}{s}$.

b) $\frac{e^{-s(b-a)}}{s}$.

c) $\frac{e^{-sa}}{s}$, *si* $a < b$.

d) $\frac{e^{-sb}}{s}$, *si* $a < b$.

Ejercicio 3.62 *Utilice la transformada de Laplace para resolver la ecuación diferencial*

$$y''(t) + 4y(t) = f(t), \ y(0) = 0, \ y'(0) = -1, \tag{3.395}$$

donde $f(t) = \chi_{[0,1]}$, *la función característica en el intervalo* $[0, 1]$.

Ejercicio 3.63 *Calcule el valor de la integral impropia*

$$\int_0^\infty e^{-2t}\frac{\cos(2t)-\cos t}{t}dt. \tag{3.396}$$

Ejercicio 3.64 *Resuelva el sistema de ecuaciones diferenciales* $x'(t) = 2x(t) - 3y(t) + 2\operatorname{sen}(2t)$, $y'(t) = x(t) - 2y(t) - \cos(2t)$, $x(0) = 1$, $y(0) = 0$, *mediante la transformada de Laplace.*

Ejercicio 3.65 *La transformada de Laplace* $\mathcal{L}\left[\dfrac{e^{at}-e^{bt}}{a-b}\right]$ *es*

a) $\dfrac{1}{a-b}\left(\dfrac{a}{(s-a)^2}-\dfrac{b}{(s-b)^2}\right)$.

b) $\dfrac{a-b}{(s-a)(s-b)}$.

c) $\dfrac{s-a}{a-b}-\dfrac{s-b}{a-b}$.

d) $\dfrac{1}{(s-a)(s-b)}$.

Ejercicio 3.66 *Repita el Ejercicio 3.31 sin particularizar para* m *y* k.

Ejercicio 3.67 *Resuelva el circuito*

$$Q''(t)+4Q'(t)+3Q(t)=E(t),\ Q(0)=Q'(0)=0, \tag{3.397}$$

en los casos:

1. *Voltaje constante* $E(t) = 5$.
2. *Voltaje constante con una descarga de intensidad 10 en* $t = 1$ ($E(t) = 5 + 10\delta(t-1)$).

Ejercicio 3.68 *Determine la transformada de Laplace de la función*

$$f(t) = e^{5t}\int_0^t \frac{\operatorname{sen} x}{x}dx,\ t>0. \tag{3.398}$$

Ejercicio 3.69 *Determine la transformada inversa de Laplace de las funciones*

a) $F(s) = \dfrac{1+s}{s^3+9s}$.

b) $G(s) = \dfrac{3s+2}{s^2-6s+25} + \dfrac{1}{(s+1)(s+2)}$.

Ejercicio 3.70 *Resuelva mediante la transformada de Laplace el problema de Cauchy*

$$\begin{cases} y'' + 4y' + 13y = 10e^{-t}, \\ y(0) = 0, \\ y'(0) = 2. \end{cases} \tag{3.399}$$

Ejercicio 3.71 *¿Cuál de las siguientes igualdades es correcta?*

a) $\mathcal{L}\left[\sqrt{t}\right] = \dfrac{1}{3}\sqrt{\dfrac{\pi}{s^3}}$.

b) $\mathcal{L}\left[\sqrt{t}\right] = \dfrac{1}{2}\sqrt{\dfrac{\pi}{s^2}}$.

c) $\mathcal{L}\left[\sqrt{t}\right] = \dfrac{1}{3}\sqrt{\dfrac{\pi}{s^2}}$.

d) $\mathcal{L}\left[\sqrt{t}\right] = \dfrac{1}{2}\sqrt{\dfrac{\pi}{s^3}}$.

Ejercicio 3.72 *Si f y g son dos funciones reales integrables definidas en $[0,\infty)$, demuestre la igualdad*

$$f * g = g * f, \tag{3.400}$$

donde $*$ denota convolución.

Ejercicio 3.73 *Sea $F(s) = \mathcal{L}[f(t)]$. Demuestre, si $a > 0$, que*

$$\mathcal{L}[f(at)] = \frac{1}{a}F\left(\frac{s}{a}\right). \tag{3.401}$$

Ejercicio 3.74 *Resuelva la ecuación integro-diferencial*

$$x'(t) = \int_0^t x(\tau)d\tau. \tag{3.402}$$

Ejercicio 3.75 *Use la transformada de Laplace para resolver la ecuación integro-diferencial*

$$x'(t) = \int_0^t f(\tau)d\tau, \tag{3.403}$$

llegando así a la solución

$$x(t) = x(0) + \int_0^t f(\tau)(t-\tau)d\tau. \tag{3.404}$$

Ejercicio 3.76 *¿Cuál de las siguientes igualdades es correcta?*

a) $\mathcal{L}\left[\frac{1}{\sqrt{t}}\right] = \sqrt{\frac{s}{\pi}}$.

b) $\mathcal{L}\left[\frac{1}{\sqrt{t}}\right] = \sqrt{\frac{\pi}{s-1}}$.

c) $\mathcal{L}\left[\frac{1}{\sqrt{t}}\right] = \sqrt[3]{\frac{\pi}{s}}$.

d) $\mathcal{L}\left[\frac{1}{\sqrt{t}}\right] = \sqrt{\frac{\pi}{s}}$.

Ejercicio 3.77 *Demuestre que la transformada de Laplace del logaritmo es*

$$\mathcal{L}[\log t] = -\frac{\log s - k}{s}. \qquad (3.405)$$

La constante k resulta ser γ, la constante gamma de Euler.

Ejercicio 3.78 *Si $g(s) = \frac{\mathcal{L}[f(t)]}{s^2+1}$, entonces*

a) $\mathcal{L}^{-1}[g(s)] = \int_0^t f(\tau)\,\mathrm{sen}(t-\tau)d\tau$.

b) $\mathcal{L}^{-1}[g(s)] = \int_0^t f(\tau)\cos(t-\tau)d\tau$.

c) $\mathcal{L}^{-1}[g(s)] = f(t)\,\mathrm{sen}\,t$.

d) $\mathcal{L}^{-1}[g(s)] = f(t)\cos t$.

Ejercicio 3.79 *Resuelva la ecuación diferencial*

$$y''(t) + 2y'(t) + y(t) = \begin{cases} 1, & si\ 0 \leq t < 1, \\ 2-t, & si\ 1 \leq t < 2, \\ 0, & si\ t \geq 2. \end{cases} \qquad (3.406)$$

Ejercicio 3.80 *Utilice la transformada de Laplace para hallar la solución de la ecuación diferencial*

$$y'' - 2ay' + a^2 y = 0,\ y(0) = y_0,\ y'(0) = y_0', \qquad (3.407)$$

con a una constante real. Compruebe si tiene la forma general esperable a partir de la ecuación característica.

Ejercicio 3.81 *Una solución de la ecuación integro-diferencial*

$$y(x) = x^3 + \int_0^x \operatorname{sen}(x-t)y(t)dt \tag{3.408}$$

es

a) $x^3 + 1/20x^5$.

b) *Una función* y *tal que* $\mathcal{L}[y] = \dfrac{\mathcal{L}[x^3]}{1 - \mathcal{L}[\operatorname{sen} x]}$.

c) $x^3 - 1/20x^5$.

d) *Una función* y *tal que* $\mathcal{L}[y] = \dfrac{\mathcal{L}[x^3]}{1 + \mathcal{L}[\operatorname{sen} x]}$.

Ejercicio 3.82 *Si* $\mathcal{L}[f(t)] = \dfrac{1}{1+s^3}$, *entonces*

a) $\displaystyle\int_0^\infty e^{-2t} f(t)dt = \frac{1}{7}$.

b) $\displaystyle\int_0^\infty e^{-2t} f(t)dt = \frac{1}{8}$.

c) $\displaystyle\int_0^\infty e^{-2t} f(t)dt = \frac{1}{9}$.

d) $\displaystyle\int_0^\infty e^{-2t} f(t)dt = -\frac{1}{7}$.

BIBLIOGRAFÍA

[1] P. Alberca Bjerregaard. *Prácticas con Mathematica. Álgebra y Cálculo. Cuaderno I.* Ediciones Aljibe. 2000.

[2] P. Alberca Bjerregaard. *Prácticas con Mathematica. Ampliación de Cálculo. Cuaderno I.* Ediciones Aljibe. 2001.

[3] P. Alberca Bjerregaard y L. Lechuga Pérez. *Prácticas con Mathematica. Estadística. Cuaderno I.* Ediciones Aljibe. 2001.

[4] P. Alberca Bjerregaard y D. Martín Barquero. *Métodos Matemáticos. Álgebra lineal y Geometría.* Ediciones Aljibe. 2001.

[5] P. Alberca Bjerregaard y D. Martín Barquero. *Métodos Matemáticos. Cálculo. Volumen 1.* Ediciones Aljibe. 2002.

[6] P. Alberca Bjerregaard y D. Martín Barquero. *Métodos Matemáticos. Integración múltiple. Teoría y ejercicios resueltos.* Editorial RA-MA. 2007.

[7] E. Castillo y otros. *Domine Mathematica al 99%.* Paraninfo. 1994.

[8] C.H. Edwards y E. Penney David. *Ecuaciones diferenciales elementales con Aplicaciones.* Prentice-Hall. 1986.

[9] B. H. Edwards, R. P. Hostetler y R. E. Larson. *Cálculo y Geometría Analítica Vol. 1 y 2* (quinta edición). McGraw-Hill. 1995.

[10] L. Elsgoltz. *Ecuaciones diferenciales y cálculo variacional.* Mir. 1983.

[11] M. Gadella y L. M. Nieto. *Métodos Matemáticos Avanzados para Ciencias e Ingenierías.* Universidad de Valladolid. 2000.

[12] R. Gaylord y otros. *An introduction to programming with Mathematica.* Telos. 1996.

[13] S. Kaufman. *Mathematica as a tool. An introduction with practical examples.* Birkäuser. 1994.

[14] A. Kiseliov, M. Krasnov y G. Makarenko. *Problemas de ecuaciones diferenciales ordinarias* (tercera edición). Editorial Mir. Moscú. 1979.

[15] M. Krasnov, A. Kiselev, G. Makarenko y E. Shikin. *Mathematical Analysis for Engineers Vol. 1 y 2.* Mir Publishers. Moscú. 1990.

[16] C. Martínez Carracedo y M. A. Sanz Alix. *Introducción a las Ecuaciones Diferenciales Ordinarias.* Reverté. 1991.

[17] V. Ramírez González. *Matemáticas con Mathematica. Volumen 1, 2 y 3.* Universidad de Granada. 1995.

[18] G. F. Simmons. *Ecuaciones diferenciales con aplicaciones y notas históricas* (segunda edición). McGraw-Hill. 1966.

[19] S. Wolfram. *Mathematica. A system for doing mathematics by computer.* Addison Wesley. 1988.

[20] H. Wussing y W. Arnold. *Biografías de grandes matemáticos.* Universidad de Zaragoza. 1989.

ÍNDICE DE MATERIAS

A

Abscisa de convergencia, 230
Airy
  Ecuación diferencial de, 21, 116

B

Bessel
  Ecuación diferencial de, 21, 120
  Función de, 120, 265

C

Caída libre, 32
Campo magnético, 165
Captura de peces, 284
Catenaria, 82
Cauchy
  Problema de, 9
Centro, 10, 26
Chebyshev
  Ecuación diferencial de, 21
Circuito, 75, 85, 275, 287
Condiciones iniciales, 11
Conjunto
  singular, 11
Constantes de integración, 11
Convergencia
  Abscisa de, 230
Convolución, 232
Curva
  p-discriminante, 11
  singular, 9

D

Delta de Dirac, 233
Desarrollo de Heaviside, 20
Desplazamiento
  Teorema del, 231
Determinante operacional, 156
Dirac
  Delta de, 233
  Paul, 233
Duffing
  Ecuación diferencial de, 21

E

Ecuación
  característica, 16
  de una cónica, 79
  diferencial
    de Airy, 21, 116
    de Bessel, 21, 120
    de Chebyshev, 21
    de coeficientes constantes, 13, 16
    de Duffing, 21
    de Euler, 21
    de Hermite, 21, 117
    de Laguerre, 21
    de Lane-Emden, 21, 73
    de Legendre, 21, 115
    de Riccati, 56
    de Schrödinger, 54
    de Tchebychev, 123
    Hipergeométrica, 21
    homogénea, 13

lineal, 13
no homogénea, 13
ordinaria de orden n, 11
indicial, 22
matricial de Lagrange, 18
EDO de orden n, 11
Espirales exponenciales, 27
Euler
Ecuación diferencial de, 21
Gamma de, 289
Excentricidad, 79

F

Flecha, 83
Flexión, 137
Foco, 10, 27
Forma canónica de Jordan, 153
real, 157, 158
Fórmula
de Euler, 92
de Ostrogradski-Liouville, 16
Frobenius
Series de, 22
Teorema de, 22
Fuchs
Teorema de, 22
Fuerzas impulsivas, 235
Función
analítica, 21
característica, 286
de Bessel, 120, 265
de Heaviside, 232
de Lorentz, 233
de onda
rectificada, 248
triangular, 246
de orden exponencial, 229
diente de sierra, 246
encendido-apagado, 246
gamma, 239
gaussiana, 233
homogénea, 12
Funciones
linealmente
dependientes, 14
independientes, 14

G

Gamma
de Euler, 289

H

Heaviside
desarrollo de, 20
Función de, 232
Hermite
Ecuación diferencial de, 21, 117
Hipergeométrica
Ecuación diferencial, 21

I

Índices, 22
Integral
exponencial, 149
primera, 194

L

Lagrange
Ecuación matricial de, 18
Método de, 17
Laguerre
Ecuación diferencial de, 21
Lane-Emden
Ecuación diferencial de, 21, 73
Laplace
Transformada de, 229
Legendre
Ecuación diferencial de, 21, 115
Lorentz
Función de, 233

M

Matriz
    de Wronski, 15
    fundamental, 152
    solución, 152
    wronskiana, 15
Método
    de eliminación, 155
    de Lagrange, 17
    de los coeficientes indeterminados, 18, 155
    de variación de las constantes, 17
    operacional, 19, 91, 155
Módulo de Young, 137
Montura, 10, 25
Muelles, 159

N

Nudo, 10, 24

O

Operador diferencial lineal, 14
Ostrogradski-Liouville
    Fórmula de, 16

P

Paquetes de onda, 233
Paul Dirac, 233
Péndulo simple, 52
Plasma, 146
Polinomio
    característico, 16
    interpolador de Lagrange-Sylvester, 159
Problema de Cauchy, 9
Punto
    ordinario, 21
    singular, 9, 21
        irregular, 22
        regular, 21

R

Reducción del orden, 12
Regla de desplazamiento exponencial, 20
Resorte, 70, 273, 285
    envejecido, 144
    golpe, 273
Riccati
    Ecuación diferencial de, 56

S

Schrödinger
    Ecuación diferencial de, 54
SED, 151
SEDLH, 152
Semiconductor, 89
Series
    de Frobenius, 21, 22
Sistema
    de ecuaciones diferenciales, 151
        degenerado, 156
        lineal, 152
    fundamental de soluciones, 15
Solución
    de una EDO, 11
    general de una EDO, 12
    particular de una EDO, 12
    singular, 9, 11

T

Tchebychev
    Ecuación diferencial de, 123
Teorema
    de Frobenius, 22
    de Fuchs, 22
    del desplazamiento, 231
        segundo, 232
Transformada de Laplace, 229
Trayectoria, 79

V

Vano, 82
Velocidad límite, 33

W

Wronski
  J.M.H., 15
  matriz de, 15
Wronskiano, 15

Y

Young
  Módulo de, 137